U0738572

高等职业教育园林工程技术专业"十三五"规划教材

园林绿地养护管理

主 编　王春燕　林　旭
副主编　贺　靖　石喜梅　孙　华

WUHAN UNIVERSITY PRESS
武汉大学出版社

图书在版编目(CIP)数据

园林绿地养护管理/王春燕,林旭主编. —武汉:武汉大学出版社,2017.1
(2017.5重印)
高等职业教育园林工程技术专业"十三五"规划教材
ISBN 978-7-307-19195-2

Ⅰ.园…　Ⅱ.①王…　②林…　Ⅲ.园林—绿化地—植物保护—高等职
业教育—教材　Ⅳ.TU986.3

中国版本图书馆 CIP 数据核字(2016)第 326858 号

责任编辑:方竞男　路亚妮　　责任校对:李嘉琪　　装帧设计:张希玉

出版发行:**武汉大学出版社**　　(430072　武昌　珞珈山)
　　　　(电子邮件:whu_publish@163.com　网址:www.stmpress.cn)
印刷:武汉市金港彩印有限公司
开本:787×1092　1/16　印张:16　字数:409 千字
版次:2017 年 1 月第 1 版　　2017 年 5 月第 2 次印刷
ISBN 978-7-307-19195-2　　定价:57.00 元

版权所有,不得翻印;凡购买我社的图书,如有质量问题,请与当地图书销售部门联系调换。

前　言

随着社会经济高速发展，人们对环境质量特别是居住环境质量的要求越来越高，相应地对园林绿地绿化也提出了更高的要求。快速的城镇化建设，使各大中小城镇园林工程的数量和规模也快速上升，呈现出数量多、类型全、分布广、质量高的特点。然而，园林绿地是以有生命的植物为主体构成的，要使绿地能够更好地发挥其应有的生态和景观作用，除了前期科学的规划设计和严格的施工种植，还需要后期持续有效的养护管理。

园林绿化养护管理是一项专业性、技术性强的工作。在本书的编写过程中，编者广泛搜集了国内外园林绿地养护技术方面的文献和资料，注重引入最新的科技成果以及来自行业企业一线的成熟高新技术，从园林绿地养护管理的实际出发，深入浅出，注重实用性、技术性和可操作性。

本书内容包括园林绿地养护管理的前期准备、园林绿地常规养护管理、园林绿地常见植物的养护管理3个模块共20个任务，任务涵盖了园林养护管理前期养护标准的确定、养护方案的制订以及养护工具的使用维护；园林绿地常规养护管理中土肥水管理、整形修剪、病虫害综合防治、新植树木的养护管理、各种灾害防治技术、古树名木的养护管理；园林绿地中常见乔木、灌木、草本植物的各类养护管理技术要点。每个任务里设置了学习目标、内容提要、任务导入、知识扩展、测试训练等内容，条理清晰，突出实际应用，以便于指导学生实践，提高学生的动手能力。

本书由重庆水利电力职业技术学院王春燕、林旭担任主编，贺靖、石喜梅、孙华担任副主编，马云峰、权凤、何平担任参编。重庆长锦园林工程有限公司、重庆三峡职业技术学院等单位对本书的编写给予了大力支持，为本书提供了许多有实践价值的工程案例；重庆金三维园林市政工程有限公司唐蜜对本书内容进行了审阅，并提出了宝贵意见；全书在编写过程中参阅和引用了有关专家、学者的专著、论文及教材等，在此一并致以最诚挚的谢意！

本书可作为高职高专院校、园林专业学生的教材，也可作为园林企业的参考用书及职工的职业培训用书。

由于编者水平有限，书中难免出现错漏或不妥之处，恳请广大读者批评指正。

编　者

2016 年 12 月

特别提示

　　教学实践表明,有效地利用数字化教学资源,对于学生学习能力以及问题意识的培养乃至怀疑精神的塑造具有重要意义。

　　通过对数字化教学资源的选取与利用,学生的学习从以教师主讲的单向指导模式转变为建设性、发现性的学习,从被动学习转变为主动学习,由教师传播知识到学生自己重新创造知识。这无疑是锻炼和提高学生的信息素养的大好机会,也是检验其学习能力、学习收获的最佳方式和途径之一。

　　本系列教材在相关编写人员的配合下,逐步配备基本数字教学资源,主要内容包括:

　　文本:课程重难点、思考题与习题参考答案、知识拓展等。

　　图片:课程教学外观图、原理图、设计图等。

　　视频:课程讲述对象展示视频、模拟动画,课程实验视频,工程实例视频等。

　　音频:课程讲述对象解说音频、录音材料等。

数字资源获取方法:

① 打开微信,点击"扫一扫"。

② 将扫描框对准书中所附的二维码。

③ 扫描完毕,即可查看文件。

更多数字教学资源共享、图书购买及读者互动敬请关注"开动土木传媒"微信公众号!

目　　录

数字资源目录

模块 1　园林绿地养护管理的前期准备

任务 1　园林绿地养护管理概述

● **学习目标** ●

- 了解园林绿地与园林绿地养护管理相关概念。
- 了解园林绿地的作用、特点及分类。
- 了解园林绿地养护管理的意义。
- 明确园林绿地养护管理的主要任务。

● **内容提要** ●

　　一个绿化工程美不美,是否能满足老百姓的需求,方案设计、施工管理固然重要,但绿化养护更为关键。俗话说:"三分种,七分管。"如果不进行绿化养护或养护不到位,园林规划设计者的设计意图就不能得到充分的体现,园林绿化建设的生态价值、社会价值、人文价值就不能得到最大限度的发挥,园林建设必将失去其本来意义。只有实施良好的养护,才能取得预期的绿化效果,从而给人带来愉悦的心情、美的享受。其生态、减灾、教育等功能得以最大程度发挥,尤其是很好的养护可以提高广大市民惜绿、护绿的意识,激发其参与支持园林绿化事业的热情,巩固现有绿化成果,从而促进园林绿化建设的发展。

5 分钟看完模块 1

● 任务导入 ●

每个从事园林绿地养护管理的相关技术人员,首先要了解园林绿地及园林绿地养护管理的相关概念、特点,了解园林绿地养护管理的意义和任务。

● 1.1.1 相关概念

1.园林绿地

所谓园林绿地,是指以植被为主要存在形态,用于改善城镇生态、保护环境,为居民提供游憩场地和美化城镇的一种城镇用地。园林绿地在城镇建设中具有不可替代和估量的作用。

2.园林绿地养护

园林绿地养护在广义上是指对园林绿地内的各项设施、设备、动植物、山石、道路、水体等进行养护,但在实际工作过程中,由于绿地有大有小,有简单绿地也有复杂绿地,养护内容不尽相同,内容有多有少,有涉及园林、建筑、市政方面,也有单涉及园林方面的,不管园林绿地养护内容如何不同,所有绿地中有一项必然是相同的,那就是植物的养护。因而,在狭义上,园林绿地养护主要是指植株的养护,本书主要是从狭义方面讲述。

● 1.1.2 园林绿地的作用

1.净化空气,维持碳氧平衡

空气是人类生存和生活不可缺少的物质,从城镇的小范围来说,由于密集的城镇建筑和众多的城镇人口形成了城镇中许多气流交换减少和辐射热相对封闭的生存空间。目前许多市区空气中的二氧化碳含量已超过自然界大气中二氧化碳正常含量 $300mg/kg$ 的指标,尤其在风速减小、天气炎热的条件下,在人口密集的居住区、商业区和大量耗氧燃烧的工业区出现的频率更多。

要调节和改善大气中的碳氧平衡,第一,要在发展工业生产的同时,积极治理大气污染,将二氧化碳转化利用;第二,要保护好现有森林植被,大力提倡植树造林绿化,使空气中的二氧化碳通过植物的光合作用转化为营养物质。园林植被的这种功能,也是在城镇环境这种特定的条件下,其他手段所不能替代的。

2.吸收有害气体

当城镇的工业生产和民用生活中燃烧煤炭产生的二氧化硫,以及工业生产和汽车尾气等产生的空气污染物质达到一定浓度时,就会使环境受到严重污染。如空气中的二氧化硫浓度高达 $100mg/kg$ 时,就会使人感到不适,当浓度达到 $400mg/kg$ 时,就会致人死亡。

园林植物在其生命活动的过程中,对许多有毒气体有一定的吸收功能,在净化环境中起到积极作用。

3. 调节和改善小气候

(1)调节湿度。

自然环境的湿度是可以通过人为方法加以改变的,但是通过树木和其他植物来调节整个城市或居民区内的空气湿度,是人们体感最舒适、效果最好的。这种由植物涵养水分所产生的湿度调节功能是其他任何物体或方式所不能取代的。当大气中水分过多、湿度偏大时,植物能够通过它的根、茎、叶、花、果等器官,将其吸收并贮存起来;当大气中的水分不足、湿度较小和空气干燥时,植物通过蒸腾作用,将其机体内的水分及地下的水分蒸腾、散发到大气中,弥补空气水分的不足。所以人在林中树下的感觉总是很好的。

(2)调节气温。

影响城市气温的因素很多,但自然因素是主要因素,也就是说,来自大自然的冷暖气流,是造成城市及居民区温度变化的主要因素。在绿地植物中,无论是高大的乔木,还是低矮的小乔木、灌木,都能起到吸热和隔热的作用;同时,密集的、多层次的防护林带,可以使从北方伴随着大风而来的冷空气大为减弱。

园林植物具有很好的吸热、遮阴和蒸腾水分的作用。通过其叶片大量蒸腾水分而消耗城镇中的辐射热和来自路面、墙面及相邻物体的反射而产生的降温增湿效益,缓解了城镇的热岛和干岛效应。这也是在炎热的夏天,我们从城镇里步行到森林、公园或行道树下,感觉到丝丝凉意的原因。

(3)调节光照。

利用植物调节日光强度,主要是利用树木的枝叶遮挡光源,变直射光为散射光,使来自太阳的光线通过树木的枝叶遮挡而分散减弱,减弱的程度可以用不同种植密度和树冠大小及树种生物学特性进行调节。也就是说,树冠密度直接关系遮光的多少,越密集的植物群,遮光率越高;越疏散的植物群,遮光率越低。常绿树能四季遮阴,落叶树则夏季遮阴、冬季透光。

4. 吸滞烟尘和粉尘

空气中酶烟尘和工厂中排放出来的粉尘,是污染环境的主要有害物质。而从全国来说,大气污染是相当严重的。森林或园林植被,由于具有大量的枝叶,其表面常凹凸不平,形成庞大的吸附面,能够阻截和吸附大量的尘埃,起到降低风速以及对飘尘的阻挡、过滤和吸收作用,而这些枝叶经过雨水的冲洗后,又恢复其吸附作用。因此,通过乔木、灌木和草坪组成的复层绿化结构,会起到更好的滞尘作用。

5. 减菌、杀菌

园林植被对细菌有抑制或杀灭的作用。有很多园林植物能分泌出具有挥发性的植物杀菌素,减少了空气中的细菌数量,净化了城镇空气。

6. 减弱噪声

噪声是一种环境污染,它可对人体产生伤害,茂密的树木能有效地减弱噪声,起到良好的隔音或消音作用,从而减轻噪声对人们的干扰和避免对听力的损害。

7. 美化环境

园林绿化是美化城市的一个重要手段。一个城市的美丽,除了在城市规划设计、施工上善于利用城市的地形、道路、河水渠边、建筑环境,灵活巧妙地体现城市的美丽之外,还可以根据树木花草的不同形状、颜色、用途和风格,配置出一年中的四季色彩变化。

乔木、灌木、花卉、草皮构成的各种各样的绿地,镶嵌在城市、工厂的建筑群中,它们不仅使城市披上绿装,而且其瑰丽的色彩伴以芬芳的花香,点缀在绿树之间,更能起到画龙点睛、锦上添花的作用,为广大人民群众劳动、工作、学习、生活创造优美、清新、舒适的环境。这种以绿色植物为主体构建的城市宜人景观的手段,是其他任何材料和方法所无法取代的。

8. 园林绿地的经济效益

园林绿地的经济效益表现在两个方面:一方面是直接的经济收益,另一方面是体现生态和减灾价值的间接经济效益。

就目前而言,城市园林绿地建设是着眼于改善城市的生态环境,并不追求经济效益。而事实上,每种一棵树,就已经为城市增加了一分经济效益,而且每天都在增值。如果在树种上选择恰当,可在发挥其生态功能的同时,取得直接的收获,因为植物的根、茎、叶、花、果都是可以利用的,有的可直接利用,有的可通过再加工制成新产品。

从另一个角度说,将绿化和生态环境建设好了,可以增强城市抗御自然灾害的能力,减少城市环境保护费用的开支。

1.1.3 园林绿地的特点

1. 栽培面积小,植物种类多

城镇园林绿地与农作物大田、一般林地的不同之处在于,前者植物种类繁多,一般栽培面积不大且分散交错种植,植物种类少则 10 余种,多则上百种,对各种管理措施,如施肥、浇水等要求也相对复杂;后者则栽培面积大,植物种类不多甚至品种单一,管理措施简单。同时,前者寄主植物种类多,因而病虫种类也相应增多。

2. 生态系统复杂,人为影响大

在城镇园林绿地系统中,人的运动要比农田系统及一般林地系统多且复杂,各种园林植物生长周期长短不一,立地条件复杂,小环境、小气候多样化,生态系统中一些生物种群关系常被打乱。同时,城镇生态系统是一个特殊、多变且以人为核心的生态系统,在园林绿地的附近区域往往人口密集,因而更易受到人为因素的影响。另外,城镇绿地植物更易受到工业"三废"的污染,病虫害发生的类别,尤其是生理性病害要比农田系统及一般林地系统复杂得多。

3. 类型多,差异大

园林绿地类型较多,有些位于城镇建筑物的周边,有些则位于喧闹城镇的公路两侧。有些绿地的环境条件较好,土壤、水分、坡度、坡向、光照等条件能够满足植物生长的需求;有的则较差,这些绿地如果在养护管理上跟不上,很容易造成植物生长不良,甚至达不到预期的效果。

4. 施工存在误区

土建施工方面普遍存在种植穴过小,穴下管线密布,种植土层过浅,土质不合要求,栽植过深或过浅,未设支撑木,池壁接缝处跑水、漏水等问题,大大增加了养护的成本。同时,有些绿地为了应付检查或赶进度,采取了"反季节绿化"的方式,如北方地区在干旱的夏季与寒冷的冬季裸根植树,其成活率很难保证,即使存活,其生命力也非常弱,容易诱发各种生理性或侵染性病害。

5. 受自然因素制约较大

植物生长在一定的自然环境中,既受生物学和生态等方面特性的影响,又受到自然环境条件的制约。虽然在植物的引种和驯化方面可以使植物的分布范围得以扩大,但对有些植物而言,其分布范围还是有限的,同种植物在不同的城镇环境以及同一城镇的不同小气候下,表现出了较大的差异。因而在养护管理上必须采取因地制宜的特殊措施。

1.1.4　园林绿地的类型

一般学者把城市园林绿地分成以下六大类型。

1. 公共绿地

公共绿地是指由市政建设投资修建,经过艺术布局,具有一定的设施和内容,以供群众游览、休息、娱乐、运动等活动为主要功能的园林绿地。比如公园、植物园、动物园、小游园、街道绿地等。

2. 生产绿地

生产绿地是指专为城市绿化而设的生产科研基地,包括苗圃、花圃、药圃、园林部门所属的果园及各种林地。

3. 防护绿地

防护绿地是指为改善城市自然条件和卫生条件而设的防护林。

4. 风景游览绿地

风景游览绿地是指位于市郊具有大面积的自然风景或有文物古迹名胜的地方,经园林部门开发、整修,并设有为游人游览、休息、食宿服务的设施,可供人们进行一日以上游憩的大型绿地或可供人们休(疗)养、狩猎、野营等活动用的园林绿地。

5. 专用绿地

专用绿地是指由单位或群众自建,在城市中分布广泛,比重大的园林绿地。它是城市普遍绿化的基础。其包括居住区绿地,公共建筑及机关学校用地内的绿地,工厂、企业、仓库用地内的绿地。

6. 街道绿地

街道绿地是指附属于城市道路即位于道路红线之间的园林绿地,但不包括城市园林绿地中已专门划定的公共绿地、林荫道和小游园。

分清楚园林绿地种类及类型,对于使用园林绿地和经营管理园林绿地具有指导意义。不同的绿地类型,其配置理念不同、艺术要求不同、组成内容不同、使用功能不同,必然导致养护管理要求不同。

● 1.1.5　园林绿地养护管理的意义

园林绿化工程施工的过程就是把园林规划设计者的设计意图转化为具体园林景观的过程。所以在施工过程中,为了达到设计人员预想绿化工程完成后所要达成的效果,就必须深刻领会设计人员的设计意图,并严格按施工图进行绿化施工,使其转化为现实的园林产品。但这还远远不够,如果种植前后不注意绿化养护工作,种植好的树木不久就可能枯萎死亡,那么前面的绿化工作就全部白费,设计者的意图和园林景观更无从谈起。实际上要想获得园林绿化工程的理想效果,还要在园林绿化施工的全过程中始终重视园林养护管理工作。因为体现园林绿化的主体材料是有生命的植物,而有生命的植物需要浇水、施肥等养护管理,而且是需要连续的而不是间断的养护管理。只有在园林绿化施工的全过程中重视养护管理工作,园林植物造景效果才能真正实现,园林绿化工程的建造成本才能降低,有限的植物材料资源才能充分利用。园林绿化养护在绿化工程施工结束后显得更加重要,只有精心养护,才能保持现有的绿化效果,才能充分体现绿化的生态价值、景观价值、人文价值,才能真正成为城市的亮点,市民休闲的好去处。

园林绿地养护是随着园林的产生而产生的,中国园林来自于早期的"囿""圃",而"囿""圃"在古代均设置专门的机构管理,这类管理人员即是养护人员。古代的书籍如《花培》《浏阳牡丹记》《梅谱》均记载了对某种植物的养护管理,可见养护管理是在营造园林时即开始了。但养护管理水平长期以来没有得到大的发展,20世纪80年代以前,没有专门关于养护的书籍,养护(包括植物、建筑、道路、水体)均只在建造理论中蜻蜓点水般提及,更加没有从设计建造开始、从环境开始、从植物生长规律开始进行全面系统的分析,并提出养护管理措施,这样导致了建设方"重建设"而"轻养护",导致了"伟大的建设"也是"伟大的破坏",也导致许多绿地"一年洋、二年土、三年四年没落了"的尴尬局面。这些都是养护理论水平不够,对园林绿地养护认识落后造成的。

随着社会经济高速发展,人们对环境质量特别是居住环境质量的要求提高,相应地对园林绿地绿化也提出了更高的要求。园林绿地给了城镇优美的环境,给了人们回归自然的享受,它已成为人们生活中不可或缺的一部分。但人们不仅仅要求园林一时的光鲜、一时的华丽,而是要求绿化有"永存",如在画中。如何对园林绿地进行"保鲜",使其"青春永驻",甚至达到"月月有变化,年年有光彩"的程度,养护管理则是重中之重。因此,园林行业经过多地的"经验"和"教训",总结出园林绿化是"三分栽培,七分养管"。

就一个城市而言,绿地面积的发展可以达到饱和程度,而养护工程却是无止境的。由于绿化成果的渐进性和绿化功能的累进性的特点,园林建设的后续工程则显得更持久、更细致。

园林绿地建设要做到"种之一时,养之一生",要保证良好的绿化效果,只有认真做好绿地的养护工作,才能真正地实现改善生态、美化环境、丰富人民生活的目的。

1.1.6　园林绿地养护任务

园林绿地养护技术是研究各类园林植物养护管理理论与技术的科学,是一门新兴的学科技术。它是农林科学中植物栽培学的一个分支,既受自然和生物学规律的制约,又受社会经济规律的影响,在相当程度上还受人们主观能动性的影响。当然,园林绿地养护技术与其他植物栽培技术也有一定的区别。首先,其他植物栽培技术如果树栽培技术、林木栽培技术、蔬菜栽培技术等一般都以直接生产某种形式的物质产品为主要目的;而园林绿地养护技术则是以发挥园林植物改善生活环境和焕发人们精神的功能为主,一般是间接的。这些功能既有物质的,又有精神的,在思想感情和美学方面还受人们意识形态和不同民族、时代和美学观念的影响。其次,园林绿地养护技术所研究的有关理论和技术对园林植物的影响比其他植物栽培技术的范围广,作用时间更长,如园林植物涉及乔木、灌木、藤本,多年生草本,一、二年生草本及其旱生、湿生、水生等种类和类型多样的植物,而果树、林木、蔬菜等所涉及的植物种类和类型不及园林植物丰富。最后,从造林技术的观点看,已经衰老和开始腐朽的树木不再具有直接产品的生产价值,应及时予以淘汰和更新;然而从园林绿地养护技术的观点看,这些树木尤其是其中的古树名木,不仅具有观赏价值和科学价值,而且象征着一个地区人民的精神风貌和文明史。从供游人观赏的角度看,也有间接的经济价值,不仅不能淘汰还应加强养护管理,并采取有力的措施促使其复壮,延长生命周期。

园林绿地养护技术研究的对象主要是城镇绿化区域正在生长的各类园林植物,其研究内容包括:园林绿地的土、肥、水、整形修剪,各种灾害及防治,园林绿地病虫害的基本理念,树体的修补与支撑,古树名木的养护管理,园林绿地养护机具以及各类园林动植物的常规养护等几大模块。

园林绿地养护技术的任务是服务于园林绿地养护实践,从园林植物和环境的关系出发,在调节、控制园林植物与环境之间的关系上发挥更好的作用。既要充分发挥园林植物的生态适应性,又要适时调节园林植物与环境的关系,使其正常生长,延长寿命,充分发挥其改善环境、游憩观赏和经济生产的综合效益,促进相应生态系统的动态平衡,使园林绿地养护技术更趋合理,取得事半功倍的效益。园林绿地养护技术的任务及研究的对象十分广泛,其范围涉及多门学科,因此,必须在具备植物学、树木学、植物生理学、植物生态学、土壤肥料学、植物保护、气象学等学科的基础知识、基本理论和基本技能的基础上,才能学好本课程,并用于养护实践。

园林绿地养护技术是一门专业性、实践性很强的应用学科,因此,学习方法必须是理论联系实际,既要不断吸收和总结历史和现实的养护经验与教训,又要勤于实践,在实践中学习。在学习理论的同时,提高动手能力,从而培养在园林绿地养护实际工作中分析问题和解决问题的能力。当前在园林绿地养护上存在的问题较多,也很复杂,因此,应从实践的角度出发,具体问题具体分析,找出解决问题的途径与方法,提高园林绿地养护的科学性,以充分发挥园林绿地的综合效益。

● 知识扩展 ●

绿化养护应抓住的主要环节

(1)绿化养护应贯穿园林绿化施工的全过程。要保证树木种植的成活率,达到预期的绿化效果,就应设法保证移栽树木的水分平衡,就应在树木起挖、运输、种植过程中减少根系受伤、减少树冠失水,应对树冠进行必要的修剪,可用浸湿的草绳缠绕树干,采取适当的遮阴措施,进行叶面喷洒,以减少水分蒸发对树木造成的伤害。种植后要浇透定植水,以保证树木根系与泥土的紧密接触,以利于根系的恢复。

(2)绿化养护应充分体现设计理念。园林设计是创造园林景观艺术的基础,在养护管理中贯彻设计的理念可达到锦上添花的效果,这也是提高园林养护水平,打造城市地方特色园林的必然要求。养护要全力促成园林设计理念的实现,同时,养护要从实现满足功能、符合人的行为习惯、创造优美的视觉环境、创造合适尺度空间、降低成本、提高效益的要求来对设计进行再提升,以弥补园林设计的不足。

(3)绿化养护应为市民服务,应贯彻生态的理念。绿化养护应适应市民的生活习惯,为市民生活休闲提供舒适的环境,特别是对病虫害、杂草的防治,树木的整形都应做到适时适度。在园林绿化养护中贯彻生态的理念可以避免盲目地追求所谓精雕细琢的高标准,使人们崇尚自然美。

● 测试训练 ●

【知识测试】

(1)园林绿地养护的意义。
(2)园林绿地养护的任务。

【技能训练】

实训 1.1 园林植物的物候观测

1.实训目的

园林植物的物候观测是对园林树木的生长发育过程进行观测记载,从而了解本地区的树种与季节的关系和一年中树木展叶、开花、结果和落叶休眠等生长发育规律。

2.实训材料及用具

校园内树种 4 个(学生自选)、记录本、记录夹等。

3.实训内容与方法

(1)在校园内选择 4 个树种,其中落叶乔木 2 种、花灌木 2 种、藤本 1 种、常绿树 1 种。

(2)观测并做好记录,填写表 1-1。

4.说明

(1)园林树木物候期包括休眠期和生长期。观测的内容包括:根系的生长周期、树液流动开始期、萌芽期、展叶期、开花期、新梢生长期、结果期、秋色叶变色期、落叶期等。

(2)各个物候期的观测标准和观测方法。

①树液流动开始期:以新伤口出现水滴状分泌物为准。可通过折枝观测。

②萌芽期:树木由休眠期转入生长期的明显标志。

芽膨大期:具芽鳞者,当芽鳞开始分离,侧面显露出浅色的线形或角形时,即为芽开始膨大。对于较大的芽,可在其上涂抹红漆,当芽膨大后,漆膜分开露出其他颜色,即可确认为芽开始膨大。对于较小的芽,则应用放大镜观察。

芽绽放期:当鳞片裂开,芽顶部出现幼叶或花蕾出现新鲜颜色时,即为芽开始绽放。

③展叶期:从树体上开始展叶至叶子全部展开为止。

放叶:芽出现 1~2 片叶片、平展。

全叶:全树有半数以上枝条的小叶完全平展。

春色叶呈现期:以春季所展之新叶整体上开始呈现有一定观赏价值的特有色泽时为准。

④开花期:从植株上开始有 5% 的花开放至树体上留有 5% 的花为止。

⑤果实发育期:从坐果开始到果实成熟,直至脱落为止。

初熟期(果实着色期):树体上大部分果实着色的时期,树木上有少数果实(或种子)成熟变色时。

全熟期:树体上大部分果实呈现成熟特征时即为果实成熟期,绝大部分果实(或种子)呈现成熟颜色,但未脱落时。一般均为黄褐色、褐色、紫褐色。蒴果往往尖端开裂,核果、柑果等往往出现该品种的各种标准果色。

落果期:果实或种子脱落,如杨树、柳树等飞絮;荚果开裂,种子散弹出去。也有不脱落的,则记宿存。

⑥秋色叶变色期:由于正常季节的变化而引起叶子的变色,并且变色之叶在不断增多至全部变色为止。

⑦秋色叶观赏期:以树体上有 30%~50% 的叶片呈现秋色叶,有一定观赏效果起,至树体上还残留有 30% 的秋色叶时为止。

落叶期:从树体开始落叶至叶子全部脱落为止。其是对秋冬季自然落叶而言,因旱、病虫等原因落叶除外。

初期:无风时,树叶自然落下或用手轻摇树枝有 3~5 片叶落下。

盛期:有半数以上叶片自然脱落。

末期:全部或绝大部分叶片脱落。

5.作业

持续观察,填写表 1-1。

表 1-1

园林树木物候观测记录表

观测单位：

编号：　　　　　　省（市）　　　　县（区）　　　北纬：　　　东经：　　　海拔：　　m

生境：　　观测地点：　　地形：　　土壤：　　同生植物：　　小气候：　　养护情况：

观测者：

物候期\树种	萌芽期					展叶期				开花期							果实发育期						新梢生长期						秋色叶变色与脱落期							备注
	树液开始流动期	花芽膨大开始期	叶芽膨大开始期	花芽开放期	叶芽开放期	展叶开始期	展叶盛期	春色叶变绿期	春色叶变色期	开花始期	开花盛期	开花末期	最佳观花起止日	再度开花期	二次梢开花期	三次梢开花期	幼果出现期	生理落果期	果实成熟期	果实开始脱落期	果实脱落末期	可供观果起止日	春梢始长期	春梢停长期	二次梢始长期	二次梢停长期	三次梢始长期	三次梢停长期	秋色叶开始变色期	秋色叶全部变色期	落叶开始期	落叶盛期	落叶末期	可供观秋色叶期	最佳观秋色叶期	

任务 2　园林绿化养护质量标准

● 学习目标 ●——————————

- 掌握园林绿化养护管理质量总体标准。
- 掌握不同类型绿地不同养护等级的养护管理质量标准。

● 内容提要 ●——————————

　　城市园林绿地养护管理主要包括公园、道路、绿地、广场绿化地内乔木、花灌木、草坪等植物养护管理及园林设施维护管理、商业繁华地段特殊管理等。养护管理工作要顺应植物的生长规律和生物学特性以及当地的气候条件。

● 任务导入 ●——————————

　　根据园林绿地所处位置的重要程度和养护管理水平的高低而将园林绿地的养护管理分成不同等级。很多地方都出台了当地园林绿化养护管理质量标准及技术规范，下面是某地园林绿化日常养护的技术规范，可供参考。

● 1.2.1　园林绿地养护管理质量标准————————

1. 园林绿地养护管理质量总体标准

　　绿化养护技术措施完善，适时科学地实施养护，植物及植物景观基本达到设计要求，黄土不露天。资料档案管理科学有序。

　　（1）乔木。

　　① 树冠完整美观，分支点合适，基本无枯枝败叶。主侧枝分布匀称，形成最佳的叶镶嵌效果，内膛枝不乱。叶片大小、颜色正常，常绿乔木基本无黄叶，落叶乔木应及时清理落叶。开花乔木花朵繁茂，色泽艳丽。不同品种乔木的生物习性得到展现。

　　② 应依据园林绿化功能的需要和设计的要求，充分考虑乔木与生长环境的关系，调整树

形,均衡树势。每年必须根据树龄及生长势强弱进行修剪,调整乔木的通风、透光性,促使乔木的生长。乔木的修剪应以自然树形为主。

③孤植乔木应形态突出,树形完美,树冠饱满,符合观赏要求;树穴覆盖完整。

④古树、大树、名树和珍稀树应有档案和养护技术措施并按计划实施养护,效果良好。

(2)行道树。

①冠形完整,无缺株,应保持线路上乔木的整体形态和植物层次(含器皿栽种),绿地内无枯死株。

②修枝及时,排危修枝不得超出24h,补栽及清理现场不得超出48h;与架空线间距基本合理,长势旺盛,树圈内无积水,树圈完好率90%以上。

③行道树中乔木的修剪,除应按一般乔木要求操作外,还应注意以下规定:

A.行道树的树形、冠幅、分枝点高度及冠下缘线应基本一致,高度应符合行道树的有关标准。

B.树木与架空线相互干扰时,应修剪树枝,使其与架空线保持安全距离。

C.交通路口和指示牌的树冠应符合交通管理部门的有关规定。

D.路灯和变压设备附近的树枝应与其保留出足够的安全距离。

(3)灌木。

①树冠完整不缺向,枝叶茂密,生长健壮,叶色正常。花灌木株形丰满,正常开花,着花率高,开花繁茂,花色艳丽。色块灌木丰满,无残缺株,色块分明,层次突出,线条清晰流畅。自然式灌木无论片植、孤植、丛植和线性栽植均应在疏密、品种、高低错落及群体、线性、株及丛的整体与个体形态上体现设计意图。

②灌木的修剪应以自然树形为主。

③木本花卉修剪。

A.当年生枝条开花的,在休眠期修剪。为控制树形及高度,对生长健壮的枝条因树制宜地短截,促发新枝。

B.一年多次开花的,花落后应及时剪去残花,促使再次开花。

C.隔年生枝条开花的,休眠期因树适当整形修剪。

D.多年生枝条开花,应注意培育和保护老枝。

(4)一、二年生草本花卉。

花朵分布均匀,花朵大小和数量正常,生长健壮,符合该品种的特点。维护株形并及时剪除残花、枯叶、残株。

(5)多年生宿根、球根花卉。

生长健壮,叶色、冠幅正常,花朵大小、色泽正常,花后休眠期按其品种科学处理。

(6)草坪、草地。

草种纯。草坪生长茂盛,叶色正常,平坦整洁,修剪后无残留草屑,剪口无明显撕裂现象。基本无秃斑、枯草层、杂草,覆盖度达95%以上。及时更换补植被破坏或其他原因引起死亡的草坪草。草地无大型、恶性、缠绕性杂草,无明显影响景观面貌的杂草。

(7)地被植物。

①单植地被。

无死株,群体景观效果好,季相变化明显。生长茂盛,覆盖率为90%以上,无空秃。无大型、恶性、缠绕性杂草,无明显影响景观面貌的杂草。有害生物受害率控制在 10％ 以下。

②混植地被。

无死株和残存枯花。生长茂盛,符合生态要求,覆盖率为 90％ 以上,无空秃。无大型、恶性、缠绕性杂草,无明显影响景观面貌的杂草。有害生物受害率控制在 10％ 以下。

(8)水生植物。

植株生长健壮,保持形态特征,观花观果植株正常开花结果,观花观叶期长。无杂草,水质清澈无异味,水面种植范围内无漂浮杂物。水面深度与其生长的水生植物保持最佳高度。

(9)藤蔓植物。

①根据其形态特征及生长习性,合理立架建栅,使其功能符合要求。

②藤蔓植物修剪。

A.吸附类藤木,应在生长期或休眠期剪去未能吸附于墙体而下垂的枝条。

B.缠绕、依附类藤木,根据生长势进行修剪,可适当疏剪过密枝条,清除枯死枝。

C.生长于棚架的藤木,休眠期应疏剪影响通风、透光性的过密枝条,清除枯死枝。

(10)整形植物。

①模纹图案植物轮廓清晰,色彩、层次明快,整齐美观,全株枝叶丰满,满足设计要求。无残缺植株。

②自然式整形植物根据其形态特征及植物生理特性进行养护,其景观效果满足设计要求。枝叶茂密,生长健壮,形体美观,基本无亮角、缺株。

③绿篱植物轮廓清楚,线条整齐,顶面平整,高度一致,整齐美观。开花植物开花期一致,修剪保持自然丰满。不露空缺、不露枝干、不露捆扎物。无缺株,无枯枝残花。

④造型植物枝叶茂密,生长健壮,形体美观,轮廓清楚。表面平整、圆滑。不露空缺、不露枝干、不露捆扎物。

(11)花坛、花带。

植物生长健壮,蓬径饱满,株高基本相等,色彩艳丽,层次分明,图案清晰。不露土,植株无缺株倒伏,基本无枯枝残花。开花期一致,确保重大节日有花。与草坪交界处应边缘清晰,线条流畅美观。

(12)花境。

植株生长正常,枝叶茂盛,不露土。高低错落有致,季相变化明显,基本无枯枝残花。花卉色彩鲜艳,观赏期长,观花植物适时开花,观叶植物叶色正常。无明显有害生物危害,植物受害率控制在 10％ 以下。无大型、恶性、缠绕性杂草,无影响景观面貌的杂草。

(13)盆栽植物。

容器完整清洁,容器外形、规格、色彩与植株协调。植株生长正常、健壮、枝叶繁茂、适时开花,无枯枝残花。叶片清洁。基本无有害生物危害症状,无杂草。

(14)园林护坡植物。

①草本类园林护坡植物养护管理参照草坪和多年生宿根花卉的养护管理要求。

②木本类园林护坡植物还应遵循以下规定。

A.灌木类园林护坡植物的修剪应根据其生长特点,适当重剪,使其树冠增加。

B.藤蔓类园林护坡植物的修剪:悬垂类园林护坡植物应注意剪除影响美观的多余枝条,吸附类园林植物应及时剪除未能吸附于墙体的枝条。

（15）立交桥、高架桥等构筑物下园林植物。

①草本类园林植物养护管理参照草坪和多年生宿根花卉的养护管理要求。

②木本类园林植物养护管理参照灌木的养护管理要求。

③根据需要适时定期浇水。

（16）古树名木。

①保持古树名木周围环境的清洁。

②加强古树名木的病虫害防治工作。

③因地制宜地设置围栏保护古树名木。

④在古树名木根系分布范围内，严禁厨房或厕所等有污染气体、液体的设施和排放污水的渗沟。

⑤严禁在树下设置临时设施，堆放污染古树根系、土壤的物品。

⑥严禁在树体上钉钉子、绕铁丝、挂杂物或作为施工的支撑点。

⑦严禁攀折、剐蹭和刻划树皮等伤害古树名木的行为。

⑧有纪念意义和特殊观赏价值的古树名木，应保留其原貌，对枯枝采取防腐处理。需修剪的应制订修剪方案，报主管部门批准。古树名木树体上的伤疤或空洞应及时填充修补，防止进水。

⑨古树名木树休及大枝有倾倒、劈裂或折断的可能时，应及时采取加固或支撑等保护措施。

⑩对高大树体必须安装避雷装置，以防雷击。

⑪古树名木复壮事先应制订严格的方案，报请主管部门审查，经批准后方可实施。

⑫古树名木移植工程必须事先制订施工技术方案，报请主管部门审查，经批准后由具有二级或二级以上的园林绿化施工资质的企业承担，并在园林监察部门监督下实施。移植后要落实养护管理责任制，及时制订养护方案，并进行跟踪管理，确保质量。

（17）有害生物的防治。

①防治园林植物有害生物应贯彻"预防为主，综合防治"的方针。

②无明显虫屎、虫网，园林树木有蛀干害虫为害的株树不超过1%，园林树木的主干、主枝无明显的虫卵，每株虫食叶片不超过10%。

③及时清理带病虫的落叶、杂草等，消灭病源、虫源，防止病、虫、草、鼠扩散、蔓延。

（18）园林设施完整、安全，维护及时。

（19）绿地内环境整洁，无堆物、堆料，无明显杂草、植物残渣，落叶清理及时，无垃圾。

2. 公园绿地绿化养护管理质量标准

（1）一级养护管理标准。

①绿地景观。

以植物造景为主。花坛、花带齐全，花坛内四季有花开放，重大节日有鲜花展出。各类园林植物搭配合理有致，养护管理精细。公园环境达到整洁清新、花木繁茂、景色优美、意境深邃的效果。植物生长良好，无枯死株。乔木、灌木、绿篱、木本地被植物修剪符合观花、观果、观叶、塑形要求。浇水、施肥、改土等措施效果良好，及时采取措施防御各种自然灾害的影响。必须严格保护古树名木。

②病虫害控制。

以防为主,综合防治。已经发生的病虫害必须及时治理。

(2)二级养护管理标准。

①绿地景观。

以植物造景为主,植物选择较为得当,乔、灌、草搭配合理,园内四季有花开放,重大节日有鲜花展出。植物生长正常,无枯死株。乔木、灌木、绿篱、木本地被植物修剪应符合观花、观果、观叶、塑形要求。浇水、施肥、改土等措施效果较好,及时采取措施防御各种自然灾害的影响。必须严格保护古树名木。

②病虫害控制。

以防为主,综合防治。已经发生的病虫害应及时治理。

3. 街旁绿地绿化养护管理质量标准

(1)一级养护管理标准。

①绿地景观。

植物生长健壮,无缺株、无枯死株。必须严格保护古树名木。花坛、地被植物生长茂盛。乔木、灌木、绿篱、木本地被植物修剪符合观花、观果、观叶、塑形要求。浇水、施肥、改土等措施效果良好,及时采取措施防御各种自然灾害的影响,无杂草。

②病虫害控制。

预防为主,综合防治。已经发生的病虫害必须及时治理。

(2)二级养护管理标准。

①绿地景观。

各类植物生长良好,少有枯死株。古树名木得到严格保护。花坛、地被植物生长正常。乔木、灌木、绿篱、色带色块修剪基本合理。浇水、施肥、改土等措施效果较好,应及时采取措施防御各种自然灾害的影响,无杂草。

②病虫害控制。

预防为主,综合防治。已经发生的病虫害应及时治理。

4. 道路绿地绿化养护管理质量标准

(1)一级养护管理标准。

①绿地景观。

树木长势良好,适时修剪,疏密得当,有较好的观赏效果。以乔木为主的树坛,其下应有灌木或地被植物,黄土不露天。树木种间株间生长空间与层次处理得当,整体观赏效果好。及时补栽死株、枯株。针叶树应保持明显的顶端优势,花灌木按时开花结果,整形树必须按观赏要求养护成一定形态,地被植物应为四季常绿观花或观叶品种。无大型野草,无缠绕性、攀缘性杂草。

②病虫害控制。

预防为主,综合防治。无明显病虫害。

(2)二级养护管理标准。

①绿地景观。

树木长势较好,应适时修剪,疏密得当,有较好的观赏效果。以乔木为主的树坛,其下应有灌木或地被植物,黄土不露天。树木种间株间生长空间与层次处理宜得当,整体观赏效果较好。能及时补栽死株、枯株。针叶树应保持明显的顶端优势,花灌木按时开花结果,整形树能按观赏要求养护成一定形态。无大型野草,无缠绕性、攀缘性杂草。

②病虫害控制。

预防为主,综合防治。应无明显病虫害。

5. 行道树养护管理质量标准

(1)一级养护管理标准。

①行道树景观。

树木生长良好,无死树、断桩,无缺株。枝下高、树高、冠幅一致。整形修剪符合要求,体现观花、观果、观叶、冠形要求。养护管理措施效果良好。

②病虫害控制。

预防为主,综合防治。无明显病虫害。

③树木保护。

树体无绑缚和钉物,经常保持无树挂,树穴内无杂草、杂物。树穴无裸露或设透气护栅。新补植树木根据需要设支护或护栏。

(2)二级养护管理标准。

①行道树景观。

树木生长正常,无死树,无缺株。枝下高、树高、冠幅应一致。整形修剪应符合要求。采取较完善的养护管理措施。

②病虫害控制。

预防为主,综合防治。无明显病虫害。

③树木保护。

树体无绑缚和钉物,应保持无树挂,树穴内应无杂草、杂物。新补植树木根据需要设支护或护栏。

6. 居住绿地绿化养护管理质量标准

(1)一级居住绿地养护管理标准。

①绿地景观。

植物生长良好,无枯死株。严格保护古树名木。草坪养护管理精细,基本无杂草。乔木、灌木、绿篱修剪合理。养护管理措施及时有效。

②病虫害控制。

预防为主,综合防治。无明显病虫害。

(2)二级居住区绿地养护管理标准。

①绿地景观。

植物生长正常,少有枯死株。严格保护古树名木。草坪养护管理良好,基本无杂草。乔木、灌木、绿篱修剪合理。养护管理措施有效。

②病虫害控制。

预防为主,综合防治。无明显病虫害。

7. 单位附属绿地养护管理质量标准

(1)市级园林式单位:参照养护管理一级公园绿地和养护管理一级居住绿地相关质量标准。

(2)区级园林式单位:参照养护管理二级公园绿地和养护管理二级居住绿地相关质量标准。

8. 防护绿地养护管理质量标准

参照养护管理二级街旁绿地相关质量标准。

9. 立体绿化养护管理质量标准

(1)立体绿化应根据不同植物攀缘特点,采取相应的辅助措施。辅助性攀缘植物的牵引工作必须贯彻始终。新植苗木发芽后必须及时做好植株生长的引导工作,使其向指定方向生长。垂吊植物覆盖均匀,覆盖率不得低于90%。开花植物适时开花。

(2)修剪及时,疏密适度,防止枝条脱离依附物,保证植株叶不脱落,便于植株通风透光,防止病虫害的发生。观花植物必须在落花之后进行修剪。攀缘植物应在休眠期进行间移,使植株正常生长,减少修剪量,充分发挥植株的作用。

(3)彻底清除并及时处理绿地中杂草,除草时不得伤及攀缘植物根系。

(4)新植和近期移植的各类攀缘植物,应连续浇水,直至植株不灌水也能正常生长为止。在土壤保水力差或天气干旱季节应适当增加浇水次数和浇水量。

(5)采取保护措施,无缺株,无严重人为损坏,发生问题及时处理,实现连线成景多样化的效果。

(6)植株无主要病虫危害的症状,生长良好,叶色正常,无脱叶、落叶的现象。病虫害防治必须贯彻"预防为主,综合防治"的方针。栽植时应选择无病虫害的健壮苗,勿栽植过密,保持植株通风透光,防止或减少病虫发生。栽植后应加强攀缘植物的肥水管理,促使植株生长健壮,以增强抗病虫的能力。及时清理病虫落叶、杂草等,消灭病源、虫源,防止病虫扩散、蔓延。加强病虫情况检查,发现主要病虫害应及时进行防治。在防治方法上要因地、因树、因虫制宜,采用人工防治、物理机械防治、生物防治、化学防治等各种有效方法。采用化学防治方法时,要根据不同病虫对症下药。喷布药剂应均匀周到,应选用对天敌较安全,对环境污染轻的农药,既能控制住主要病虫害,又注意保护天敌和环境。

10. 滨河绿化养护管理质量标准

(1)绿地景观。

植物生长健壮,无缺株、枯死株。浇水、施肥、改土等措施效果良好,及时采取措施防御各种自然灾害的影响。

(2)病虫害控制。

以防为主,综合防治。已经发生的病虫害必须及时治理。

● 1.2.2 园林绿地日常养护技术规范

1. 概述

（1）基本概念。

园林绿地养护分成活期养护和日常养护,本规范着重叙述日常养护。

（2）园林绿化地植物分类。

园林绿化地植物分为乔木、灌木、花卉、藤本和攀缘、地被和草坪等。园林绿化养护要根据不同植物种类和群落分别采取不同的养护技术和措施,所以说园林绿化养护具有针对性。

（3）园林绿化养护保存率。

凡经栽培成活一年以上的植物保存率均应达 98% 以上,植物保存率可以作为考察养护效果的标准。

2. 树木（包括乔木、灌木）养护

（1）灌溉。

①不同种园林植物对水分的要求各不相同。旱生植物,如木柳等,能耐较长时间干旱;湿性植物如水杉、池杉、枫杨、垂柳等,短期积水也可以生长,在过分干旱时生长不良甚至死亡;中生植物大多数属于此类,最适宜的生长条件是干湿适中;水生植物,如荷花喜生长在水中,所以要根据树木种类决定浇水的次数和浇水量及其浇水的方式。较耐干旱树种浇水次数及其需水量相对要少,相反,湿性植物浇水次数及需水量要多。

②同种植物在一年中不同生育期内,对水分的需要量也不同。早春植物萌芽需水量不多,枝叶盛长期需水较多,花芽分化期及开花期、结实期要求水分较多,特别开花期、结实期对水分较敏感。

③对新栽植的树木应根据不同立地条件进行适时、适量的灌溉,应保持土壤中有效水分。

④人工浇水方法、次数及注意事项。春秋季节缺水时每天早晨浇水一次;夏季每天早上或晚上浇水一次。在 6—9 月等月份气温高,天气干燥时,还需向树冠和枝干喷水保湿,此项工作于早晨(10 时前)或傍晚(16—18 时)进行;冬季由于严寒多风,为了防寒,于入冬前应灌溉一次冬水,冬季浇水应选择中午进行。浇水时要注意选择水源,做到无污染、无毒害。另外,施肥后应立即浇水促进肥料溶解、渗透,加快根系吸收,否则可能因肥料浓度过高而发生烧苗、伤根现象。浇水要做到一次浇透,尤其春夏两季,长期浇水不透,将会导致植物干旱缺水。如果浇水次数过多,导致土壤通气性差,缺氧,厌气性细菌过多,会引起烂根。另外浇水不透还会导致树木产生浮根现象(因树根有向水性),根系难以伸展,始终在浅层表面上回旋,所以乔木一般要采取拖管浇灌。综上所述,树木养护灌溉要做到看苗、看土浇水。

（2）排水。

土壤出现长时间积水,如不及时排出,地被植物、树木根系会受到严重影响。土壤通气不良,影响土壤内营养元素的效果(分解不完全),并产生有毒物质(有机酸等),致使植物烂根死

亡,所以在暴雨后积水应及时排除,特别在梅雨季节应注意排水。例如桥北泵站绿地,河堤上绿化排水好,成活率高,河堤下绿地没有排水坡度,长时间积水,死苗率高。又如五洲制冷茶花地,地势平坦,面积大,在雨季前应加深排水沟,做到雨停水尽,这样才能有利于苗木生长。

（3）松土除草。

园林绿地需经常进行中耕松土。土壤受践踏、浇水或下雨易造成土壤板结,针对易板结的土壤,松土更是必要的。在蒸腾旺季(夏季)须每月松土一次,否则会影响植物正常生长。

①松土的作用。

A. 松土结合除草,清除杂草。

B. 松土切断土壤毛细管,减少土壤中水分蒸腾,起到保湿作用。

C. 松土可增强土壤通透能力,增加土壤中的氧的含量,有利于好氧细菌的繁殖,促进土壤有机质的分解和矿物质的氧化,从而增加土壤肥力。另外,由于松土增强了土壤通透能力,有利于水分的下渗通透,减少水分的流淌损失,增强了灌溉效果。

②松土深度:原则上依据植物种类、树龄而定,可分为浅耕、中耕、深耕三种方式。浅耕性植物及小苗松土的深度宜浅,一般为 2～3cm;乔木、灌木种植成活,可中耕,一般深度在 5～8cm;乔木、灌木的根系都比较深,栽植一年都可以在秋末、冬季进行深耕,一般深度在 10～20cm。树盘松土处宜浅,向外侧逐渐加深。

③松土时间:选在晴天或雨后 2～3d 进行,土壤含水量以 50%～60% 为宜,即用手捏不易成团。

④松土次数:花灌木一年内至少 3～4 次,小乔木一年至少 2 次,树木树坛每月松土 1 次。

⑤除草:杂草会消耗大量水分和养分,影响园林植物生长,同时传播各种病虫害,还会影响景观的观赏性,因此对园林绿地内的杂草要经常灭除。除草要做到"除早、除小、除净"。初春杂草生长时就要清除,但杂草种类繁多,不是一次可以除尽的。春夏要分别进行 2～3 次,切勿让杂草结籽,否则第二年又会大量滋生。乔木、灌木下的各种野草必须及时铲除。特别是对树木危害严重的藤蔓植物要及时铲除。

（4）合理施肥。

施肥是保证绿化树木旺盛生长的有效养护措施之一。施肥要有针对性,不能千篇一律,因为树木种类、年龄、生长期和需肥数量各不相同,不同种树木,不同理化性的土壤所施用的肥料也各不相同。例如,针对较耐瘠薄的树种,通常不可施肥或少施追肥;相反,喜肥植物(如牡丹、月季花灌木等植物)施肥次数、施肥量相对要多些;杜鹃、山茶等喜酸性植物在生长期每次施肥量不宜太多,但要勤施低浓度酸性肥料(如硫酸铵、硫酸钾、过磷酸钙等)。对于新种骨架树种(如香樟、雪松、银杏等),在生长期可根外追肥,用磷酸二氢铵、磷酸二氢钾来补充植物生长所必需的三要素。苗木生长初期应以氮肥为主,如腐熟猪、鸡、菜籽饼等都属于有机肥。

花灌木宜在花前、花后、花芽分化等时期分别追肥。有些花期长或开花次数多的植物(如石榴、柑橘)还应在坐果后、果实膨大期进行追肥。

施肥深浅的一般规律:基肥深施,追肥浅施;基肥以有机肥为主。基肥一般作为冬肥在绿地深翻时施用。

（5）整形修剪。

①乔木修剪。

乔木在养护阶段,应该通过修剪调整树形,均衡树势,调节树木通风和树木内养分的分配,调整植物群落之间的关系,促进树木苗壮生长。

为促使植物生长发育,保持良好的形态,应根据各种植物生长发育规律和栽培目的及要求及时对其进行调整修剪。落叶乔木要注意保持顶端的生长势,如水杉等。不具有具体、明显领导主枝的树种在分支点以上,根据不同树种每隔20～45cm选留3～4个分布平均的骨架枝,其余的进行疏剪。骨架枝选好后,再用同样的方法在骨架枝上选留外侧二级枝,如此逐渐形成丰满的树冠。长绿阔叶树种要保留好中央领导杆,培养其向上生长的优势,如香樟、广玉兰、杜英等。长绿针叶树种多以观赏树形为主,其以宝塔形、圆锥形较多,修剪时注意培养、平衡它们的生长势即可,如雪松、柳杉、蜀桧、龙柏等。花灌木树苗,培养健壮均衡的枝条形成丰满的冠丛。对修剪的树苗要抑强扶弱,去除徒长枝和强枝,留小、弱枝,如紫薇等。

乔木修剪的注意事项如下:

A. 每种树木都有一定的树形,通常整形修剪,保持原有的自然生长状态,如垂柳、水杉、桂花、广玉兰、雪松等,修剪时应保持其树冠的完整。对这一类树种进行修剪时仅针对病虫枝、伤残枝、重叠枝,内叉枝过密修除掉。

B. 行道树除进行整形外,要保持树干高度基本一致,分叉点以上2.5～3.2m高度为宜,做到树冠完整,无病虫枝、下垂枝、丛生枝,无枯枝烂头,切平口,无撕裂。

C. 树木修剪整形要按照设计意图要求决定,行道树应按修剪要求进行修剪整形。独景树、庭面树应以保持树种自然形态为原则进行修剪整形;桩景树及特殊造型树的修剪整形应按照特殊要求进行整形、绑扎、修剪。

D. 树木修剪要注意按生长期进行。在休眠期以整形为主,可稍重剪;以调整树势为主,宜轻剪。根部蘖生枝及砧木上萌发的枝条(如垂柳、红花刺槐、丁香、花桃、紫玉兰、花石榴)在生长期随时抹芽削枝。

E. 有伤流的树种应在冬眠后、雨水前进行修剪(如椿树、栾树、梧桐树、葡萄等)并涂封伤口。

②灌木修剪。

灌木修剪的目的是使枝叶茂盛,分布均匀。花灌木修剪要有利于促进短枝和花芽形成,修剪应遵循"先上后下,先内后外,去弱留强,去死留新"的原则进行。例如:紫薇的修剪要在落叶后树苗处在休眠期时实行枝头短剪,便于早春多发短枝多开花。

③绿篱、色块修剪。

绿篱、色块修剪,应促使其分支,保持全株枝叶丰满。在生长季节,按照植物生长快慢、设计意图要求决定修剪次数和修剪轻重程度。绿篱和色块修剪主要在春、秋两季的春、秋梢生长迅速期,所以修剪次数多。在同一季节里早修比晚修好,早修可以减少体内养分的消耗,并且修剪程度要轻,修剪次数相对增多,绿篱和色块容易成形,晚修反之。并且晚秋梢的形成容易使植物发生冻害,特别对于造型绿篱应逐步修剪成形。常绿树9月中旬后不宜修剪,到次年4月初可进行。

(6)挖死树。

衰老、病虫侵害、机械创伤、人为破坏以及其他原因造成一些树木死亡,对那些已无可挽救,也无保留必要的树木,应在确定完全死亡之时,尽早伐除。这样可减少死树对行人、交通、建筑、电线及其他设施带来的危害,减少病虫潜伏与蔓延。同时消除死树对景观效果的影响。

挖死树应该注意以下几个方面:伐前应调查其死亡原因,总结经验教训,采取有效措施避免类似情况发生;观察四周环境(指大树),仔细分析破伐过程对建筑、电线、交通、行人等安全的影响;经申请报批,即可进行挖除,并填平地面。

(7)补植树木。

科学掌握季节特点,适时补种。落叶树在春季土地解冻以后、发芽以前或秋季落叶以后、土地冰冻以前补植;常绿阔叶树在春季土地解冻以后、发芽以前或在秋季新梢停止生长以后、霜降以前补植。根据当地的气候情况,个别植物(如乌桕)在春天萌动时移栽是较理想的。

(8)台风的预报与补救,冻害的预防。

①在台风来临之前要做好充分的准备和预防措施。

A. 对树冠内生长过密、过高的枝条进行疏稀;

B. 对树冠较大、树根浅的树木要加设支撑;

C. 对胸经较粗的阔叶树(香椿、广玉兰)、顶端优势明显树体、较高的针叶树(雪松、水杉、池杉、柳杉、银杏等),以及一些体形特殊的树木,可采取牵引绑缚措施。

②被台风破坏的补救措施。

对有断裂危险的分枝或整株树木进行软支撑,可将树干或分枝的部分连接起来。被台风吹倒的树木要及时处理,首先要对树冠施以强截,仅保留一级或二级分枝。反翘起的根系也要进行修剪,特别是折断的、撕裂的较大侧根要修剪平整。然后按树木扶正法的步骤将树木扶正,并且加强养护管理,使树木尽快恢复正常生长。

③防冻越冬措施。

A. 生长期适量施肥,适期摘心,促进枝条成熟。生长后期控制肥水数量和种类,抑制植物徒长枝;配合根外追肥,及时做好病虫防治工作,防止叶片非正常性早落,促进植物积累养分,增加细胞量,增强抗逆力。在寒流前灌水,防止干冻。

B. 入冬前用稻草或草绳将不耐寒或新植树木主干包扎,外包地膜,并将土球周围培土覆盖保温。

C. 对南方树种采取树枝与卷叶的保护措施,在寒流到来之前用绳索将其枝条捆扎成束。如海枣、凤尾兰、苏铁等植物捆成一束后,再用草帘包扎,以保护其根系和主干。

D. 树干涂白以减少昼夜温差剧烈变化,避免发生冻裂,也可以起到防病杀卵的作用。

E. 对竹类特别是新种竹子,可用木屑、谷壳散铺在根茎周围地面,起保暖、保墒作用。

(9)草坪养护。

草坪成坪后要经常进行养护管理,才能保证草坪景观长久持续下去。草坪的养护管理工作主要包括:灌水、施肥、修剪、除杂草等环节。

①灌水、排水。

养护时保持绿地完整的给水、排水系统。草坪浇水必须湿透根系层,应浸湿的土层厚度为10cm,通常分几次浇透,但不应发生地面长时间积水。灌水应该以喷灌为主。灌水量应根据土质、生长期、草种等因素确定。冷季型草种,春秋两季充分浇水,保持生长,夏季适量浇水,易旱浇,傍晚、夜间不宜浇水,因为夜间湿度太大,易感染病害。暖季型草种,夏季勤浇水,宜早晚浇水,保持生长。

②施肥。

为保持草坪叶色嫩绿,生长繁密,必须施肥。草坪植物主要要求叶片生长,并无开花结果要求,需要氮肥但要控制,一般以含氮量低的复合肥为主。草坪成坪后在生长旺盛季节施追肥,施肥方法以撒施为主。冷季型草种(如高羊茅草)最好的追肥时间在早春、秋季。第一次追肥在返青后可起到促进生长的作用。第二次在夏初,天气转热后应停止追肥。秋季施肥可以立秋后至9月进行。暖季型草种(如马尼拉、白慕达)的施肥时间是晚春,在生长季每月或2个月追肥一次,施肥不晚于9月中旬。特殊要求的草坪养护不在此例。

③修剪。

修剪是草坪养护的重点,修剪能控制草坪高度,促进分蘖,增加叶片密度,抑制杂草生长,使草坪平整美观。草坪在生长季节应适时进行加土、扬沙、镇沙,保持土地平整和良好的透气性。适时扎草,草高控制在4~6cm。果岭草坪高度在2cm。剪草前必须清除草坪的石子、瓦砾、树枝等杂物,侧石边、树坛边、片林边、色块、植被、花景物边缘的草坪,生长到一定时期应进行切草边,以保持线条清晰。

④除杂草。

杂草的入侵会严重影响草坪的质量和观赏效果,因而除杂草是草坪养护中必不可少的一环。除杂草的最根本方法是合理的水肥管理,促进目的草的生长势,增强其与杂草的竞争能力,并通过多次修剪,抑制杂草的生长。一旦发现杂草,除用人工"挑"草外,也可合理科学使用除草剂。

(10)植物病害杂草的防治。

苗木、花卉生产是种植业的一部分,不可避免地会遭到自然灾害的影响,在生命过程中会发生各种异样状况,这也就是日常所说的病害。现在通过科学手段可有效地控制或消灭病害,以保证生产的发展。

防重于治,对病虫害尤为重要。在清洁卫生、无杂草的环境中,选取无毒的种子、种苗,对栽培基质和工具加以消毒,并及时采取药物处理,发生病虫害袭击后,恢复也快。因此,良好的管理也是非常重要的。

在种植作业过程中,人们一般对防治虫害较重视,因为它表现明显。因而对病害注意观察,要做到早防、早治,以减少危害。

①植物病害。

植物病害是指植物受不良环境或病原生物的侵害后所发生的形态生理和生化上的不正常状态。可分为非侵染性病害和侵染性病害两类,在植物生长过程中,侵染性病害是最大量、最主要的,是植物防治的主要对象。

非侵染性病害也称生理病害,是指植物在生长条件不适宜,如土壤营养元素不足,酸碱度不适宜等,或因环境中有害物质的影响,肥料、农药使用不当而发生的病状。并未受原生物的侵染,也不会传染,这类情况称为生理病害。

对生理性病害的防治,主要是通过良好的栽培技术措施来改善环境和消除有害因素,如克服杜鹃、栀子花、广玉兰、香樟等缺铁症。栽培上要注意避免使用强碱的土,补充铁素或选用耐碱而不易缺铁的品种做砧木。又如各种植物对有害气体的敏感程度是不同的,在工矿区要注意栽培抗烟雾树种及花卉,同时有害气体的排放应严格控制或经过净化处理。

传染性病害由病原生物引起,有传染性。主要的病原生物有真菌、细菌、线虫、病毒、类菌质体及高等寄生物等。

植物病害的防治方法:加强环境卫生,清除杂草,通风透光,合理种植;浇水及时,方法要正确,用量要合理,时间要科学;及时烧毁病株;及时喷药。

②常用杀菌剂的配置、使用方法及防治对象介绍。

A.波尔多液:是一种良好的保护性杀菌剂,由硫酸铜、生石灰和水配制而成,根据硫酸铜和生石灰用量不同可分为等量式(1∶1,表示生石灰用量与硫酸铜用量之比,下同)、半量式(1∶0.5)、多量式(1∶3)和倍量式(1∶2)等数种。配制时,先各用一半的水化开硫酸铜和生石灰,然后将硫酸铜和石灰溶液同时慢慢地倒入另一容器中,用玻璃棒搅拌均匀即可。配成的波尔多液为天蓝色的胶体悬浮液,呈碱性,黏着能力强,能在植物表面形成一层薄膜,有效期可维持在半个月左右。波尔多液不耐储存,必须现配现用,不能与碱性农药混用。可防治黑斑病、锈病、霜霉病、灰斑病等多种病害。

B.石硫合剂:也是一种保护性杀菌剂,以生石灰、硫黄粉和水按1∶2∶10的比例经过熬制而成,原液为深红褐色透明液体,有臭鸡蛋味,呈碱性。配制时先将水放入锅中煮沸,然后倒入1份生石灰,待石灰溶解后,再加入先用少量水调制成糊状的2份硫黄,边加边搅拌,加毕用大火烧沸1h左右,待药液呈红褐色时停火,冷却后,滤去沉渣,即为石硫合剂原液。能防治白粉病、锈病、霜霉病、穿孔病、叶斑病等多种病害,还可防治粉虱、叶螨、介壳虫等害虫。石硫合剂可密封储存。

C.石灰硫锌:是用生石灰1份、硫酸锌1份、水100份配制而成,配制方法与波尔多液相同,能有效防治穿孔病。

③几种常用农药的性能介绍。

A.百菌清(达科宁):有保护和治疗作用,杀菌范围广,残效期长,对皮肤和黏膜有刺激作用。常用75%百菌清可湿性粉剂600～1000倍液喷雾防治霜霉病、白粉病、黑斑病、炭疽病、疫病等病害,也可用40%粉剂喷粉,用量3～4.5g/m²。不能与强碱性农药混用,对梨、柿、梅等易发生病害。

B.多菌灵:是一种高效低毒、广谱的内吸杀菌剂,具有保护和治疗作用,残效期长,一般用50%可湿性粉剂1000～1500倍液喷雾防治褐斑病、菌核病、白粉病等病害,也可用于拌种和土壤消毒。拌种时,用量一般为种子重量的0.2%～3%。

C.托布津:是一种高效低毒、广谱的内吸杀菌剂,残效期长,其杀菌范围和药效与多菌灵相似,对人畜毒性低,对植物安全。常用50%可湿性粉剂500～1000倍液喷雾防治白粉病、炭疽病、白娟病、菌核病、叶斑病、黑斑病等病害。托布津有甲基托布津和乙基托布津。

D.代森锰锌:是一种广谱性有机硫杀菌剂,呈淡黄色,稍有臭味。在空气中或日光下极易分解,常用65%可湿性粉剂400～600倍喷雾防治褐斑病、炭疽病、猝倒病、穿孔病、灰霉病、白粉病、锈病、叶枯病等,不能与碱性或含Cu、Hg的药物混用。

E.退菌特:是一种有机砷、有机磷混合杀菌剂,白色粉末,有鱼腥味,难溶于水,易溶于碱性溶液中,在酸性、高温及潮湿的环境中易分解。一般用50%可湿药剂粉剂2000～5000倍液喷雾防治炭疽病、锈病、立枯病、白粉病、菌核病等病害。

F.苯来特:是一种广谱性的吸性杀菌剂,兼有保护和治疗作用,不溶于水,微有刺激性臭味,药效期长,常用50%可湿药剂粉剂2000～5000倍液喷雾防治灰霉病、炭疽病、白粉病、菌核病等病害。

G.硫黄粉:是一种黄色粉末,有明显气味,具有杀菌、杀虫作用,药效期5～7d,常用50%

药剂喷粉,用量为 $1.5\sim3g/m^2$;或用于熏蒸,用量为 $1g/m^3$。可防治白粉病。

H.链霉素:是一种三盐酸盐,为白色粉末,一般用 $100\sim200mg/L$ 浓度喷雾、灌根或注射,防治细菌性病害、霜霉病等。

④常用除草剂介绍。

使用除草剂,可以清除影响目的植物周围杂草,避免相互之间争夺光、水、养分而妨碍目的植物的正常生长;减少劳动力,节约生产成本,不误农时。除草剂主要有两大类型,即土壤处理剂和杂草处理剂,杂草处理剂中又可分为广谱性和选择性。现逐一介绍。

A.土壤处理剂:指在种子播种之前,为了保证目的植物幼苗正常生长,将土壤中杂草种子杀灭而达到目的的一种手段。

a.氟乐灵:每亩用量 $150\sim200g$,兑水 $50kg$,均匀喷雾在已整理过的坪床上,封闭一星期后再下种子。

b.拉索(通用名称甲草胺):每亩用量 $150g$,兑水 $50kg$,用背包式喷雾器喷洒在已整理过的坪床上,封闭一个星期后再下种子。每亩也可用氟乐灵 $125g$ 加拉索 $75g$ 混合配制,兑水 $50kg$,做土壤处理,这样效果更佳。

B.地面杂草处理剂:指在植物生长过程中,将在周边或中间的妨碍作物生长的杂草,用化学的方法进行防除。

a.广谱性:水剂每亩使用量为 $1\sim2kg$,根据杂草的密度和生长时间,每背包式药水桶内加入 $200\sim250g$ 药剂,均匀喷雾于杂草表面。每桶内加入 1 汤勺洗衣粉,2 汤勺 $(NH_4)_2SO_4$ 或 NH_4HCO_3,可起到黏着和烧伤的作用,增强效果。必须在晴天、无大风露水干后使用,温度越高效果越佳,喷水量要大,杂草叶尖滴水为止。它的特点是具有传导性,烧伤后通过杂草的维管束疏导组织使药物渗透到根茎部,破坏叶绿素而使杂草枯萎。但此药在水中容易分解,对杂草种子毫无作用,对多年生的恶性杂草,在高温季节每月喷一次,有一定的灭杀作用。

b.选择性:常用农药有稳杀得、克禾踪等。用量为每亩背包式药水桶 $2\sim3$ 桶,每桶内加入 $2\sim3g$ 粉剂,搅匀后喷雾,雾点越细越好。

使用外界条件:空气中和地面湿度要大,最好在早晨的露水中操作,如天气干旱,前天傍晚在第二天的作业区喷灌浇水,以提高湿度。它们也是通过疏导组织把药液传至植物的根茎部,使杂草死亡。此类药对于单叶植物有良好的杀伤效果,而对双子叶植物毫无影响,所以用药时一定要掌握作业区植物的种类,以免引起药害。

C.灭除双子叶杂草的药剂。

a.阔叶净,又名巨星,是美国杜邦公司经销的低毒高效的内吸传导性的农药。每亩用药量为 $4\sim6g$,背包式喷雾器,每桶内加入药 $2\sim3g$,兑水 $10kg$,搅拌后均匀喷于杂草叶面。

使用外界条件:晴天,无风或微风,叶面露水干后喷雾。

b.二甲四氯:每亩 $2\sim3kg$,稀释 $50\sim80$ 倍,温度不能低于 $12℃$,喷雾在叶茎,烧伤叶绿素,从而抑制杂草的生长。此类药见效快,温度越高,见效越快。但治标不治本,不能使杂草根部死亡。

c.水花生净,是一种专治恶性杂草——水花生的专用除草剂,按标签上的说明配比,选择有水花生生长的地方喷施几次,即可灭除。

以上几种农药在使用中,最理想的施药时间在杂草三叶期前,这样可大大节约成本,而且杀伤力更强。

● 测试训练 ●━━━━━━━━━━━━━━━━━━━━━━

【知识测试】

(1)行道树养护管理标准要求修枝及时,排危修枝不得超出_____小时,补栽及清理现场不得超出_____小时,与架空线间距基本合理,长势旺盛,树圈内无积水,树圈完好率_____以上。

(2)草坪、草地养护管理标准要求基本无秃斑、枯草层、杂草,覆盖率达_____以上。

(3)混植地被养护管理标准要求生长茂盛,符合生态要求,覆盖率为_____以上,有害生物受害率控制在_____以下。

(4)防治园林植物有害生物应贯彻_____的方针,无明显虫屎、虫网,园林树木有蛀干害虫为害的株树不超过_____,园林树木的主干、主枝无明显的虫卵,每株虫食叶片不超过_____。

(5)公园一级养护管理标准的效果是_____。

(6)行道树景观养护管理标准要求是_____、_____、_____一致。

【技能训练】

实训 1.2　园林绿地养护管理调研

1.实训目的

(1)了解当地园林绿地养护管理常用的技术措施。

(2)实地调查某校区园林绿地全年养护管理情况。

2.实训材料及用具

当地各类园林绿地、笔记本、笔、树径尺、卷尺、剪刀、放大镜、计算器等。

3.实训内容与方法

(1)现场调查。

在不同的季节,组织学生到各类园林绿地现场(包括城市街头绿地、公园绿地、单位绿地等)进行肥水管理、修剪、病虫害防治等方面的基本情况调查,对于生长不良的花木、草坪,在教师的指导下进行现场诊断,分析其发生的原因。

(2)采访绿地管理人员。

绿地管理人员长期工作在绿地养护管理一线,积累了丰富的经验,多与其交流,并将其好的经验和做法进行分析、归纳、总结。

4.作业

提交调研报告。

任务 3　园林绿地养护管理方案

● 学习目标 ●

- 编制某小区园林绿地养护管理方案。
- 制订当地园林绿地养护管理月历。

● 内容提要 ●

　　园林绿地的养护管理包括两方面的内容:一是养护,根据树木不同的生长需要和特定要求,及时采取施肥、修剪、防治病虫害、灌水、中耕除草等园林技术措施;二是管理,如绿地的清扫保洁等园务的管理工作等。

● 任务导入 ●

　　园林绿地养护管理方案是园林绿地养护管理实际工作中经常遇到的一种文案。编制园林绿地养护管理方案可以有计划地开展园林绿地养护管理工作,同时也能在园林绿地养护管理中明确目标和责任,便于在园林绿地养护管理中的考核和规范,从而达到园林绿地养护管理的效果。

　　如何制订园林绿地养护管理方案? 一般一个园林绿地养护管理方案应该包括如下几个部分:

　　(1)养护管理项目相关情况;

　　(2)养护管理职责;

　　(3)养护管理内容;

　　(4)养护管理工作具体安排计划。

　　下面是一个园林绿地养护管理方案的案例,可供参考。

1. 养护管理项目相关情况

　　(1)现状。

　　(2)养护管理地点。

(3)养护管理范围。

(4)养护管理职责。

2. 养护管理程序和工具

(1)养护管理程序:包括淋水、开窝培土、修剪、施肥、除草、修剪抹芽、病虫害防治、扶正、补苗(苗木费另计)等整套过程。

(2)养护管理工具。

①花剪、长剪、高空剪、铲草机、剪草机。

②喷雾器、桶、斗车、竹箕。

③铲、锄、锯子、电锯、梯子。

④燃料、维修费。

3. 养护管理内容

(1)乔木:每年施有机肥料一次,每株施饼肥 0.25kg,追肥一次,每棵施复合肥混尿素 0.1kg,采用穴施及喷洒、水肥等,然后用土覆盖,淋水透彻,水渗透深度 10cm 以上,及时防治病虫害,保持树木自然生长状态,无须造型修剪,及时剪除黄枝、病虫枝、荫蔽徒长枝及阻碍车辆通行的下垂枝,及时清理修剪物。每周清除树根周围杂草一次,确保无杂草。

(2)灌木、绿篱、袋苗:每季度施肥一次,每 667m² 施尿素混复合肥 10kg,采用撒施及水肥等,施后 3h 内淋水一次,每天淋水一次(雨天除外),水渗透深度 10cm 以上,及时防治病虫害;修剪成圆形、方形或锥形的,每周小修一次,每月大修一次,剪口平滑、美观,及时清除修剪物,及时剪除枯枝、病虫枝,及时补种老、病死植株,每周清除杂草一次。

(3)草本类:每季度施肥一次,每 667m² 施尿素混复合肥 10kg,采用撒施及水肥等,施后 3h 内淋水一次,每天淋水一次(雨天除外),水渗透深度 10cm 以上,及时防治病虫害,每周剪除残花一次、清除杂草一次,及时剪除枯枝、黄枝。

(4)草地:每季度施肥一次,每 667m² 施尿素混复合肥 10kg,施肥均匀、淋水透彻,水渗透深度 5cm 以上,及时防治病虫,及时补种萎死、残缺部分,覆盖率达 98% 以上,每月修剪 1～2次。

(5)室内阴生植物:每天浇水一次,每 3 天擦叶片灰尘一次,保持植物生长旺盛,叶色墨绿光亮,盆身洁净。

4. 一年园林养护管理工作具体安排

(1)1月:全年中气温最低的月份,露地树木处于休眠状态。

①冬季修剪:全面展开对落叶树木的整形修剪作业;对大小乔木上的枯枝、伤残枝、病虫枝及妨碍架空线和建筑物的枝杈进行修剪。

②行道树检查:及时检查行道树绑扎、立桩情况,发现松绑、铅丝嵌皮、摇桩等情况时立即整改。

③防治害虫:冬季是消灭园林害虫的有利季节,可在树下疏松的土中挖集刺蛾的虫蛹、虫茧,集中烧死。1月中旬,介壳虫开始活动,但这时候其行动迟缓,可以采取刮除树干上的幼虫的方法进行消除。在冬季防治害虫往往能达到事半功倍的效果。

④绿地养护:绿地、花坛等地要注意挑除大型野草;草坪要及时挑草、切边;绿地内要注意防冻浇水。

(2)2月:气温较1月有所回升,树木仍处于休眠状态。

①养护基本与1月份相同。

②修剪:继续对大小乔木的枯枝、病枝进行修剪。月底以前,把各种树木修剪完。

③防治害虫:继续以防刺蛾和介壳虫为主。

(3)3月:气温继续上升,中旬以后,树木开始萌芽,下旬有些树木(如山茶树)开花。

①植树:春季是植树的有利时机。土壤解冻后,应立即抓紧时机植树。种植大小乔木前先做好规划设计,事先挖(刨)好树坑,要做到随挖、随运、随种、随浇水。种植灌木时也应做到随挖、随运、随种,并充分浇水,以提高苗木存活率。

②春灌:因春季干旱多风,蒸发量大,为防止春旱,对绿地等应及时浇水。

③施肥:土壤解冻后,对植物施用基肥并灌水。

④防治病虫害:3月是防治病虫害的关键时刻。一些苗木出现了煤污病,瓜子黄杨卷叶螟也出现了(采用喷洒杀螟松等农药进行防治)。防治刺蛾可以继续采用挖蛹方法。

(4)4月:气温继续上升,树木均萌芽开花或展叶开始进入生长旺盛期。

①继续植树:4月上旬应抓紧时间种植萌芽晚的树木,对冬季死亡的灌木(如杜鹃、红花檵木等)应及时拔除补种,对新种树木要充分浇水。

②灌水:继续对养护绿地及时浇水。

③施肥:对草坪、灌木结合灌水,追施速效氮肥,或者根据需要进行叶面喷施。

④修剪:剪除冬、春季干枯的枝条,可以修剪常绿绿篱。

⑤防治病虫害:a.介壳虫在第二次蜕皮后陆续转移到树皮裂缝、树洞、树干基部、墙角等处,分泌白色蜡质薄茧化蛹,可以用硬竹扫帚扫除,然后集中深埋或浸泡。或者采用喷洒杀螟松等农药的方法防治。b.天牛开始活动后,可以采用嫁接刀或自制钢丝挑除幼虫,但是伤口要做到越小越好。c.其他病虫害的防治工作。

⑥绿地内养护:注意大型绿地内的杂草及攀缘植物的挑除,对草坪也要进行挑草及切边工作。

⑦草花:迎"五一"替换冬季草花,注意做好浇水工作。

(5)5月:气温急剧上升,树木生长迅速。

①浇水:树木展叶盛期,需水量很大,应适时浇水。

②修剪:修剪残花。行道树进行第一次的剥芽修剪。

③防治病虫害:继续以捕捉天牛为主。刺蛾第一代孵化,但尚未达到危害程度,根据养护区内的实际情况采取相应措施。由介壳虫、蚜虫等引起的煤污病也进入了盛发期(在紫薇、海桐、夹竹桃等上),在5月中下旬喷洒10～20倍的松脂合剂及50%三硫磷乳剂1500～2000倍液以防治病害及杀死虫害。其他可用杀虫素、花保等农药。

(6)6月:气温高。

①浇水:植物需水量大,要及时浇水,不能"看天吃饭"。

②施肥:结合松土除草、施肥、浇水以达到最好的效果。

③修剪:继续对行道树进行剥芽除蘖工作;对绿篱、球类及部分花灌木实施修剪。

④排水工作:大雨天气时要注意低洼处的排水工作。

⑤防治病虫害:6月中下旬刺蛾进入孵化盛期,应及时采取措施,现基本采用50%杀螟松乳剂500～800倍液喷洒,或用复合BT乳剂进行喷施。继续对天牛进行人工捕捉。

⑥做好树木防汛防台前的检查工作,对松动、倾斜的树木进行扶正、加固及重新绑扎。

(7)7月:气温最高,中旬以后会出现大风大雨情况。

①移植常绿树:雨季期间水分充足,可以移植针叶树和竹类,但要注意天气变化,一旦碰到高温要及时浇水。

②排涝:大雨过后要及时排涝。

③施追肥:在下雨前干施氮肥等速效肥。

④行道树:进行防台剥芽修剪,对与电线相互干扰的树枝一律修剪,并对树桩逐个检查,发现松垮、不稳立即扶正绑紧。事先做好劳力组织、物资材料、工具设备等方面的准备,并随时派人检查,发现险情及时处理。

⑤防治病虫害:继续对天牛及刺蛾进行防治。防治天牛可以采用50%杀螟松1∶50倍液(或果树宝、或园科三号)注射,然后封住洞口,可以达到很好的效果。香樟樟巢螟要及时剪除,并销毁虫巢,以免再次为害。

(8)8月:仍为雨季。

①排涝:大雨过后,对低洼积水处要及时排涝。

②行道树防台工作:继续做好行道树的防台工作。

③修剪:除一般树木夏修外,要对绿篱进行造型修剪。

④中耕除草:8月份杂草生长也旺盛,要及时除草,并可结合除草进行施肥。

⑤防治病虫害:以捕捉天牛为主,尤其注意根部的天牛捕捉。蚜虫、香樟樟巢螟要及时防治。潮湿天气要注意白粉病及腐烂病,要及时采取措施。

(9)9月:气温有所下降,做好迎国庆相关工作。

①修剪:做迎接国庆工作,行道树三级分叉以下剥芽;绿篱造型修剪;绿地内除草,草坪切边,及时清理死树,做到树木青枝绿叶,绿地干净整齐。

②施肥:对一些生长较弱,枝条不够充实的树木,应追施一些磷、钾肥。

③草花:迎国庆,更换草花,选择颜色鲜艳的草花品种,注意浇水要充足。

④防治病虫害:9月是穿孔病发病高峰期,采用50%多菌灵1000倍液防止侵染。天牛开始转向根部为害,注意对根部天牛进行捕捉。对杨树、柳树上的木蠹蛾也要及时防治。做好其他病虫害的防治工作。

⑤节前做好各类绿化设施的检查工作。

(10)10月:气温下降,10月下旬进入初冬,树木开始落叶,陆续进入休眠期。

①做好秋季植树的准备,10月下旬耐寒树木一落叶,就可以开始栽植。

②绿地养护:及时去除死树,及时浇水。绿地、草坪挑草、切边工作要做好。草花生长不良的要施肥。

③防治病虫害:继续捕捉根部天牛。香樟樟巢螟也要注意观察防治。

(11)11月:土壤开始夜冻日化,进入隆冬季节。

①植树:继续栽植耐寒植物,土壤冻结前完成。

②翻土:对绿地土壤翻土,暴露准备越冬的害虫。

③浇水:对干、板结的土壤浇水,要在封冻前完成。

④病虫害防治:各种害虫在 11 月下旬准备过冬,防治任务相对较轻。

(12)12 月:气温低,开始冬季养护工作。

①冬季修剪:对一些常绿乔木、灌木进行修剪。

②消灭越冬病虫害。

③做好明年调整工作准备:待落叶植物落叶以后,对养护区进行观察,绘制要调整的方位。

● 知识扩展 ●

1.工作月历编制内容

工作月历是当地植物养护部门制订的每月对植物进行养护管理的主要内容,具有指导性意义。

由于全国各地气候差异很大,植物养护管理的内容也不尽相同。现针对介绍重庆、广州两个城市的植物养护管理工作月历,见表 1-2。

表 1-2   重庆、广州植物养护管理工作月历

月份	重庆	广州
1 月	◆平均气温 10℃,平均降雨量 19mm ◆冬植抗寒性强的植物,如遇冰冻天气立即停止,对樟树、石楠等喜温树种可先打穴 ◆冬季整形修剪,剪除病虫枝、伤残枝等,挖掘枯死树 ◆大量积肥和沤制堆肥 ◆深施基肥,冬耕 ◆做好防寒工作,遇有大雪,对常绿树、古树名木、竹类要组织打雪 ◆防治越冬虫害 ◆检查防寒措施的完好程度	◆平均气温 13.3℃,平均降雨量 36.9mm ◆打穴,整理地形,为 2 月进行种植做准备 ◆对植物进行常规修剪 ◆进行积肥、堆肥,深施基肥 ◆对耐寒性较差的树种采取适当的防寒措施 ◆清除杂草和枯萎的乔木、灌木 ◆防治病虫害,消灭越冬虫卵
2 月	◆平均气温 13℃,平均降雨量 22mm ◆继续进行一般植物的栽植,上旬开始竹类的移植 ◆继续做好积肥工作 ◆继续冬施基肥和冬耕,并对春花植物施花前肥 ◆继续防寒工作和防治越冬害虫	◆平均气温 14.6℃,平均降雨量 80.7mm ◆个别植物开始萌芽抽叶。开始绿化种植、补植等 ◆撤防寒设施 ◆继续进行积肥、堆肥 ◆继续进行植物的修剪 ◆对抽梢的植物施追肥、施花前肥并及时松土
3 月	◆平均气温 18℃,平均降雨量 73.6mm ◆做好植树工作,及时完成并保证成活率 ◆对原有的植物进行浇水和施肥 ◆清除树下杂物、废土等 ◆撤防寒设施	◆平均气温 18.0℃,平均降雨量 80.7mm ◆绝大多数植物抽梢长叶。绿化种植的主要季节,并进行补植、移植;对新植植物立支撑柱 ◆开始对植物做造型或继续整形,对树冠过密的植物疏枝 ◆继续施追肥、除草、松土 ◆防治病虫害

月份	重庆	广州
4 月	◆平均气温 23℃,平均降雨量 92mm ◆上旬完成落叶树的栽植工作,对樟树、石楠等喜温树种此时栽较适宜 ◆对新植植物立支撑柱 ◆对各类植物进行灌溉抗旱并除草、松土 ◆修剪绿篱,做好剥芽和除萌蘖工作 ◆防治病虫害,对易感染病害的雪松、月季、海棠等每 10d 喷一次波尔多液	◆平均气温 22.1℃,平均降雨量 175.0mm ◆继续进行绿化种植、补植、改植等 ◆修剪绿篱,疏除过密枝,剪去枯死枝和残花 ◆继续对新植的植物立支柱、淋水养护 ◆除草、松土、施肥 ◆防治病虫害
5 月	◆平均气温 27℃,平均降雨量 154.3mm ◆对春季开花的灌木进行花后修剪,并追施氮肥和进行中耕除草 ◆新植植物夯实、填土,剥芽去蘖 ◆继续灌水抗旱 ◆及时采收成熟的种子 ◆防治病虫害	◆平均气温 25.6℃,平均降雨量 293.8mm ◆继续看管新植的植物 ◆修剪绿篱及花后植物 ◆继续绿化施工种植 ◆加强除草、松土、施肥工作 ◆防治病虫害
6 月	◆平均气温 30℃,平均降雨量 178mm ◆加强行道树的修剪,解决植物与架空线路及建筑物间的矛盾 ◆做好防暴风暴雨的工作,及时处理危险植物 ◆做好抗旱、排涝工作,确保植物花草的成活率和保存率 ◆抓紧晴天进行中耕除草和大量追肥,保证植物迅速生长 ◆及时对花灌木进行花后修剪 ◆防治病虫害	◆平均气温 27.4℃,平均降雨量 287.8mm ◆继续绿化种植 ◆对新植的植物加强水分管理 ◆对过密树冠进行疏枝,对花后植物进行修剪以及植物的整形 ◆继续进行除草、松土、施肥工作 ◆防治病虫害
7 月	◆平均气温 33℃,平均降雨量 165mm ◆7 月暴风雨多,暴风雨过后及时处理倒伏植物,凹穴填土夯实,排除积水 ◆继续进行道树的修剪、剥芽 ◆新栽植物的抗旱、果树施肥及除草、松土 ◆防治病虫害	◆平均气温 28.4℃,平均降雨量 212.7mm ◆继续绿化种植、移植或绿化改造 ◆处理被台风吹倒的植物,修剪易被风折断的枝条 ◆加强绿篱等的整形修剪 ◆中耕除草、松土,尤其加强花后植物的施肥 ◆防治病虫害
8 月	◆平均气温 34℃,平均降雨量 178mm ◆8 月暴风雨多,暴风雨过后及时处理倒伏植物,凹穴填土夯实,排除积水 ◆继续进行行道树的修剪、剥芽 ◆新栽植物的抗旱、果树施肥及除草、松土 ◆防治病虫害	◆平均气温 28.4℃,平均降雨量 212.7mm ◆继续绿化种植、移植或绿化改造 ◆处理被台风吹倒的植物,修剪易被风折断的枝条 ◆加强绿篱等的整形修剪 ◆中耕除草、松土,尤其加强花后植物的施肥 ◆防治病虫害

续表

月份	重庆	广州
9月	◆平均气温28℃,平均降雨量123mm ◆准备迎国庆,加强中耕除草、松土与施肥 ◆继续抓好防暴雨工作,及时扶正吹斜的植物 ◆对绿篱的整形修剪月底完成 ◆防治病虫害,特别是蛀干害虫	◆平均气温27.0℃,平均降雨量189.3mm ◆进行带土球植物的种植 ◆处理被台风影响的植物 ◆继续除草、松土、施肥和积肥 ◆对绿篱等进行整形和树形维护 ◆防治病虫害
10月	◆平均气温22℃,平均降雨量92mm ◆全面检查新植物,确定全年植树成活率 ◆采收植物种子 ◆防治病虫害	◆平均气温23.7℃,平均降雨量69.2mm ◆继续带土球植物的种植 ◆加强植物的灌水 ◆清理部分一年生花卉,并进行松土除草 ◆防治病虫害
11月	◆平均气温17℃,平均降雨量48mm ◆大多数常绿树的栽植 ◆进行植物的冬剪 ◆冬季施肥,深翻土壤,改良土壤结构 ◆对不耐寒的植物等进行防寒 ◆大量收集枯枝落叶堆集,沤制积肥 ◆防治病虫害,消灭越冬虫卵等	◆平均气温19.4℃,平均降雨量37.0mm ◆带土球或容器苗的绿化施工 ◆检查当年绿化种植的成活率 ◆加强灌水,减轻旱情 ◆深翻土壤,施基肥 ◆开始进行冬季修剪 ◆防治病虫害
12月	◆平均气温12℃,平均降雨量24mm ◆除雨、雪、冰冻天气外,大部分落叶树可进行移植 ◆继续堆肥、积肥 ◆深翻土壤,施足基肥 ◆继续进行植物的冬剪 ◆继续做防寒工作 ◆防治病虫害	◆平均气温15.2℃,平均降雨量24.7mm ◆加强淋水,改善植物生长环境的缺水状况 ◆继续深施基肥 ◆继续进行冬剪 ◆防治病虫害,杀灭越冬害虫 ◆对不耐寒的植物进行防寒

2. 承包园林绿地养护管理合同范本示例

园林绿地养护管理合同

甲方:＿＿＿＿＿＿＿＿

乙方:＿＿＿＿＿＿＿＿

甲方将＿＿＿＿＿＿＿＿绿地委托乙方承包养护管理(以下简称养护),双方本着平等、互利、合作的原则协商达成如下合同条款。

一、一般条款

1. 甲方将＿＿＿＿＿＿＿＿绿地共＿＿＿＿＿＿＿＿委托乙方养护。

2. 合同期限为＿＿＿＿＿＿＿年,自＿＿＿＿＿＿＿年＿＿＿＿＿＿＿月＿＿＿＿＿＿＿日至＿＿＿＿＿＿＿年＿＿＿＿＿＿月＿＿＿＿＿＿＿日。合同期满,双方可续约,但须提前一个月办妥有关手续。

3. 委托方法为乙方整体承包方式。

二、绿地养护工作要求

绿地养护工作分为基本工作项目(以下简称基本工作)和定期工作项目(以下简称定期工作)两部分。基本工作是指一般的正常维护,即浇水、清理垃圾、防风防汛、补植和防人为损坏及零星病虫害防治、除杂草和修剪等;定期工作是指全面修剪整形、施肥、除杂草、松土和全面病虫害防治。

绿地养护工作要求及检查验收标准详见附件1。

三、双方责任和义务

1.甲方责任

A.凡经园林专业技术人员鉴定确认与季节或立地条件不相适应的植物,在乙方接收养护前需做必要更换的,其费用由甲方承担。

B.全面监督、指导、检查、验收乙方工作。

C.在检查时如发现有不合格之处,应以"质量整改通知书"的形式书面通知乙方。

D.及时为乙方办理结算,按时支付当季应付费用。

2.乙方责任

A.认真按合同标准养护,遵守甲方的各项规章制度,服从甲方的管理。

B.对甲方验收不合格之处,甲方应及时进行适当的整改。

C.负责对合同范围内绿地的主要观赏植物进行挂牌宣传,说明其品种原产地,生长特性及养护方法。

D.统一着装,佩戴工卡上岗。做到工完场清,文明作业。

E.每逢重大节日,乙方应根据甲方要求合理布置花坛、园林小品等,费用另计。

F.为保证管理到位,乙方应配备专职管理人员,做好日常养护记录,建立绿地养护技术档案。有紧急情况随叫随到。

四、结算及付款方式

1.费用计算方法

A.绿地养护费按平均_____元/(平方米·年)计算,绿地面积共_____平方米,绿地养护承包总费用共计人民币_____元/年,季平均_____元。

B.更新、改造、非乙方责任补植按实际面积乘以单价结算。

C.逢重大节日,乙方根据甲方要求合理布置花坛、园林小品等的费用由甲方按实际支付。

2.付款方式

A.绿地养护费按季度(每3个月)平均支付。合同签订时甲方应支付首期费用,以后提前一个月支付下一季度的养护费用。

B.养护区域的绿化更新、改造、非乙方责任补植花卉树木,以及布置节日花坛、设置园林小品等应甲方要求新增项目,在确定造价后甲方应先预付60%用于购买必要的花卉植物和工程材料,其余40%在完工验收合格后1个月内一次性付清。

五、合同解除及违约责任

1.中途退约:甲乙双方无须提出任何理由,提前60天书面通知对方即可解除合同。

2.若不提前通知对方,退约方应支付另一方2个月的养护费作为经济赔偿。

六、其他事项

1.甲方应根据乙方事先通知的作业计划,安排专门人员协调解决水电等配套工作。

2. 如遇不可抗拒自然灾害(如强台风、冰雹等)造成重大损失,由甲乙双方商议解决补救办法,费用由甲方承担。

3. 由乙方工作失误造成的一切损失由乙方自负。

4. 本合同未尽事宜,经双方协商同意,签订补充协议作合同附件,与本合同具有同等效力。

5. 本合同一式四份(正副本各两份),双方各执两份(正、副本各一份),具有同等法律效力。

6. 本合同自签字盖章之日起生效。

7. 附件

甲方:_____ 乙方:_____

甲方代表:_____ 乙方代表:_____

_____年___月___日 _____年___月___日

附件1 绿化养护工作要求及检查验收标准

项目名称:工作要求验收标准

1. 浇水

草坪、灌木为主,具体视天气情况保持植物长势良好,不出现大面积枯萎等缺水现象。

2. 施肥

平均2~3次/年,做到施肥均匀、充足、适度,保证绿化植物强壮、枝叶茂盛。

3. 整形修剪

草地:6~8次/年。

灌木:4~6次/年(根据长势状况而定)。

乔木:冬季修剪一遍。

草地:要求草的高度一致,整齐美观,无疯长现象。

乔木、灌木:植物主枝分布均匀,通风透气,造型美观;绿篱整齐一致。

4. 病虫害防治

草地、灌木、乔木及时防治,病株、虫害现象不成灾。

除杂草松土,草坪等除草每月一遍,雨后杂草严重者每周一遍。草坪上不允许有开花杂草,花木丛中不允许有高于花木的杂草,花丛下无杂草,树盘内无严重杂草。

5. 补植

对因生长不良造成的残缺花草、树木及时补植恢复。能满足植物生长的条件下无黄土裸露。

6. 清理绿化垃圾

修剪下来的树枝和杂草,当天垃圾要当天清运,不准就地焚烧。专人跟踪保洁。

7. 防风防汛

灾前积极预防,对树木加固,灾后及时清除倒树断枝、疏通道路、清理扶植,尽快恢复原状,以免影响交通、人流。

8. 保护措施

保护现有绿化完整,防止人为损坏。出现人为损坏时要及时恢复。

附件2 绿地养护承包费用计算方法(按乔木、灌木株数及地被面积测算法)

一、基本定额

1. 乔木养护费用:_____元/(株·年)

2.灌木养护费用：＿＿＿＿＿＿＿元/株或(平方米·年)

3.草坪及地被养护费用：＿＿＿＿＿＿＿元/(平方米·年)

二、基本数据

1.承包养护区域绿地总面积：＿＿＿＿＿＿＿平方米

其中：

2.乔木株数：＿＿＿＿＿＿＿株

3.灌木株数(或面积数)：＿＿＿＿＿＿＿株(平方米)

4.草坪及地被面积数：＿＿＿＿＿＿＿平方米

三、绿化养护承包总费用计算方法

1.乔木养护费用＝＿＿＿＿＿＿＿元/(株·年)×乔木株数

2.灌木养护费用＝＿＿＿＿＿＿＿元/[株(平方米)·年]×灌木株数(或面积数)

3.草坪及地被养护费用＝＿＿＿＿＿＿＿元/(平方米·年)×面积数

4.利润＝[(1)+(2)+(3)]×6%

5.总费用＝(1)+(2)+(3)+(4)

四、简易快速测算法

小区绿化养护费用：＿＿＿＿＿＿＿元/(平方米·年)(具体费用视养护区域内绿化水平、养护面积双方协商确定)

● 测试训练 ●━━━━━━━━━━━━━━━━━━━━━━━

【知识测试】

园林绿地养护管理方案包括哪些内容?

【技能训练】

实训 1.3　编制园林绿地养护管理方案

1.实训目的

(1)熟悉园林绿地养护管理方案编制的内容。

(2)针对不同类型的园林编制具有特色化的养护管理方案。

2.实训材料及用具

笔记本、笔、树径尺、卷尺、园林竣工图纸、计算器等。

3.实训内容与方法

(1)熟悉园林竣工图纸,根据竣工图纸在现场点样计数。

(2)针对不同类型的园林编制具有特色化的养护管理方案。

(3)编制当地园林绿地养护管理月历。

4.作业

提交园林绿地养护管理方案。

任务 4　园林绿地养护工具的使用与维护

● 学习目标 ●

- 了解常用手工工具的种类和特点。
- 了解常用园林绿地修剪机具、草坪机具、植保机具的种类及特点。
- 熟练操作各类园林绿地养护手工工具。
- 熟练操作各类园林绿地养护管理机具。
- 学会各类机具的维护与保养。

● 内容提要 ●

随着园林事业的发展,植物的生产与养护管理工作逐渐由单一的人工作业向半机械化、机械化、自动化过渡,现代的养护机械设备已被广泛应用到生产实践中。养护设备不仅能直接保护和提高绿化美化成果,充分发挥绿化美化功能,而且对改善生态环境,促进生态可持续发展等都具有重要的作用。

● 任务导入 ●

常用的手工工具有花剪、枝剪、手锯、芽接刀、喷雾器等;常用的植物机械设备主要有草坪修剪车、草坪修剪机、绿篱机、洒水车、修边机、打孔机、割灌机等。

1.4.1　手工工具的选择与保养

1. 手工工具的种类

手工工具种类很多,根据其适用范围可划分为两类,一类是大多数作业都可以使用的通用型工具,另一类是指某种特定作业所专门使用的专用型工具。根据使用功能,其可分为剪、锯、锹、铲、锄、镐、耙、镰、叉、刷、斧等。

(1)剪:包括草剪、花剪、稀果剪、疏枝剪、树篱剪、高枝剪等。

(2)锯:包括弯把锯、鱼头锯、罗汉锯、弓线锯、手板锯、高枝锯等。

（3）锹：包括圆头锹、平方锹、尖头锹、单脊锹、闭脊锹等。

（4）铲：包括园艺苗圃铲、排水铲、沟槽铲、月牙铲、雪铲等。

（5）锄：包括园艺锄、松土锄、杂草锄、栽培锄等。

（6）镐：包括开山镐、挖根镐、尖头镐等。

（7）耙：包括硬齿耙（弯齿耙、平齿耙）、软齿耙（落叶耙、草耙）、滚齿耙（松土耙、边耙等）。

（8）镰：包括草镰、山镰等。

（9）叉：包括勾叉、平叉、肥料叉等。

（10）刷：包括板刷、滚刷等。

（11）斧：包括开山斧、劈木斧等。

2. 手工工具的选择

根据作业内容选择专用型工具。如绿篱修剪，可选用不同规格的绿篱剪（平板剪），修剪效率高，修剪效果好；如要完成较高部位的修剪，一般选择高枝剪、高枝锯，既可免去登高作业的危险，又可较方便地观察整个树冠，从而更好地把握各部位的修剪程度。

3. 手工工具的保养、维护

（1）防锈。

手工工具规范的保养与维护，可以保持工具良好的使用性能，延长其使用寿命。手工工具的工作部件多为金属材料制成，而金属材料容易生锈，严重时可能会失去使用价值。所以手工工具的保养主要是防锈，用完后应及时擦洗干净，并涂上防锈油加以保护。

（2）打磨。

"磨刀不误砍柴工"，说明打磨工具的重要性。养护手工工具，多数用于砍、劈、截、削等作业。多数手工工具都有刃，少数具有齿，打磨的作用就是使刃或齿更加锋利，使用起来更加省力和快捷。常用的打磨工具有油石、钢锉、砂轮等，还需配备扳手、老虎钳等辅助工具。

（3）保管。

手工工具存放要求环境干燥、清洁。各种工具应归类存放，以便清点和存取。非专人使用的工具，应建立工具使用卡，完善使用登记制度；及时维修已损坏的工具，保证工具的完好率，提高工具的使用效率。

1.4.2　绿地修剪机具的使用与维护

剪草机操作视频

园林绿地维护常见的修剪机具主要有绿篱修剪机、剪枝机、割灌机等。下面以绿篱修剪机为例，简要介绍绿篱修剪机的技术要求及操作规程。

梳草机操
作视频

打孔机操
作视频

1. 术语

（1）旋刀式修剪机：用于带动旋刀旋转进行绿篱修剪作业的机械。

（2）往复式修剪机：动力通过曲轴连轩带动齿形刀片作往复运动，进行绿篱修剪作业的机械。

（3）刀片：固定在旋刀式修剪机上的旋刀或往复式修剪机作往复运动的齿形刀。

（4）工作幅宽：旋刀直径或往复齿形刀在前进方向垂直投影长度，单位为 mm。

（5）撕裂率：评价修剪质量的指标。其是对修剪后几个测点中绿篱枝杆非剪切撕裂状态下，计算所得的几何平均百分数值。

（6）操作者：具有一定技能的修剪机使用者。

（7）正常操作和使用：具有一定技能的操作者，按照使用说明书和安全防护规程进行的操作，并按规定要求进行保养、维修、调整、储存等。

2. 技术要求

绿篱修剪机的各紧固件连接应安全可靠，重要紧固件必须有防松措施。传动系统应转动灵活，旋刀式应用手盘转 3～4 圈，往复式盘动时手感轻松。压紧机构的压紧力必须均匀一致，刀片不得有卡滞现象。旋刀式修剪机定刀能有效地起到导向和安全防护作用。操作者耳边的噪声，电动式修剪机不得超过 80dB（A），内燃式修剪机不得超过 90dB（A）。噪声超过规定值时应检修动力，寻找原因排除故障。并要按劳动保护条例和有关法规缩短操作者的工作时间。径绿篱修剪机修剪后的绿篱应平整，基本无漏剪；撕裂率小于 10%。达不到要求时应找出原因，排除机具故障后才能操作使用。操作手柄必须有减振措施，并应使操作者操作方便，舒适。电动式修剪机必须有良好的防漏电绝缘措施，以确保操作者的人身安全。

3. 操作规程

（1）操作者应按产品使用说明书规定，正常使用绿篱修剪机。

（2）修剪绿篱带的枝条密度、最大枝杆直径应与使用的绿篱修剪机性能参数相符。

（3）工作时修剪机必须处于正常的技术状态。刀片转动或往复运动应灵活。旋刀式修剪机定刀和动刀间隙在 1mm 以下，往复式修剪机闭合后接触面间隙不超过 0.15mm。

（4）发动机在常温下正常工作时，启动三次允许拉动启动绳三回，其中至少有一回启动成功。若启动不着或启动困难，应找出原因，排除故障后才能继续使用。

（5）工作过程中要经常注意紧固连接件，按修剪质量情况及时调整刀片间隙或更换损坏零件，不允许带故障工作。

（6）修剪后的绿篱应平整,基本无漏剪,撕裂率小于 10%。

4. 保养粘有难清理的脏物时维修

机具应按产品制造厂家规定的产品使用说明书规定,正确维护、保养。清除一切草屑、土粒、杂物;检查是否有紧固件松动、零件丢失等现象,是否漏油;每次使用后应清洁刀片,并涂油;粘有难清理的脏物时,应浸液并用刷子刷净后再涂油。

故障检查:常见故障一般分为发动机启动不着或启动困难;输出功率不足、齿轮箱过热等。如遇故障,应按产品使用说明书检查并修理。在正常工作情况下,出现零部件严重变形、断裂,零件过量磨损,机件失灵等情况,均属大故障,未经彻底修复,不得继续使用。主要机构和传动零件发生故障,排除时间应少于 1.5h。平时不正常发生的故障,排除时间在 1.5h 以下(0.5h 以上)的称为中故障。发生中故障时,允许在作业班工作时停机修理,然后继续使用。工作过程中发现紧固件松动,电器接触不良等现象,称为小故障。在不过分影响工作质量及工作安全时,允许暂时继续工作,待作业完成后再修理或调整。

5. 储存

存放时机器状态应完好;燃油系统内的油应放净;将发动机和消音器上的油污、枝叶、矿屑等清理干净;保持刀片(切割机构)干净,表面涂防锈油。

6. 机动绿篱修剪机的操作顺序

（1）加油:将无铅汽油(二行程机器)和机油按容积比为 25∶1 的比例混合,充入油箱。加油时切记关闭发动机。

（2）启动:把发动机开关拨到"开"(ON)的位置。推动注油阀,直到溢油管中有油液流动,拉启动绳(或启动器)启动。把阻塞杆拨到半开的位置,让发动机空转 3～5min。再把阻塞杆拨到"开"(ON)的位置,轻轻地捏紧油门调节杠杆,然后突然松开,使得自锁解除。此时发动机按额定转速正常工作。开始修剪时应保持绿篱平顺整齐,高低一致。一般把修剪机向下倾斜 5°～10°,相对修剪对象形成微小倾角能使修剪省力、轻便,并确保具有较好的修剪质量。要保持操作者身体处在汽化器一侧,绝不允许处于排气管一端,以免被废气烫伤。按工作需要调节控制油门(即转速),发动机运转速度过高是不必要的。工作完毕后停机,关闭油门。清洁外壳,待用。

1.4.3　灌溉机具的使用与维护

割灌剪草
操作视频

灌溉是保证园林植物正常生长发育的措施之一。传统的灌溉方式如地面漫灌、洒水车喷水等费工费水,弊端较多。近年来,随着科技的不断发展,喷灌等先

进的节水灌溉技术在绿地养护中得以迅速应用。节水灌溉机械化技术是指依靠工程技术,按绿地植物生长发育需水生理进行的适时适量灌溉技术,旨在提高绿地植物用水的有效利用率,改善生态环境,从而获得较好的绿地养护成效。下面就灌溉机械的常见类型与使用方法进行简要介绍。

1. 水泵

灌溉机具中最主要的是水泵,每一种灌溉所需机械设备都离不开水泵,它把动力机械的机械能转变为所抽送的水的水力能,将水扬至高处或远处。灌溉用的水泵机组包括水泵、动力机(内燃机、电动机或拖拉机等)、输水管路及管路附件等。绿地养护中所用的水泵有离心泵、轴流泵、混流泵和潜水泵4种类型。

水泵使用的注意事项:

(1)水泵要尽可能安装在靠近水源的地方。管路铺设应短且直,尽量少用弯头以减少管路阻力。对进水管要求具有良好的密封性能,不能漏气漏水。

(2)工作前关闭离心泵出水管上的闸阀,以减轻启动负荷。有吸程的水泵要对进水管和泵壳充水或抽真空,以排净空气。具有可调式叶片的轴流泵,要根据扬程变化情况,调好叶片角度。轴流泵、深井泵的橡胶轴承需注水润滑。

(3)运转中要调好填料压盖的松紧度,检查轴承的温升和润滑情况。经常观察真空表和压力表,并注意机组声响和振动,发现问题及时处理。

(4)工作后检查各部件有无松脱,基础、支座有无歪斜、下沉等情况。离心泵和混流泵在冬季使用完后,应放净水管和泵壳内的积水,以免积水结冻,胀裂泵壳和水管。

2. 喷灌系统

喷灌即喷洒灌溉,是将具有一定压力的水通过专用机具设备由喷头喷射到空中,散成细小水滴,像下雨一样均匀地洒落在园林绿地,供给园林植物水分的一种先进的节水灌溉方法。喷灌系统由水源、水泵动力机组、管道系统和喷头等组成。有的还配有行走、量测和控制等辅助设备。现代先进的喷灌系统还可以设置自动控制系统,以实现作业的自动化。喷灌系统按管道可移动的程度,分为固定式、半固定式和移动式3类。

固定式喷灌系统除喷头外,其他设备均作固定安装。水泵动力机组安装在固定泵房内,干管和支管埋入地下,竖管安装在支管上并高出地面,喷头固定或轮流安装在支管上作定点喷洒。该系统操作简便,生产效率高,可实现自控,便于结合施肥和喷药,占地少。但设备投资大,适用于经常喷灌的苗圃、草坪和需要经常灌溉的草花区。

组成移动式喷灌系统的全部设备均可移动,仅需在田间设置水源。喷灌设备能在不同地点轮流使用,这种机组结构简单,设备利用率高,单位面积投资少,机动性好。缺点是移动费力、路渠占地多。

● 1.4.4　植保机具的使用与维护

绿地中园林树木、草坪、花卉病虫草害的防治方法很多,借助于施药机械进行化学防治仍是目前绿地病虫草害防治的重要手段。专门用于病虫草害防治的机械称为植物保护机具,简称植保机具。这类机械的用途包括:喷洒杀菌剂或杀虫剂防植物病虫害,喷洒除草剂消灭杂草,喷洒药剂对土壤消毒、灭菌等。目前,国内外植物保护机械化总的趋势是向着高效、经济、安全的方向发展。在提高劳动生产率方面,如加大喷雾机的工作幅宽,提高作业速度,发展一机多用,联合作业机组,还广泛采用液压操纵、电子自动控制,以降低操作者的劳动强度;在提高经济性方面,提倡科学施药,适时适量地将农药均匀地喷洒在植物上,并以最少的药量达到最好的防治效果。要求施药精确,机具上广泛采用施药量自动控制和随动控制装置,使用药液回收装置及间断喷雾装置,还积极进行静电喷雾应用技术的研究等。此外,要注意安全保护,减少污染,随着绿地养护向着深度和广度发展,开辟了植物保护综合防治手段的新领域,生物防治和物理防治器械和设备将有较多的应用,如超声技术、微波技术、激光技术、电光源在植保中的应用及生物防治设备的开发等,常见的植保机具有手动喷雾器、机动喷雾机、喷药车等。

1. 手动喷雾器

手动喷雾器是用人力来喷洒药液的一种机械。它结构简单、使用操作方便、适应性广,在园林植物病虫害防治中应用广泛。目前,生产中常见的主要有背负式喷雾器和踏板式喷雾器。

(1)背负式喷雾器。

背负式喷雾器,属于液体压力式喷雾器,主要由活塞泵、空气室、药液箱、喷杆、开关、喷头和单向阀等组成。工作时,操作人员将喷雾器背在身后,通过手压杆带动活塞在缸筒内上、下往复运动,药液经过进水单向阀进入空气室,再经出水单向阀、输液管、开关、喷杆由喷头喷出。

(2)踏板式喷雾器。

踏板式喷雾器主要由液压泵、空气室、机座、杠杆部件、三通部件、吸液部件和喷洒部件组成。液压泵为柱塞式,主要由缸体、柱塞、V 形密封圈、进水阀及出水阀等组成。空气室用铸铁制成,呈壶形状。机座由灰口铁铸造而成。整个喷雾器组均安装在机座上,它能够承受机器各部分产生的力。杠杆部件由踏板、框架、连杆、连杆销、摇杆和手柄等组成,其作用是传递动力,带动框架、连杆,使柱塞在缸体内左右运动,进行吸液和压液的工作。三通部件由出水三通、垫圈、斜口、胶管螺帽和胶管夹环等组成,供出液用。吸液部件由吸液盖、进液管夹环、吸液头体等组成。一般吸液胶管内径为 13mm,长为 1750mm。在吸液头体内装有吸液头滤网,它的作用是在吸液时进行过滤,防止杂质吸入泵内影响喷雾。喷洒部件与一般喷雾器的喷洒部件基本相同,但因工作压力比背负式手动喷雾器高,所以耐压性能应较高些。喷雾胶管一般配有单喷头和双喷头,也可配小型可调喷枪使用。

踏板式喷雾器是一种喷射压力高、射程远的手动喷雾器。操作者以脚踏机座,用手推摇杆前后摆动,带动柱塞泵往复运动,将药液吸入泵体,并压入空气室,形成 0.8~1.0MPa 的压力,即可进行正常喷雾。踏板式喷雾器目前在绿地养护中应用广泛。

2. 担架式机动喷雾机

机具的各个工作部件装在像担架的机架上,作业时由人抬着担架进行转移的机动喷雾机称为担架式喷雾机。担架式喷雾机由于配用的泵的种类不同而可粗分为 2 大类:担架式离心泵喷雾机——配用离心泵;担架式往复泵喷雾机——配用往复泵。

担架式往复泵喷雾机还因配用的往复泵的种类不同而细分为 3 类:担架式活塞泵喷雾

机——配用往复式活塞泵;担架式柱塞泵喷雾机——配用往复式柱塞泵;担架式隔膜泵喷雾机——配用往复式活塞隔膜泵。

担架式离心泵喷雾机与担架式往复泵喷雾机的共同点是:机具的结构都是由机架、动力机(汽油机、柴油机或电动机)、液泵、吸水部件和喷洒部件5大部分组成,有的还配用了自动混药器。其不同点首先是泵的类型不同,其他部件虽然功能相同,但其具体结构与性能有的还有些不同。

(1)担架式往复泵喷雾机自身的特点。

①虽然泵的类型不同,但其工作压力(≤2.5MPa)相同,大工作压力(3MPa)亦相同。

②虽然泵的类型不同,泵的流量不同,但其多数还在一定范围(30~40L/min)内,尤其是推广使用量大的3种机型的流量也都相同,都是40L/min。

③泵的转速较接近,在600~900r/min范围内,而且以700~800r/min的居多。

④几种主要的担架式喷雾机由于其泵的工作压力和流量相同,虽然其泵的类型不同,但与泵配套的有些部件如吸水、混药、喷洒等部件相同,或结构原理相同,因此有的还可以通用。

⑤担架式喷雾机的动力机都可以配汽油机、柴油机或电动机,具体可根据用户的需求而定。

(2)担架式喷雾机的使用与保养。

①按说明书规定的牌号向曲轴箱内加入润滑油至规定的油位。以后每次使用前及使用中都要检查,并按规定对汽油机或柴油机进行检查及添加润滑油。

②正确选用喷洒及吸水滤网部件。

③启动前,检查吸水滤网,滤网必须沉没于水中。将调压阀的调压轮按逆时针方向调节到较低压力的位置,再把调压柄按顺时针方向扳至卸压位置。

④启动发动机,低速运转10~15min,若有水喷出,并且无异常声响,调节调压手柄,使压力指示器指示要求的工作压力。

⑤用清水进行试喷。观察各接头处有无渗漏现象,喷雾状况是否良好。

⑥作业完后,应在使用压力下,用清水继续喷洒2~5min,清洗泵内和管路内的残留药液,防止内部残留药液腐蚀机件。

⑦卸下吸水滤网和喷雾胶管,打开出水开关;将调压阀减压,旋松调压手轮,使调压弹簧处于自由松弛状态。排除泵内存水,并擦洗机组外表污物。

⑧定期更换曲轴箱内机油。遇有因膜片(隔膜泵)或油封等损坏,曲轴箱进入水或药液,应及时更换零件修复好机具并提前更换机油。清洗时应用柴油将曲轴箱清洗干净后,再换入新的机油。

⑨机具长期贮存时,应严格排除泵内的积水,防止天寒时冻坏机件。应卸下三角皮带、喷枪、喷雾胶管、喷杆、混药器、吸水滤网等,清洗干净并晾干,能悬挂的最好悬挂起来存放。

● 1.4.5 园林机具的使用注意事项

园林机具的正常使用是保证机械高效、优质、低耗、安全生产的关键。为保证园林机具正常使用,应注意以下几个问题。

1. 人员培训

人员培训是指对园林机具操作者进行培训。通过培训,使用者应熟悉园林机具的性能、参数、结构、基本工作原理、调整和维修保养等园林机具本身的知识,同时应熟悉使用该园林机具进行作业的内容、适用范围及安全使用知识。

2. 规章制度

规章制度是园林机具管理者依据园林机具性能、原理及作业特点,为安全、正确、顺利使用园林机具进行作业而制定的管理依据。规章制度既是对使用者的约束,也是规范管理行为的准则。

3. 班前准备

班前准备是指正常作业前,应对以下各项内容进行准备。

(1)人员准备。

操作人员应认真阅读使用说明书,熟悉园林机具的结构及操作、控制机构,不允许儿童及未经培训的人员操作使用。操作人员需按作业内容穿戴合适的劳动防护服装,不佩戴影响安全的饰物,不披散长发。操作人员作业前不得饮酒,身体健康条件符合工作需要。

(2)园林机具准备。

检查园林机具各个部件螺钉有无松动,对工作部件应进行特殊检查。检查园林机具各传动及旋转工作装置等的防护罩或防护板是否完整、坚固、有效。检查机油油位,如低于刻度线,应注入机油,加至满刻度线为止,切勿过量。检查燃油箱油量是否足够使用,作业前应将燃油箱加满油料;加油时及在油箱附近严禁吸烟。清点并携带随机工具、易损件及附件。备足油脂燃料。

(3)勘察作业区域。

操作前应仔细勘察作业区域,清除地面障碍物,如砖头、石块、建筑垃圾;熟悉勘察作业区域地形,特别是斜坡、坑洼等特殊地形。若是高空作业,应对作业区域上方的电线、广告牌多加注意,以防意外。

4. 正常作业

在做好上述班前准备工作后,才能开始正常作业。为保证作业顺利进行,作业中应密切注意下列问题:

(1)园林机具状况。作业过程中,随时观察园林机具是否出现异常响声、震动或气味;仪表盘显示是否正常。若出现异常现象,应立即停机,检查原因,有效处理后才能继续作业。

(2)作业质量。作业过程中,随时目测检查作业质量,并定时停机检查。作业质量往往最能反映工作部位的状态,如从割茬整齐度可以判断刀片是否锋利。若需检查旋转或运动部件,务必先停机后检查,以保证安全。

(3)停机加油。作业过程中添加燃油,一定要先停机后加油。加油完毕,擦干洒在油箱外表的燃油。绝不可在添加燃油时吸烟或有明火靠近。

(4)更换部件。在作业中更换部件或零配件,应在停机一段时间后进行,防止因惯性而继续旋转或运动的部件碰伤人体。然后按照机具使用说明书规定的程序拆卸原工作部件,换装新的工作部件。

5. 班后保养

班后保养是指完成了当天的作业任务后,尚需完成下列各项保养任务。

(1)擦拭。

首先将机器的外表擦拭干净,能够清楚看出其各部位,确定有无损坏和碰伤;应清除塞在切削部件上面的土、草等杂物,并擦拭干净。

(2)检查。

检查各部件状态,有无松动、损坏和碰伤,并认真检查切削部件(如刀片、锯、链等)有无裂缝、刃部是否磨钝或损坏。

(3)紧固和更换。

对检查出的问题应逐一解决,紧固松动的螺钉,对能及时修复的零部件应立即修复,对不能在班后修复的零部件应及时更换;对切削部件应及时打磨,恢复其锋利程度。

(4)加润滑油。

按机具使用说明书要求,对运动配合部位、轴承等润滑点加润滑油。

(5)次日作业准备。

如果知道次日的作业内容,应按次日的内容换装新的工作部件及随机所带物品。完成上述工作后,应填写工作日志,记录当日所完成的工作、遇到的问题及解决的办法,并详细记录作业中出现的故障及排除方法。还应记录当日油耗、易损件等的消耗情况及完成的工作内容和任务量,以便进行经济核算。

6. 养护机械设备的管理

(1)合理配备养护机械设备。

景观由复杂的地形、地貌、植物、建筑等组成,根据不同的条件需要各种各样的养护机械设备。为了提高生产效率,就要结合各个生产要求合理配备养护机械设备种类,充分发挥设备的技术性能。

养护机械设备的改造针对性强,适应性好,可以延长使用寿命,提高生产率,节约投资,但养护机械设备改造要充分考虑技术的可行性和经济的合理性。在可能的情况下,应该提倡对养护机械设备进行必要的改造,企业要为养护机械设备的改造创造条件。

(2)完善制度化管理,充分发挥职工积极性。

养护机械设备管理也要实行制度化管理。针对养护机械设备情况和各个岗位状况,正确制定劳动指标和奖惩制度配套的岗位责任制,严格执行养护机械设备安全操作规程,建立健全各项规章制度。

(3)加强职业技能培训。

职业技能是衡量一个养护工人技术水平的重要标志,对养护工人的技术要求也越来越高,面对员工的技能培训变得十分重要。

绿化生产管理中,要根据生产经营的需要和机械设备性能,组织好年、季生产计划,恰当地安排任务与负荷,要避免"大机小用""精机粗用"以及超负荷、超生产范围的现象,这样才不至于造成机械设备效率的浪费或加速机械设备损坏。

（4）养护机械设备的分类管理。其实就养护机械设备性能而言，如同人的性格一样，也有先天与后天之分。若想充分地使用，提高生产率，必须熟悉养护机械设备性能及使用情况，根据这些情况对养护机械设备进行分类，划分等级，区别对待，对重点养护机械设备加强管理。

全员设备维修制的内容包括全效率、全系统。全效率是指养护机械设备的综合效率，即机械设备的总费用与总所得之比。全效率是在尽可能少的寿命周期内得到质量好、成本低、安全性好、人机配合好的结合效果。全系统是指对养护机械设备从规划、设计、制造、使用、维修及保养直到报废进行管理。全员设备维修制是管理的最佳方式。

总而言之，养护机械设备的选择与管理是一项科学性与技术性相结合的工作。花草树林是有生命的物质，要合理配置、巧妙布局、精心管理，使其发挥综合性功能，就必须以养护机械设备的科学技术为指导，创造具有自己特色的景观艺术风格。

测试训练

【知识测试】

1.填空题

草坪修剪机的类型很多，按照工作部件剪草方式分为_____草坪修剪机、_____草坪修剪机、_____草坪修剪机、_____草坪修剪机和绳式割草机。

2.选择题

（1）手工工具的保养主要是（　　）。

A. 防锈　　　　　　　B. 打磨　　　　　　　C. 擦洗　　　　　　　D. 润滑

（2）坡地、铁路、公路边，为能尽快成坪而采用的播种方式为（　　）。

A. 牵引式播种机　　　B. 手摇撒播机　　　　C. 喷播机　　　　　　D. 手摇直播机

（3）在草坪上按一定的密度打出一些有一定深度和直径的孔洞称为（　　）。

A. 镇压　　　　　　　B. 播种　　　　　　　C. 打孔　　　　　　　D. 修剪

（4）微灌技术灌溉水的有效利用率高，一般比地面灌溉可省水（　　）。

A. 10%～20%　　　　B. 30%～50%　　　　C. 50%～60%　　　　D. 80%以上

（5）我国传统的灌溉方式是（　　）。

A. 渗灌　　　　　　　B. 喷灌　　　　　　　C. 滴灌　　　　　　　D. 地面灌溉

（6）将具有一定压力的水通过专用机具设备由喷头喷射到空中，散成细小水滴的灌溉方法称为（　　）。

A. 渗灌　　　　　　　B. 喷灌　　　　　　　C. 滴灌　　　　　　　D. 地面灌溉

3.问答题

（1）如何对手工工具进行保养与维护？

（2）水泵如何使用？

（3）喷灌系统由哪些部件组成？

（4）怎样进行喷灌系统的使用？

（5）简述微灌系统的组成及作用。

（6）简述微灌技术特点。

（7）何为自动化灌溉系统？

（8）简述手动喷雾器的结构及工作原理。

（9）常用的草坪养护机具有哪些？各有何作用？

（10）喷头按结构和喷洒工作特性分为哪些形式？各有何特点？

【技能训练】

实训 1.4　常见园林机具种类识别

1. 实训目的

能熟练掌握常见园林机具种类的识别。

2. 实训材料及用具

各类型手工工具、修剪机具、灌溉机具、植保机具、草坪机具。

3. 实训内容与方法

（1）5～6 人为一组。

（2）认真观察各类型机具，并按手工工具、修剪机具、灌溉机具、植保机具、草坪机具进行归类。

（3）讨论各类型机具的特点、操作规程及注意事项。

4. 作业

每人将实训过程、体会整理成实训报告。

模块 2　园林绿地常规养护管理

任务 1　园林绿地土壤管理

● **学习目标** ●

- 掌握园林绿地土壤管理的内容。
- 掌握园林绿地土壤改良的方法。

● **内容提要** ●

土壤是植物生长的基础,植物要从土壤中吸取水分和养分,以维持其正常的生命活动。土壤也是微生物活动的场所,植物生长的好坏,与土壤有密切的关系。园林绿地土壤管理的主要任务是:通过各种措施改良土壤的理化性质,提高土壤肥力,为园林植物生长发育创造良好的条件。

5 分钟看完模块 2

● **任务导入** ●

通过各种综合措施,改善土壤的结构和理化性质,提高土壤肥力,不断供应植物正常生长所需要的水分、养分和空气等,还可结合其他措施,防止和减少水土流失和扬尘,提升园林景观效果。

2.1.1 园林绿地土壤的特点

园林绿地和农田地、林地不同,其来源复杂,有刚开发的耕作田地,也有荒山秃岭,更具代表性的是人们居住集中的城市绿地。我们研究的是城市绿地土壤。其特点如下。

1. 土壤层次紊乱

城市绿地原土层被扰动,土层中常掺入在建筑房屋、开通道路时挖出的底层僵土或生土,打乱了原有土壤的自然层次。底层僵土或生土是不适宜植物生长的。

2. 垃圾多

土体中外来侵入体多而且分布深,建筑垃圾、生活垃圾等对园林植物生长不利。

3. 表观密度高

由于人为活动造成城市绿地土壤表层表观密度高,土壤透气和渗水能力差,土壤结构不好,物理性质差。

4. 有机质含量少

由于历史原因导致城市绿地中的植物残留物大部分被清除或分解,致使城市绿地土壤中的有机质日益枯竭。土壤中的有机质含量常常低于 1%,不但土壤养分缺乏,也导致土壤物理性质较差,不适宜植物生长。

5. 土壤 pH 值偏高

城市污水和积水造成土壤含盐量增加,pH 值偏高。

2.1.2 园林绿地土壤管理的内容

园林绿地土壤管理主要包括松土、除草、地面覆盖、土壤改良等方面。

1. 松土

松土的基本方式就是中耕,其目的是疏松土壤表层,以减少土壤水分蒸发,同时改善土壤通气性以加速有机质的分解和转化,从而提高土壤的养分水平,有利于树木的营养供应。中耕一般选在盛夏前和秋末冬初进行,每年 4～6 次,但不宜在土壤太湿时进行。中耕的深度以不伤根为原则,松土深度一般为 3～10cm,根系深、中耕深,根系浅、中耕浅;近根处宜浅、远根处宜深;灌木、藤木稍浅,乔木可深些。一般树木松土范围在树冠投影半径的 1/2 以外至树冠投影圈外 1m 以内的环状范围内。对草坪中的树木,为不影响草坪的观赏性,只疏松树干周围 1m 左右范围内的土壤。

2. 除草

除草时要掌握"除早、除小、除了"的原则。园林管理中小面积的除草多采用人工拔除和铲除两种方式。而大面积的除草常采用除草剂防治,与人工除草相比具有简单、方便、有效、迅速的特点,但用药技术要求严格,使用不当容易引发药害。

(1)化学除草剂的分类。

①按照作用方式,可分为选择性除草剂和灭生性除草剂,如西玛津、阿特拉津只杀一年生杂草,2,4-D 丁酯只杀阔叶杂草。

②按照除草剂在植物体内的移动情况,分为触杀性除草剂和内吸性除草剂。触杀性除草剂只起局部杀伤作用,不能在植物体内传导,药剂未接触部位不受伤害,见效快但起不到斩草除根的作用,如百草枯、除草醚等;内吸性除草剂被茎、叶或根吸收后通过传导而起作用,见效慢,但除草效果好、能起到根治作用,如草甘膦、敌草隆、2,4-D 等。

(2)化学除草剂剂型。

化学除草剂的剂型主要有水剂、颗粒剂、粉剂、乳油等。水剂、乳油主要用于叶面喷雾处理,颗粒剂主要用于土壤处理,粉剂在生产中应用较少。常用的药剂有农达、草甘膦、敌草胺、茅草枯等。

(3)除草剂施用时间。

除草剂一般选择在晴朗无风、气温较高的天气使用,既可提高药效,增强除草效果,又可防止药剂飘落在树木的枝叶上,造成药害。

3. 地面覆盖

在植株根茎周边表土层上覆盖有机物等材料和种植地被植物,从而防止或减少土壤水分的蒸发,减少地表径流,增加土壤有机质,调节土壤温度,控制杂草生长,为园林树木生长创造良好的环境条件,同时可为园林景观增色添彩。覆盖材料一般就地取材,以经济方便为原则,如经加工过的树枝、树叶、割取的杂草等,覆盖厚度以 3~6cm 为宜。种植的地被植物既要能有效地覆盖地表,又不能和树木之间争水、争肥或产生其他不良影响,常见的有麦冬、酢浆草、葱兰、鸢尾类、玉簪类、石竹类、萱草等。

4. 土壤改良

土壤改良即采用物理的、化学的以及生物的方法,改善土壤结构和理化性质,提高土壤肥力,为植物根系的生长发育创造良好的条件;同时可修整地形地貌,提高园林景观效果。土壤改良多采用深翻熟化土壤、增施有机肥、培土、客土栽培以及掺沙等具体措施。

微生物土壤改良技术视频

(1)深翻熟化。

深翻结合施用有机肥是改良土壤结构和理化性状,促进团粒结构的形成,提高土壤肥力的最好方法。

①深翻时间与方式。深翻时间从树木开始落叶到第二年萌动之前都可以,但以秋末落叶前后为最好。深翻方式可分为全面深翻和局部深翻,由于局部深翻既能有效地改善树木根系的土壤条件,又能省事省工,还能避免全面深翻可能引起的水土流失,因此,园林生产中以局部深翻应用最广。

②深翻深度。

土壤深翻深度与地区、土质、树种、砧木等有关,黏重土壤较深、砂质则较浅;地下水位高时也宜浅翻;下层为半风化岩石时则宜深翻以增加土层厚度;深层为砾石或砂砾时也应深翻,并捡出砾石,以免肥水流失;地下水位低,土层厚,栽植深根性树木时则宜深翻,反之则浅。可见,深翻深度要因地、因树而异。在一定范围内,翻得越深效果越好,一般深翻深度为 60~100cm,最好距根系分布层稍深、稍远一些,以促进根系向纵深及周边生长,以提高根系的抗逆性。

③深翻回填土时,须按土层情况加以处理,通常维持原来的层次不变,就地翻松后掺入有机肥,将心土放在下部,将表土放在最上面。有时为了促使心土迅速熟化,也可以将较肥沃的表土放置于沟底,将心土放在上面,但应根据绿化种植的具体情况灵活把握。

(2)客土栽培。

客土即在树木种植时或后期管理中,在异地另取植物生长所适宜的土壤填入植株根群周围,改善植株发新根时的根际局部土壤环境,以提高成活率和改善生长状况。

(3)土壤质地改良。

①培土(壅土)。培土是园林树木养护过程中常用的一种土壤管理方法,有增厚土层、保护根系、改良土壤结构、增加土壤营养等作用。培土的厚度要适宜,一般为 5~10cm,过薄起不到应有作用,过厚会抑制植株根系呼吸,从而影响树木生长发育,造成根茎腐烂,树势衰弱。

培土的质地根据栽植地的土壤性质决定,如为黏土就应培砂土,如为砂土则应培黏土。在培土时先进行土壤质地的判断,最简单的方法是通过手的触摸与揉搓,即将适量的土壤放在拇指和食指间揉搓成球,如果球体紧实、外表光滑,而且在湿时十分黏稠,则黏性强,应为黏土;如果不能揉搓成球,则砂性强,应为砂土。

②施用有机质(肥)。在砂性土壤中增施有机质,可提高土壤的保水保肥力;在黏性土壤中增施有机质,可改善土壤的透气排水性能。但是,一次施用的有机质不能太多,以免产生肥害。一般施用 1~3cm 厚的有机肥量就可以了。改良土壤最好的有机质是粗泥炭、半分解状态的堆肥和腐熟的厩肥。未分解的新鲜有机肥易损伤根系,施后不要立即进行栽植。

③增施无机质。过黏的土壤在施有机肥的同时,掺入适量的粗砂,加砂量应达到原有土壤体积的 1/3,才会有改良黏性土壤的良好效果。除加砂外,也可加火山岩、陶粒、珍珠岩、硅藻土等。过砂的土壤在施有机肥的同时,掺入适量的黏土或淤泥,使土壤向着良好的中壤质地方向发展。

(4)土壤酸碱度调节。对 pH 过低的土壤,主要用石灰改良;对 pH 过高的土壤,主要用硫酸亚铁、硫黄和石膏改良。pH 调节的程度,应根据树种对土壤酸碱度的要求而定,最好调节到某种树需要的最适 pH 范围。调节物质的施用量是根据土壤的缓冲作用、原 pH 高低、调节幅度与土量而定。

● 知识扩展 ●

制作基质
营养土视频

土壤改良剂

凡主要用于改良土壤的物理、化学和生物性质,使其更适宜于植物生长,而不是主要提供植物养分的物料,都称为土壤改良剂。

土壤改良剂有多个种类:①矿物类,主要有泥炭、褐煤、风化煤、石灰、石膏、蛭石、膨润土、沸石、珍珠岩和海泡石等;②天然和半合成水溶性高分子类,主要有秸秆类、多糖类物料、纤维素物料、木质素物料和树脂胶物质;③人工合成高分子化合物,主要有聚丙烯酸类、醋酸乙烯马来酸类和聚乙烯醇类;④有益微生物制剂类等。

土壤改良剂为阴离子特性和高分子量的聚丙烯酰胺聚合物,其效用原理是黏结很多小的土壤颗粒形成大的并且水稳定的聚集体。广泛应用于防止土壤受侵蚀、降低土壤水分蒸发或过度蒸腾、节约灌溉水、促进植物健康生长等方面。可改善土壤结构、土壤黏性,减少水土流失、土壤结皮、养分流失、土壤侵蚀、植物根部疾病、土壤中的农药损失量,降低灌溉频率和种植后的维护成本,抑制土壤水分蒸发,增加土壤疏松程度,便于根部扩张,提高受结皮土影响的植物的萌发和出苗率,改变土壤的 pH 及其他理化性质,可以使重金属在土壤中发生沉淀、螯合等反应,降低其生物有效性,减少作物对重金属的吸收量,提高农产品的品质,也对重金属污染土壤的修复有辅助作用。

● 测试训练 ●

【知识测试】

1. 名词解释

土壤改良、土壤改良剂。

2. 简答题

(1)常见的园林绿地土壤有哪些? 如何采取相应的改良措施?

(2)园林绿地土壤管理包括哪些内容?

(3)土壤覆盖在目前园林绿地中的使用情况如何?

(4)如何将土壤改良和水肥管理结合起来?

(5)如何调节园林绿地土壤的 pH 值?

【技能训练】

实训 2.1 园林绿地土壤管理

1. 实训目的

(1)掌握园林土壤改良的方法,能采用常用的有机肥调节土壤性状。

(2)掌握土壤 pH 值的测定方法。

2.实训材料及用具

腐熟粪肥、稻草、铁锹、石灰粉、硫酸铵、氮磷钾复合肥、pH 计。

3.实训内容与方法

(1)测土壤的 pH 值。

选择校园里新植 1～3 年的园林树木,取树木下的土样 10mL 放入样品杯中,加入 25mL 蒸馏水,在搅拌机上搅拌 10min,放置 30min,然后用 pH 计测定 pH 值。判断土壤的酸碱性和树木的生长习性是否一致。

(2)园林绿地土壤深翻。

深翻树木垂直投影下的土壤,深翻的位置距主干一定距离,注意不伤及树木的主根,用铁锹深翻 60cm 左右,把底部硬土翻出表面,并将硬土块敲碎。

(3)施有机肥。

将准备好的有机肥和复合肥施入深翻出的土壤。如果土壤碱性重,则加入少量硫酸铵;如果土壤酸性重,则加入少量石灰粉,然后把肥料和深翻的土壤充分混匀。

(4)起树盘。

根据树木的大小在树木周围起直径 1～3m 的树盘,中间稍隆起,四周挖出环状的沟,使树盘能够保留水肥。并用稻草覆盖树盘裸露的土壤。

(5)浇水。

淋浇树盘,以树盘的环状沟出现少量积水为准。

4.作业

填写实训报告。

任务 2　园林绿地施肥技术

● 学习目标 ●

- 掌握园林绿地常用肥料的种类。
- 掌握园林绿地施肥的方法。

● 内容提要 ●

园林植物生长地的土壤条件非常复杂,很多情况表现为土壤结构不良、肥力不足,而植物生长需从土壤中吸收大量的营养物质。因此,欲使植物生长健壮,枝叶繁茂,花繁果盛,必须合理施肥,提高土壤肥力,增加植物营养。

●任务导入●

　　园林植物的施肥比农作物、林木更为重要。因为园林植物定植后,人们希望它能生长数十年、数百年甚至上千年,而在这漫长的岁月里,营养物质的循环经常失调,枯枝落叶归还给土壤的数量很少;由于地面铺装及人踩车压,土壤十分紧实,地表营养不易下渗,根系难以利用,加之地下管道、建筑地基的构建,减少了土壤的有效容量,限制了根系吸收面积。总之,适时适量的补充植物营养元素是十分重要的。

● 2.2.1　园林绿地施肥的特点

　　园林植物大多处在较特殊的生态条件下,形成了与果树及其他作物不同的施肥特点。第一,园林植物种类繁多,习性各异,防护、观赏或经济效益不同,因而在肥料种类、用量及施肥方法上差异很大。此方面各地经验很多,需认真分析、总结。第二,由于地面硬质铺装、土壤板结等种种原因,施肥操作比较困难,施肥次数不会很多,故应以有机肥和其他迟效性肥料为主,适当施用化学肥料。第三,为了保证环境美观、卫生,不能施用有恶臭味、污染环境的肥料,肥料应适量深施并及时覆盖。

● 2.2.2　施肥的原则

1. 根据植物种类及需肥特性施肥

　　植物的需肥量因种类不同而有很大差异,如泡桐、杨树、香樟、月季等生长速度快、生长量大的树种,比如柏树、油松、小叶黄叶等慢生、耐瘠树种需肥量大,因此要根据不同植物种类确定施肥量。

　　植物施肥要根据需肥特性掌握。植物在不同的生育阶段对营养元素的需求不同,在水分充足的条件下,新梢的生长在很大程度上取决于氮的供应,其需氮量是从生长初期到生长盛期逐渐提高的,随着新梢生长的结束,植物的需氮量虽有很大程度的降低,但仍有少量吸收。所以植物的整个生长期都需要氮肥,但需要量是不同的。在新梢缓慢生长期,除需要氮、磷外,还需要一定数量的钾肥,充分供应钾肥,有利于维持植株叶片较高的光合能力,提高植物的抗寒性;在氮、钾供应充足的情况下,多施磷肥有利于形成花芽。在开花、坐果和果实发育时期,钾肥的作用更为重要,有利于促进植物的生长和花芽分化。

　　植物在春季和夏初需肥多,而这一时期内土壤微生物的活动能力较弱,土壤内可供吸收的养分较少,因此,需要施肥解决养分供求矛盾。植物生长后期,对氮和水分的需要一般很少,但此时土壤可供吸收的氮和水分却很高,故应控制施肥和灌水。此外,不同植物各生育时期对三要素的吸收情况亦有不同,施用三要素肥的时期也要因种类而异。

2. 根据气候条件施肥

　　气候条件与施肥措施有关。确定施肥措施时,主要考虑温度和降水量两个因素。如不考虑植物的越冬情况,盲目增加施肥量和追肥次数,会因后期植物贪青徒长而易造成冻害。温度高,植物吸收养分多,反之则少。此外,夏季大雨后,土壤中硝态氮大量淋失,这时追施速效氮肥效果较雨前好。

3. 根据土壤条件施肥

土壤的物理性质、酸碱度等均对植物的施肥有很大影响。如砂土施肥宜少量多次,黏土施肥可减少次数而加大每次施肥量。土壤在酸性反应的条件下,有利于硝态氮的吸收;而在中性或微碱性反应下,则有利于铵态氮的吸收。因此,在施肥时应考虑以上问题。

4. 根据肥料性质施肥

一些易流失挥发的速效性肥料如碳酸氢铵,宜在植物需肥期稍前施入;而迟效性的有机肥,需腐熟分解后才可被植物吸收利用,故应提前施入。氮肥在土壤中移动性强,可浅施;而磷肥移动性差,则宜深施。肥料的施用量应本着宜淡不宜浓的原则,否则易烧伤根系。实际工作中,应提倡复合配方施肥,以全面、合理地供应植物正常生长所需要的各种养分。

2.2.3 肥料的种类

植物生长所需的营养元素由空气、水及土壤中获得。主要有碳(C)、氢(H)、氧(O)、氮(N)、磷(P)、钾(K)、钙(Ca)、镁(Mg)、硫(S)、铁(Fe)、铜(Cu)、锌(Zn)、硼(B)、钼(Mo)、锰(Mn)、氯(Cl)等。前10种,植物生长需要量较多,通常称为大量元素;后6种的需要量很少,通常称为微量元素。虽然植物对各种元素的需要量差别很大,但却不可或缺,不能相互代替。碳(C)、氢(H)、氧(O)是组成植物的主要元素,能从空气和水中获得;其余各种元素从土壤中获得,植物对氮(N)、磷(P)、钾(K)的需要量比土壤的供应量大得多,必须经常施肥加以补充;植物对剩余的各种元素的需要量一般条件下土壤可以满足要求;但南方地区,因雨水多,钙(Ca)、镁(Mg)容易流失,需适当补充;铁(Fe)在石灰性土壤中有效性降低,会引起植株黄化,也需适当补充。

凡是施入土壤或喷洒于花木的地上部分(根外追肥),能直接或间接供给植物养分、提高花木质量、改良花木土壤的理化性质和肥力的物质,都称为肥料。肥料的种类如图2-1所示。

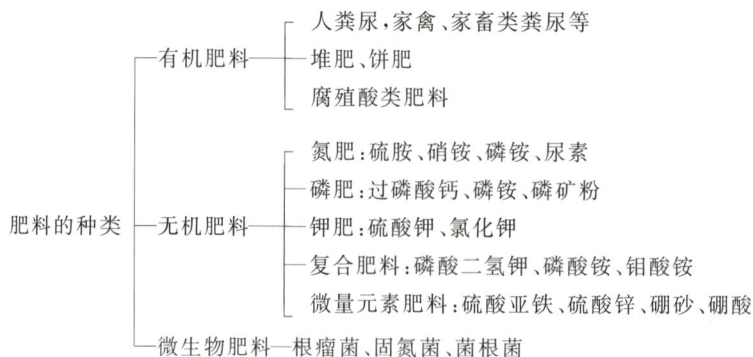

图 2-1　肥料的种类

1.常用的无机肥料

凡是用化学方法合成的或者是开采矿石加工精制而成的肥料,称为化学肥料,又称无机肥料,简称化肥。

(1)无机肥料的特征。

①养分含量高。

②养分成分单纯。一般化肥只含有一种或几种营养元素,便于根据植物及土壤情况选择使用。

③肥效快,持续时间短。

④有酸碱反应。

⑤长期使用化肥使土壤板结,造成土壤盐渍化,破坏土壤结构。

⑥使用方便。化肥体积小,养分含量高,运输和使用方便。化肥贮存时要注意防潮,避免结块而导致施肥时困难。

(2)常用无机肥料介绍。

常用无机肥料包括氮肥、磷肥、钾肥、复合肥料、微量元素肥料等。

①氮肥。

A.铵态氮肥:肥料成分中都有铵离子,如氨水、硫酸铵、氯化铵等,它们都是铵态氮肥,其共同特点是易溶于水,可及时供给植物需要的氮素。遇碱性物质可分解出氨气来,氨气易挥发。铵态氮肥移动性小,被土壤胶体吸附后,不易随水流失。

B.硝态氮肥:主要有硝酸铵、硝酸钾、硝酸钙等。它们的共同特征是:a.吸湿性强,在潮湿空气里,硝酸态氮肥会潮解,要防潮。b.移动性强,不能被土壤胶粒吸附,易随降水或灌溉水流失。最好不用硝态氮肥作基肥,也不要在雨季或砂质土中使用。硝态氮肥有助燃性,贮藏运输时不要和易燃物放在一起。

C.尿素:固体氮肥中含氮量最高的肥料。在土壤中移动性大,容易流失。尿素施在土壤中,要经过一段时间的转化,一般为 7～10d,尿素转化为碳酸氢铵后,植物才能吸收。尿素适于根外追肥,苗木喷洒尿素浓度为 0.1%～0.5%。

②磷肥。

A.水溶性磷肥:主要是过磷酸钙,水溶液呈酸性反应,由于含有大量石膏,适用于碱性土中。速效磷在土壤中是不稳定的,在酸性土壤中,生成磷酸钙和磷酸铝的沉淀;在石灰性土壤中,速效磷与土壤中钙结合成难溶性物质,降低了过磷酸钙的有效性,这称为磷的固定。所以速效磷要集中施用,或是与有机肥以 1:2 或者 1:4 的比例混合,制成颗粒肥料;再有就是以 1% 或 2% 的浓度配成溶液喷洒在苗木叶子上。

B.弱酸溶磷肥:如钙镁磷肥,只溶于弱酸中。

C.难溶性磷肥:如磷矿粉、骨粉。

弱酸溶磷肥和难溶性磷肥适合酸性土壤中,如南方种花,盆地铺的基肥就是粗骨粉。

③钾肥:主要是硫酸钾和氯化钾,它们都是生理酸性肥料,且能溶于水。但在盐碱性土壤中不要用氯化钾。草木灰是植物体燃烧后残留的灰分,内含钾、磷、钙、镁、硫、铁等多种元素,以钙最多、钾次之,可算作钾肥,以水溶性钾为主,是碱性反应,不适于盐碱土,也不适于与铵态氮混合。

④微量元素肥料。

植物必需的微量元素有锌、铜、硼、钼、锰、氯,为土壤补充微量元素的肥料在园林绿化中一般用得不多。

(3)主要化肥的有效成分含量见表2-1。

表 2-1   主要化肥的有效成分含量   (单位:%)

氮肥	含氮量	磷肥	含氮量
硫酸铵	20～21	磷矿粉	14
氯化铵	24～25	过磷酸钙	14～19
碳酸氢铵	17	钾肥	含钾量
氨水	15～17	氯化钾	50～60
硝铵	33～35	硫酸钾	50
尿素	44～48		

2. 常用的有机肥

有机肥是指含有丰富的有机质的肥料,一般是动植物的残体和动物的排泄物,由农家自己在当地种植、收集、堆制而成,所以习惯上称农家肥。

(1)有机肥的特征。

①有机肥料中所含营养多是有机状态的,植物不能直接吸收,一定要经过微生物的分解才能转化成可溶性的养分。有机肥肥效缓慢,但肥效持续时间长,有的不仅当年有效,还有较长的后效。

②有机肥中的大量腐殖质能够吸收土壤中的钾、钠、铵、镁、钙等养分,使这些营养元素不会被水淋失。腐殖质中的腐植酸盐可以形成缓冲溶液,减弱因施化肥而引起的土壤酸碱性变化,有助于各种促酵作用,保证植物正常的生长环境条件。

③有机肥料中的腐殖质胶体,可以促使土粒形成团聚体,所以说有机肥有改良土壤理化性质的作用。

(2)有机肥料分类及主要养分含量见表2-2。

表 2-2   常用有机肥中氮、磷、钾含量   (单位:%)

肥料种类		人粪尿	家畜粪尿	饼肥	家禽类粪	绿肥	河泥	垃圾	炉灰	骨粉	毛发
有效成分	氮	0.5	0.5	6	1.63	0.56	0.3	0.2	—	4	12
	磷	0.2	0.2	1.32	1.51	0.13	0.3	0.2	0.3	20	0.04
	钾	0.2	0.2	2.13	0.85	0.43	0.3	0.2	0.2	0	0

(3)园林植物常用的有机肥。

①人粪尿。人粪尿贮存在城市大楼附近的化粪池中,是人类粪尿和水的混合物,是以氮为主的完全肥料。一个成年人一年可以排泄粪尿790kg,折合4～5kg氮,一个人一年的粪尿均可施肥一亩地。

有机肥料的发酵制作视频

人粪的组成中水分占 70%～80%，有机质占 20%，主要是纤维、蛋白质氨基酸、酶等，另有 5% 的灰分和磷酸盐、氯化物，以及钙、镁、钾、钠等盐类，还有大量微生物及寄生虫卵。人尿组成中有水 90%，另有水溶性有机物和无机盐约 5%，其主要成分是尿素、氯化钠。长期施用人粪尿的土壤会产生盐渍化，还会对一些不耐盐的树种（如松柏类）造成伤害，出现黄化现象。

②家畜粪尿与厩肥。家畜类粪尿是富含有机质和多种营养成分的完全肥料。厩肥就是以家畜粪尿为主、混以各种垫圈材料堆积并经微生物作用而成的肥料。

家畜粪的养分含量各有不同，以羊粪中的氮、磷、钾含量最多，猪粪、马粪次之，牛粪最少。另外，家畜粪的粪质粗细和含水量不同，如牛粪含水最多，通气性差，分解缓慢，发酵温度低，肥效迟缓，称为冷性粉料。马粪中纤维素含量高，粪的质地粗，疏松多孔，水分含量少；同时粪中含有大量的高温纤维分解菌，促进纤维素分解放出的热量多，腐熟快，称为热性肥料。在制造堆肥时加入适量的马粪可促进堆肥腐熟。猪粪性质柔和，肥效长，含较多磷、钾元素，南方习惯用猪粪施在桂花树上，对开花有保证。

③堆肥。堆肥是利用城市园林垃圾、氮肥等堆积而成的。堆积过程以好气性微生物分解为主，发酵时产生高温。微生物越活跃，堆肥腐熟得越快、越好。微生物活动需要有水分、空气、温度、堆肥材料的碳氮比（C/N），以及微生物所处环境的酸碱度等。堆肥时应该尽量满足微生物的需要，以使微生物活跃。

④绿肥。凡是把正在生长的绿色植物直接耕翻入土或是割下后运往另一块地当作肥料翻入土中的都称为绿肥，适于在北京地区栽种的有田菁、沙打旺、草木樨、紫花苜蓿、紫穗槐等。尤其是豆科绿肥，如紫穗槐、紫花苜蓿等能固定空气中的氮素，可增加土壤的含氮量。

栽培绿肥最好在盛花期稍前的时期内进行，因为这时新鲜物质增长量最高，茎叶中的养分含量最多，而且组织尚幼嫩，易分解。新鲜绿肥在土壤中腐烂需要 15d 左右。在园林生产中可用来栽种绿肥的地方很多，如荒坡、隙地、湖面、水边、池塘、河岸等。

⑤饼肥及糟渣肥。饼肥是油料作物的种子榨油后剩下的残渣，主要有大豆饼、棉籽饼、菜籽饼、茶籽饼、花生饼等。饼肥含氮量高，是优质的有机肥。但饼肥中的氮、磷是有机态的，不能直接供给植物利用，只有经过腐熟，被微生物分解后才能被植物吸收。饼肥的碳氮比小，分解速度快，因此很容易发挥肥效。

绿地施用饼肥作追肥时，事先要将其充分粉碎。施用时要拌入少量农药，以免招引地下害虫；与小苗保持一定距离，以防止饼肥分解发酵时产生的热量灼伤小苗。

糟渣肥，指有些农产品加工中产生的各种糟渣，有的可直接作肥料，如花卉业常用芝麻酱渣作基肥或追肥，其含氮 6.59%，含磷 3.30%，含钾 1.30%，有很高的肥效。其他像可可壳、咖啡渣、麦芽渣、甘蔗渣、酒糟、醋糟等也都是很好的有机肥。

⑥家禽类粪肥。家禽粪是指鸡、鸭、鹅、鸽粪等。家禽粪的性质和养分含量与家畜粪尿有所不同，家禽粪中氮、磷、钾的含量比各种家畜粪尿都高。因家禽饮水少，各种养分的浓度也较高，其中以鸡、鸽粪养分含量最高，而鹅、鸭粪的养分含量较低。

⑦草炭和腐殖酸类肥。草炭又称泥炭或泥煤，它是一种矿物质不超过 50%（干基计算）的可燃性有机矿物。新鲜草炭颜色呈棕褐色，在自然状态下持水很高。矿化较浅的泥炭，保留有植物残体，呈纤维状，肉眼能看出疏松的结构；矿化较深的泥炭呈可塑状。国外园艺栽培基质主要应用草炭。

近十几年，合理利用泥炭、褐煤、风化煤这些宝贵的资源生产出了多种腐殖酸类肥料，例如腐殖酸及其衍生盐类等。这些产品已在农业、园林多方面广泛应用，并取得了很好的效益。

⑧泥肥。河、塘、沟、湖中的淤泥统称为泥肥。它是水中植物、小动物、微生物残体及落入水中的枝叶、杂草等,经嫌气性细菌分解而成。泥肥为迟效性肥料,肥效长而稳定,其中腐殖质类物质必须经过好气细菌继续分解后,养分才能被植物利用。它不仅可以供给植物养分,而且可改善土壤物理性质,增厚耕作层,是很好的改土肥料。

泥肥属于冷性肥料,为了使泥肥养分迅速转化,施用前应先将挖出的泥肥铺开,晾晒一段时间后,再打碎施用。

⑨杂肥。骨灰、兽蹄、兽角、鱼粕、烟筒灰均为杂肥,常用于花卉种植。

骨灰含较多磷素,全磷量可超过 20%,但多属难溶性磷,适合施在酸性土壤中。如观花和杂土类苗木,可用骨灰作基肥,或用骨灰 1 份、加水 10 份酿成骨灰液肥浇施。施量以每月 2~3 次为宜。

兽蹄、兽角类为高氮肥料,含氮量可达 10%~14%,氮素为复杂的蛋白形态,不易分解。可将蹄、角泡水后埋入土中作花木基肥,或泡发腐熟后,取其清液,兑水浇施。

烟筒灰是工厂烟筒扫下来的黑粉,其中除游离碳素外,含氮量较高,有的可达 3.5%,大部分为速效的铵态氮。

3. 特种化肥及菌肥

科学使用
叶面肥视频

(1)微量元素肥料。

一般情况,土壤中所含微量元素完全可满足植物的需要,不需要施用微量元素肥料,但在不良的土壤条件下,不少微量元素成为不溶状态,植物无法利用就会出现缺素症,这时就需要补充微量元素。微量元素肥料主要有以下几种。

①硼肥:硼砂或硼酸,皆为白色结晶粉末,最好用于根外追肥。用浓度为 0.1%~0.2%的溶液喷于叶面。其对十字花科植物较敏感。

②铁肥:硫酸亚铁。由于铁肥施入石灰性土壤中很快变成难溶性化合物,植物不能吸收,所以最好不要把铁肥直接施在土表,而是将硫酸亚铁配成 0.2%~0.5%的溶液,喷施在叶面上。北方温室养花,常将其放入浸泡腐熟的芝麻酱渣水中,称为矾肥水(酸性环境),可提高其肥效。做法是将硫酸亚铁 2~3kg、饼肥 5~6kg、水 200~250kg 混合拌匀,日晒 20 多天腐熟,稀释后施用。

此外还有锰肥、锌肥、钼肥、铜肥。

(2)复合肥料。

凡是含氮、磷、钾等主要营养元素两种以上的化学肥料都称为复合肥料,如硝酸钾(含钾和氮素)、氨化过磷酸钙(含氮和磷素)、磷酸铵(含磷和氮素)等。现世界先进国家化肥多向复合肥料方向发展。

常用的有氮、磷、钾三元复合肥料,其中各营养元素的供含量习惯用 N—P_2O_5—K_2O 相应的百分含量来表示,如 12—24—12 即表示含氮 12%,含磷 24%,含钾 12%。

复合肥料有以下优点：

①含多种营养元素，有效成分高；能发挥养分间的相互作用，提高肥料的利用率。

②养分分布均匀，每株植物都可吸收均匀浓度的养分。

③无用的副成分含量很少，可减少对植物和土壤的不良影响。

④生产成本降低，施用时节省劳力，施肥方便。

市售花肥片、颗粒肥等都属于复合肥料。

(3)缓释肥料。

目前，在国内外都发展应用长效复合肥料，就是在料状水溶性复合肥料表面涂覆半透水性或不透水性物质，形成包膜层，使其中的有效养分通过包膜的微孔慢慢释放出来，为植物吸收利用，从而减少养分损失，提高肥料利用率。美国、日本、荷兰等园林发达国家的花肥多是专用缓释肥料。一次施用后，肥效可维持数月甚至一年以上。缓释肥料施用在碱性土壤中，可减少营养成分(磷、铁)被固定，提高肥效。

(4)微生物肥料。

微生物肥料也称菌肥，它是用科学的方法把自然界中的一些有益于园林树木、花卉生长发育的微生物(菌根菌)从土壤中或植物体内分离出来，经人工养殖加工而制成的生物肥料。微生物肥料本身不含大量的营养元素，而是通过有益自由微生物的活动来改善植物的营养条件，帮助植物吸收养分，从而促进树木花卉的生长发育。

微生物肥料中的菌，有的能与植物共生在根系上形成根瘤。根瘤利用空气中的氮素，直接为高等植物供应氮素养分；有的则在土壤中大量繁殖，加快了土壤有机质的分解；有的则能抑制病原菌的活动，从而改善树木、花卉的营养条件，进一步提高土壤肥力；有的则会增加土壤中的氮素含量，如自生固氮菌。有些微生物可以分解土壤矿物质，有解钾、解磷的能力，为植物制造养分。微生物肥料具有生产较简单、使用方便、用量少、成本低、对人、畜、树木、花草无污染等优点。但微生物肥料在运输、施肥等过程中要特别注意保证菌根菌的生活条件(避光、水分、空气、温度等)，若菌根菌不能存活，微生物肥料就无效。

菌根分为外生菌根、内生菌根。外生菌根是在林木幼根表面发育，菌丝包被在根外，只有少量菌丝穿透表皮细胞，如松、云杉、冷杉、落叶松、栎等都是外生菌根。内生菌根以草本最多，如兰科植物具有典型的内生菌根，另外柏、雪松、核桃、白蜡、杜鹃、葡萄、柑橘、茶等也是内生菌根。

菌根菌和植物的根系共生，在根内、外形成发达的菌丝，帮助植物吸收土壤里的水分和有机或无机的营养元素。菌根菌是好酸的，在通气良好的酸性土壤中生长发育良好。在园林树木栽培管理中，对那些与菌根菌共生的树种一定要注意为菌根菌创造生存发育的有利条件。如果土壤环境盐碱、透气性差，则不利于菌根菌活动，与其共生的树木生长也会受到影响，甚至死亡。

● 2.2.4 施肥时期

在生产上，施肥常分为基肥和追肥两大类。基肥要早，追肥要巧。

基肥是在较长时间内供给植物养分的基本肥料，一般常以厩肥、堆肥、饼肥等有机肥料作基肥。厩肥和堆肥多在整地前翻入土中或埋入栽植穴内，粪干或饼肥一般在播种或移植前进行沟施或穴施，也可与一些无机肥料混合施用。

北方一些地区,多在早秋对园林树木施基肥,因为此时正值植物根系生长高峰、有机养分积累的时期,施基肥能提高树体的营养贮备和翌年早春土壤中养分的及时供应,以满足春季根系生长、发芽、开花、新梢生长的需要。也可在早春施用,但效果通常不如早秋施基肥效果好。

追肥是指植物生长需肥时必须及时补充的肥料。一般无机肥为多,园林花卉可用粪干、粪水及饼肥等有机肥料。通常花前、花后及花芽分化期要施追肥,对于观花、观果植物,花后追肥更为重要。

一、二年生花卉幼苗期,应主要追施氮肥,生长后期主要追施磷、钾肥;多年生花卉追肥(厩肥、堆肥)次数较少,一般3~4次,分别为春季开始生长后、花前、花后、秋季叶枯后对花期长的花卉,如美人蕉、大丽菊等,在花期也可适当追施一些肥料。对于初栽2~3年的园林树木,每年的生长期也要进行1~2次的追肥。

具体的施肥时期和次数应依植物的种类、各物候期需肥特点、当地的气候条件等情况合理安排,灵活掌握。

● 2.2.5　施肥深度和范围

施肥主要是为了满足植物根系对生长发育所需各种营养元素的吸收和利用。只有把肥料施在比根系集中分布层稍深、稍远的部位,才利于根系向更深、更广的方向扩展,以便形成强大的根系,扩大吸收面积,提高吸收能力。因此,从某种角度来看,施肥深度和范围对施肥效果有很大影响。

施肥深度和范围,要根据植物种类、年龄、土质、肥料性质等确定。

①木本花卉、小灌木(如茉莉、米兰、连翘、丁香、黄栌等)和高大的乔木相比,施肥深度相对要浅,范围要小。

②幼树根系浅,分布范围小,一般施肥深度较中、壮龄树浅,范围小。

③沙地、坡地和多雨地区,养分易流失,宜在植物需要时深施基肥。

④氮肥在土壤中的移动性较强,浅施也可渗透到根系分布层,从而被植物所吸收;钾肥的移动性较差,磷肥的移动性更差,因此,应深施到根系分布最多处;由于磷在土壤中易被固定,为了充分发挥肥效,施过磷酸钙和骨粉时,应与厩肥、圈肥、人粪尿等混合均匀,堆积腐熟后作为基肥施用,效果更好。

● 2.2.6　施肥量

施肥量受植物的种类、土壤的状况、肥料的种类及各物候期需肥状况等多方面因素影响。

根据不同的植物种类及大小,喜肥的多施,如梓树、梧桐、牡丹等;耐瘠薄的可少施,如刺槐、悬铃木、山杏等。开花结果多的大树较开花结果少的小树多施,一般胸径8~10cm的树木,每株施堆肥25~50kg或浓粪尿12~25kg;胸径10cm以上的树木,每株施浓粪尿25~50kg。花灌木可酌情减少。

2.2.7　施肥的方式

施肥的方式主要有基肥、追肥和根外追肥 3 种。

1. 基肥

基肥又称底肥,是为满足植物整个生长发育期对养分的要求,在栽植之前,结合整地、定植或上盆、换盆时施入的肥料。基肥应多施含有机质多的迟效肥(肥效发挥缓慢),一般以有机肥为主。基肥要求施用均匀,不留粪底。树木尤其是乔木施好基肥至关重要,因为树木栽植后需要定植十几年、几十年甚至上百年,根部土壤结构的改良全靠有机肥的基肥来解决。按规范要求在坑穴中施入足够的腐叶土、松针土、草炭等,刚定植的树木不要施入过量的化肥作为基肥,尤其是松类树种。

2. 追肥

在植物生长期间施入肥料的方法称为追肥。其目的是解决植物不同发育阶段对养分的要求,补充土壤植物养分的供应不足部分。其应以施速效性肥料化肥为主。园林树木的追肥方式方法如下。

(1)环状沟施肥法。在树冠外围稍远处挖 30～40cm 宽环状沟,沟深根据树龄、树势以及根系的分布深度而定,一般为 20～50cm(图 2-2)。将肥料均匀地施入沟内,覆上填平灌水。随树冠的扩大,环状沟每年外移,每年的扩展沟与上年沟之间不要留隔墙。此法多用于幼树施基肥。

(2)放射状沟施肥法。以树干为中心,从距树干 60～80cm 的地方开始,在树冠四周等距离地向外开挖 6～8 条由浅渐深的沟,沟宽 30～40cm,沟长视树冠大小而定,一般是沟长的1/2 在冠内,1/2 在冠外,沟深一般为 20～50cm(图 2-3)。将充分腐熟的有机肥与表土混匀后施入沟中,封沟灌水。下次施肥时,调换位置开沟,开沟时要注意避免伤大根。此法适用于中、壮龄树木。

(3)穴施法。在有机物不足的情况下,基肥以集中穴施最好,即在树冠投影外缘和树盘中,开挖深 40cm、直径为 50cm 左右的穴,其数量视树木的大小、肥量而定(图 2-4)。施肥入穴,填土平沟灌水。此法适用于中、壮龄树木。

(4)全面撒施法。把肥料均匀地撒在树冠投影内外的地面上,再翻入土中。此法适用于群植、林植的乔木、灌木及草本植物。

(5)灌溉式施肥。结合喷灌、滴灌等形式进行施肥。此法供肥及时,肥料分布均匀,不伤根,不破坏耕作层的土壤结构,劳动生产率高。

以上各土壤施肥的方法,可根据具体情况选用,且应交替更换不同的施肥方法。

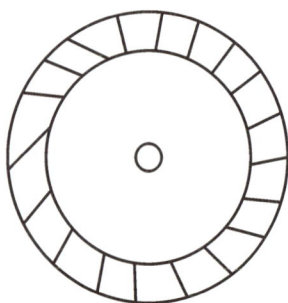

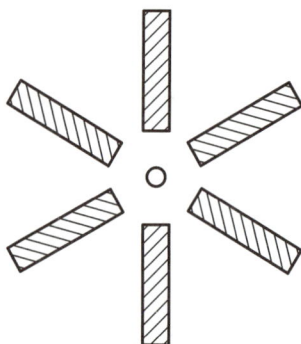

图 2-2　环状沟施肥　　　图 2-3　放射状沟施肥　　　图 2-4　穴施

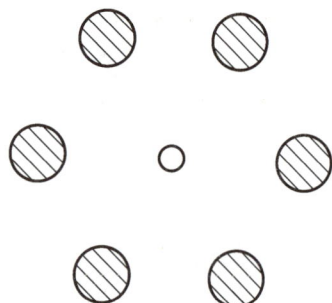

3. 根外追肥

根外追肥,又称为叶面追肥,指根据植物生长需要将各种速效肥水溶液喷洒在叶片、枝条及果实上的追肥方法,是一种临时性的辅助追肥措施。

叶面喷肥,简单易行,用肥量小,发挥作用快,可及时满足植物的需要,同时能避免某些肥料元素在土壤中被固定。尤其是缺水季节、缺水地区和不便施肥的地方,都可采用此法。

叶面喷肥主要是通过叶片上的气孔和角质层进入叶片,而后运送到植株体内和各个器官。一般幼叶比老叶吸收快,叶背比叶面吸收快。喷时一定要把叶背喷匀,叶片吸收的强度和速率与溶液浓度、气温、湿度、风速等有关。一般根外追肥最适温度为 $18\sim25$℃,湿度较大些效果好,因而最好的时间是选择无风天气的 10 时以前和 16 时以后。

草本花卉和果树养护,常把肥料溶液或悬浮液喷洒在苗木叶子上,以喷叶背面为好。喷洒时间以早晚空气湿度大、有露水时为宜。肥料溶液浓度控制在 0.3% 左右,如尿素喷洒 0.2%$\sim$0.5% 的溶液,过磷酸钙喷洒使用 0.5%$\sim$1% 的溶液。注意浓度不宜过高,用量不宜过多,以免灼伤叶片和造成浪费。

● 知识扩展 ●

1. 无机肥料(化肥)的合理施用

和农业施肥追求增加作物产量不同,园林绿化施化肥是为了小苗的适度生长,提高其抗性,保证青枝绿叶及开花结实的观赏性。施化肥不能不问土壤、不问植物需求、不问肥料种类、不问肥料养分含量,不能盲目下指标,如在某些资料中规定施用量(每平方米多少克)。盲目地滥施化肥,不仅造成浪费,而且会引起植物徒长,或易受病虫侵害影响生长发育,并造成环境的二次污染。合理施用化肥应注意以下几点。

(1)测土施肥。

施肥前必须测定绿地土壤中有效养分含量。针对栽植花木对养分的需求量,参考合理施肥土壤养分指标,确定施肥量。土壤主要养分指标如下(ppm=10^{-6}):

①土壤中硝态氮含量大于 20ppm 时,证明土壤有效氮水平高;含量为 $10\sim20$ppm 时,有效氮水平中等,施氮肥有效;含量小于 10ppm 时,有效氮水平低,施氮肥效果明显。

②土壤中速效磷含量大于 30ppm 时,说明土壤含磷丰富;含量为 $10\sim30$ppm 时表示水平

中等;含量小于 10ppm 时为缺乏磷。

③土壤中速效钾含量大于 150ppm 时,说明土壤含钾丰富;含量为 100～150ppm 时为高水平;含量为 50～100ppm 时为中等;含量为 25～50ppm 时为低等;含量小于 25ppm 时为缺钾,这种土壤施钾肥效果明显。

(2)养分合理配比施肥。

不能单纯施用一种营养元素肥料,如氮、磷、钾应按比例施用。不同植物、不同土壤需求和供给矛盾很复杂。通俗客观地讲,就是扭转单一施用氮肥的习惯,最好施用复合肥。无土栽培应用的营养元素配方可以参考,但实际土壤养分管理中应用的某类植物营养元素配方很少见,市场上所能见到的只有"草坪专用肥"或某果树、蔬菜专用肥等。

(3)在植物营养最大效率期加强施肥。

化肥的有效性是指肥料溶解于水后经根吸收进入植物体内才能有效发挥作用。一般植物营养最大效率期常常出现在植物生长即营养生长、生殖生长的旺盛时期。树木小苗培养及花卉、草坪对化肥很敏感,在花木休眠期、大树及土壤养分基本不缺乏的条件下,没必要追施化肥。

2.增加有机质是培肥城市绿地土壤的关键

土壤肥力是指土壤不间断地为植物提供水分、养分、空气和热量的能力。施用无机肥(化肥)只能给植物补充土壤中不足的养分,而这些养分往往是土壤中不特别缺乏的。实践证明,很多乡土植物不需要施肥仍然能生长正常。而养分管理的目标是:让小树快快长大,让花灌木多多开花,让园林植物都枝青叶绿。为了达到这些目标,必须培养土壤肥力,而不仅仅是给土壤补充某种养分肥料。培养土壤肥力的最有效、最直接的做法就是增加绿地土壤有机质。对有些非常缺乏氮、磷、钾无机养分的土壤,要使园林植物正常生长发育,当然需要施无机肥(化肥)加以补充,尤其是一些草本植物更会敏感些。国外非常重视增加土壤有机质,日本有专门的公司利用专用机械粉碎绿地和果园修剪下来的树枝、树叶、花草残体,经过堆腐后返回绿地,这应该理解为中国农业的"秸秆还田"。欧洲则随处可见把草炭作为增加绿地土壤有机质的主要材料。土壤有机质具有以下作用:

(1)有机质是植物养分的重要来源。有机质分解后,可释放出氮、磷、钾等物质所需的所有养分。

(2)提高土壤保水、保肥能力。有机物中的腐殖质,吸水、吸肥能力强,能吸附养分离子,避免养分流失。

(3)形成团粒结构。腐殖质是形成团粒结构的胶质物质,可使砂土变得有结构,黏土变疏松,容易耕作。

(4)刺激植物生长发育。腐殖质能提供植物生长发育所需要的各种酶、生长雌激素等。

● 测试训练 ●

【知识测试】

1.填空题

(1)肥料的种类有_____、_____、_____ 3 大类。

(2)土壤施肥的方法常用的有以下几种,对于小树和草坪可以_____,成年树采用沟状施肥,包括_____、_____、_____几种。

(3)单一化肥的叶面喷洒的一般浓度可为_____,避开在空气干燥、温度较高的情况下喷施,最好在 10 时以前和 16 时以后。

2.选择题

(1)园林绿地施肥的依据是(　　)。

A.植物种类及需肥特性　　　　　　　　B.气候条件

C.土壤条件　　　　　　　　　　　　　D.肥料性质

(2)微生物肥料通过(　　)来促进植物生长。

A.代谢物质　　　　B.促进光合作用　　　　C.生命活动　　　　D.腐解有机质

(3)下列选项中属于生理酸性肥的是(　　)。

A.硫酸铵　　　　　　B.硝酸钙　　　　　　C.氯化铵　　　　　　D.尿素

3.简答题

(1)园林植物施肥的时期有哪些? 施肥的原则是什么?

(2)如何给大树施肥? 与草坪施肥有什么不同?

(3)长期使用化肥会产生哪些危害?

【技能训练】

实训 2.2　园林绿地配方施肥技术

1.实训目的

(1)熟悉绿地施肥的技术、方法,为今后的绿地养护打下基础。

(2)掌握园林绿地配方施肥的要领。

(3)能够根据所需元素的比例换算成所需肥料的质量。

(4)要求用尿素(含氮 46%)、过磷酸钙(含磷 20%)及氯化钾(含钾 60%)配制氮:磷:钾为 8:10:4 的混合肥料 1t。

2.实训材料及用具

尿素、过磷酸钙、氯化钾;铁锹、磅秤。

3.实训内容与方法

(1)根据所需元素比率计算所需肥料的比例。

假设需要尿素 $a$kg,过磷酸钙 $b$kg,氯化钾 $c$kg,则 $46\%a:20\%b:60\%c=8:10:4$。推算出 $a:b:c=3.5:10:1.3$。

(2)计算混合肥料中 3 种肥料的百分比。

由上述计算知,混合肥料中 $a:b:c=3.5:10:1.3$,则有

尿素所占比例为:

$$3.5\div(3.5+10+1.3)\times100\%=23.6\%$$

过磷酸钙所占比例为:

$$10\div(3.5+10+1.3)\times100\%=67.6\%$$

氯化钾所占比例为：

$$1.3 \div (3.5 + 10 + 1.3) \times 100\% = 8.8\%$$

（3）计算所需氮肥的质量。

尿素：

$$a = 1000\text{kg} \times 23.6\% = 236\text{kg}$$

（4）计算所需磷肥的质量。

过磷酸钙：

$$b = 1000\text{kg} \times 67.6\% = 676\text{kg}$$

（5）计算所需钾肥的质量。

氯化钾：

$$c = 1000\text{kg} \times 8.8\% = 88\text{kg}$$

（6）分别称取肥料。

（7）混合均匀。

（8）在树木滴水线下挖出环状的沟，沟深 30～50cm，视树木的大小每棵树施入混合肥 1～3kg。

4. 作业

填写实训报告。

任务 3 园林绿地灌溉与排水

● 学习目标 ●

- 掌握园林绿地灌溉技术。
- 掌握园林绿地排水技术。

● 内容提要 ●

植物的一切生命活动都与水有着极其密切的关系，土壤水分过多或过少，均对植物的生长不利。只有通过合理的灌水与排水管理，维持树体水分代谢平衡到适当水平，才能保证植物的正常生长和发育。

● 任务导入 ●

不同树木的生态习性和特点都有差异,但是要想树木长得健壮,必须有充足的水分供应。但同时要掌握好水分的用量,既不能缺水而干旱,也不能因水分过多使其遭受水涝灾害。

● 2.3.1 园林绿地灌溉

灌溉的主要内容包括:灌溉时期、灌溉量、灌溉次数、灌溉方式与方法以及灌溉用水。

1. 灌溉时期

(1)按季节分类。

①春季灌溉。

随气温的升高,植物进入萌芽期、展叶期、抽枝期(即新梢迅速生长期),此时北方一些地区干旱少雨多风,及时灌溉显得相当重要,它不但能补充土壤中水分的不足,使植物地上部分与地下部分的水分保持平衡,也能防止春寒及晚霜对树木造成的危害。

②夏季灌溉。

夏季气温较高,植物生长正处于旺盛时期,开花、花芽分化、结幼果都会消耗大量的水分和养分,因此应结合植物生长阶段的特点及本地同期的降水量,决定是否进行灌溉。对于一些进行花芽分化的花灌木要适当扣水,以抑制枝叶生长,从而保证花芽的质量。

③秋季灌溉。

随气温的下降,植物的生长逐渐减慢,此时应控制浇水以促进植物组织生长充实和枝梢充分木质化;防止秋后徒长和延长花期;加强抗寒锻炼。但对于结果植物,在果实膨大时要加强灌溉。

④冬季灌溉。

我国北方地区冬季严寒多风,为了防止植物受冻害或因植物过度失水而枯梢,在入冬前,即土壤冻结前应进行适当灌溉(俗称灌"冻水")。随气温的下降土壤冻结,土壤中的水分结冰放出潜热从而使土壤温度、近地面的气温有所回升,植物的越冬能力也相应提高。

另外,植株移植、定植后的灌溉与成活关系甚大。因移植、定植后根系尚未与土壤充分接触,移植又使一部分根系受损,吸水力减弱,此时如不及时灌水,植株会因干旱使生长受阻,甚至死亡。一般来说,在少雨季节移植后应间隔数日连灌 2~3 次水。但对大树、大苗的栽植应注意,亦不能灌水过多,否则新根未萌,老根吸水能力差,易导致烂根。

一天内灌水最好在清晨进行,此时水温与地温相近,对根系生长活动影响小,且早晨风小光弱,蒸腾作用较低;若傍晚灌水,湿叶过夜,易引起病害。但在夏季高温酷暑天气,需要灌溉也可在傍晚进行。冬季则因早晚气温较低,灌溉应在中午前后进行。

(2)按物候期分类。

目前在生产上,除定植时要浇大量的定根水外,大体上还是按照物候期进行浇水,基本上分休眠期灌水和生长期灌水。

①休眠期灌水是在秋冬和早春进行的。我国华北、西北、东北等地降水量较少,冬、春严寒干旱,此时灌水显得非常重要。秋末冬初(北京为 11 月上中旬)的灌水一般称为灌"冻水"或"封冻水",具有利于植物安全越冬和防止早春干旱的作用,故北方地区的休眠期灌水不可缺少,特别是边缘或越冬困难的树种,以及幼年树等,灌冻水更为重要。

我国北方早春干旱多风,早春灌水也很重要,不但有利于植物顺利通过被迫休眠期,以及新梢和叶片的生长,而且有利于开花和坐果,同时促进植物健壮生长,是实现花繁果茂的关键措施之一。

②生长期灌水一般分花前灌水、花后灌水和花芽分化期灌水。

A. 花前灌水。在北方经常出现风多雨少的干旱现象,及时灌水补充土壤水分的不足,是促进植物萌芽、开花、新梢的生长和提高坐果率的有效措施,同时可以防止春寒、晚霜的危害。花前灌水在萌芽后结合花前追肥进行。花前灌水的具体时间要因地、因树而异。

B. 花后灌水。多数植物在花谢后半个月左右是新梢迅速生长期,如果水分不足,会抑制新梢生长,对于果树则会引起大量落果。尤其是北方地区,春天多风,地表蒸发量大,适当灌水可保持土壤湿度。灌水前期可促进新梢和叶片生长,提高坐果率,增大果实,同时对后期的花芽分化有良好的作用。没有灌水条件的应采取保墒措施,如盖草、盖沙等。

C. 花芽分化期灌水。花芽分化期灌水对观花、观果植物非常重要。因为植物一般是在新梢生长缓慢或停止生长时开始花芽的形态分化,此时正是果实速生期,需要较多的水分和养分,水分不足则会影响果实生长和花芽分化。因此,在新梢停止生长前及时而适量地灌水,可促进新梢的生长而抑制秋梢的生长,有利于花芽分化和果实发育。

2. 灌溉量及灌溉次数

(1)植物类型、种类不同,灌溉量及灌溉次数不同。

一、二年生草本花卉及一些球根花卉由于根系较浅,容易干旱,灌溉次数应比宿根花卉多;木本植物根系比较发达,吸收土壤中水分的能力较强,灌溉量及灌溉的次数可少些;观花树种,特别是花灌木灌水量和灌水次数要比一般树种多。针对耐旱的植物如樟子松、蜡梅、虎刺梅、仙人掌等,灌溉量及灌溉次数可少些,不耐旱的如垂柳、枫杨、蕨类、凤梨科等植物,灌溉量及灌溉次数要适当增多。每次灌水深入土层的深度,一、二年生草本花卉应达 30~35cm,一般花灌木应达 45cm,生理成熟的乔木应达 80~100cm。

(2)植物栽植年限及生长发育时期不同,灌溉量及灌溉次数不同。

一般刚栽种的植物应连续灌水 3 次,才能确保成活。露地栽植花卉类,一般移植后马上灌水,3d 后灌第二次水,5~6d 后灌第三次水,然后松土;若根系比较强大,土壤墒情较好,也可灌 2 次水,然后松土保墒;若苗木较弱,移植后恢复正常生长较慢,应在灌第三次水后 10d 左右灌第四次水,然后松土保墒,以后进行正常的灌水。春夏季植物生长旺盛期(如枝梢迅速生长期、果实膨大期),每月可浇水 2~3 次,灌水量应大些,阴雨或雨量充沛的天气要少浇或不浇;秋季减少浇水量,如遇天气高燥时,每月浇水 1~2 次。园林树木栽植后也要间隔 5~6d 连灌 3 次水,且需要连续灌水 3~5 年,花灌木应达 5 年。北方地区露地栽培的花木,全年一般应灌水 6 次,分别在初春根系旺盛生长时、萌芽后开花前、开花后、花芽分化期、秋季根系再次旺盛生长时、入冬土壤封冻前各要浇 1 次透水。

(3)土壤质地、性质不同,灌溉量和灌溉次数不同。

质地轻的土壤如沙地,或表土浅薄,下有黏土盘,其保水保肥性差,宜少量多次灌溉,以防土壤中的营养物质随重力水淋失而使土壤更加贫瘠;黏重的土壤,其通气性和排水性不良,对根系的生长不利,灌水次数要适当减少,但灌溉的时间应适当延长,最好采用间歇方式,留有渗入期;盐碱地的灌溉量每次不宜过多,以防返碱或返盐;土层深厚的砂质壤土,一次灌水应灌透,待现干后再灌。

(4)天气状况不同,灌溉量和灌溉次数不同。

春季干旱少雨天气,应加大灌溉量;夏季降雨集中期,应少浇或不浇。晴天风大时应比阴天无风时多浇几次。

总之,掌握灌溉量及灌溉次数的一个基本原则是保证植物根系集中分布层处于湿润状态,即根系分布范围内的土壤湿度达到田间最大持水量的70%左右。原则是只要土壤水分不足立即灌溉。

土壤墒情可依据表2-3的方法来判断,一般需调整墒情在黑墒与黄墒之间。以小水灌透为原则,使水分慢慢渗入土中。

表 2-3 土壤墒情检验表

类别	土色	潮湿程度	土壤状态	作业措施
黑墒 (饱墒)	深暗	湿,含水量大于20%	手攥成团,揉搓不散,手上有明显水迹;水稍多而空气相对不足,为适度上限,持续时间不宜过长	松土散墒,适于栽植和繁殖
褐墒 (合墒)	黑黄偏黑	潮湿,含水量为15%~20%	手攥成团,一搓即散,手有湿印;水气适度	松土保墒,适于生长发育
黄墒	潮黄	潮,含水量为12%~15%	手攥成团,微有潮印,有凉感;适度下限	保墒、给水,适于蹲苗,花芽分化
灰墒	浅灰	半干燥,含水量为5%~12%	攥不成团,手指下才有潮迹,幼嫩植株出现萎蔫	及时灌水
旱墒	灰白	干燥,含水量小于5%	无潮湿,土壤含水量过低,草本植物脱水枯萎,木本植物干黄,仙人掌类停止生长	需灌透水
假墒	表面看似合墒,灰黄	表潮里干	高温期,或灌水不彻底,或土壤表面因苔藓、杂物遮阴粗看潮润,实际内部干燥	仔细检查墒情,尤其是盆花,正常灌水

3. 灌溉方式与方法

一般根据植物的栽植方式来选择。灌溉的方式与方法多种多样,在园林绿地中常用的有以下几种。

(1)单株灌溉。

对于露地栽植的单株乔木、灌木如行道树、庭荫树等,先在树冠的垂直投影外开堰,利用橡胶管、水车或其他工具,对每株树木进行灌溉。灌水应使水面与堰埂相齐,待水慢慢渗下后,及时封堰与松土。

（2）漫灌。

漫灌适用于在地势较平坦的地区群植、林植的植物。这种灌溉方法耗水较多，容易造成土壤板结，需注意灌水后及时松土保墒。

（3）沟灌。

在列植的植物（如绿篱或宽行距栽植的花卉）行间开沟灌溉，使水沿沟底流动浸润土壤，直至水分充分渗入周围土壤为止。

（4）喷灌。

用移动喷灌装置或安装好的固定喷头对草坪、花坛等人工或自动控制进行灌溉。这种灌溉方法基本上不产生深层渗漏和地表径流，可很好地省水、省工，效率高，且能减免低温、高温、干热风对植物的危害，既可达到生理灌水的目的，又可起到生态灌水的效果，与此同时提高了植物的绿化效果。

喷灌技术
应用视频

（5）滴灌。

滴灌是近年发展起来的灌溉技术，是以水滴或小水流缓慢施予植物根区的灌溉方法。滴灌系统主要由首部枢纽、管路、滴头 3 部分组成。首部枢纽是关键部位，主要包括水泵、化肥罐、过滤器、控制阀门、测量仪表等，作用是供应肥、水并使之进入田间管道，并进行监测处理等。管路主要包括干、支、毛管及连接部件，作用是将肥、水送入田间的各级管道。滴头可分为管式滴头、孔口滴头、内镶式滴头、脉冲式滴头、滴灌带等，作用是通过其微孔将肥、水均匀滴入土壤的需要部位，其还有调节、减小水压的作用。

滴灌具有如下优点：第一是节水，比地面灌溉节水 $1/3 \sim 1/2$，比喷灌节水 $1/7 \sim 1/4$，并且灌水均匀；第二是适用于各种地形，对土壤结构破坏较小，土壤水气状况良好；第三是可以结合施肥，而且肥效快，肥料利用率可提高 $10\% \sim 15\%$。但缺点是投资较大，管道及喷头易堵塞，要求严格地过滤设备；自然含盐量高的土壤中不宜使用，否则易引起滴头附近土壤盐渍化，使根系受伤害。

4. 灌溉用水

灌溉用水的质量直接影响园林植物的生长发育，以软水为宜，避免使用硬水。自来水、不含碱质的井水、河水、湖水、池塘水、雨水都可用来浇灌植物，切忌使用工厂排出的废水、污水。在灌溉过程中，应注意灌溉用水的酸碱度对植物的生长是否适宜。北方地区的水质一般偏碱性，对于某些要求土壤中性偏酸或酸性的植物种类来说，容易出现缺铁现象，要注意调整。

● 2.3.2 园林绿地排水

地面积水，特别是长时间的积水，会使土壤因水处于饱和状态而发生缺氧,植物根系的呼吸作用随之减弱,影响根系对水分、养分的正常吸收,造成植物生长不良,时间长了就会使植物死亡。因此,排水是防涝保树的主要措施,对耐水能力差的树种尤为重要。排水的方法主要有以下几种。

1. 地面排水

地面排水是目前应用普遍、经济的一种排水方法。将地面整成一定域度,保证雨水能从地面顺畅地流入排水沟、下水道、河湖等处。此方法需要设计者精心设计安排,才能达到预期效果。

2. 明沟排水

在地表挖明沟,将低洼处的积水排出,此法适用于大雨后抢排移水,或地势不平而不易实现地表径流的绿地。此法在园林中常用,关键在于做好全园排水系统,使多余的水有个总出口。

排水明沟的设计主要包括确定沟道的沟深、间距和沟道的纵、横断面等。明沟的断面应按设计排涝流量计算,有时尚需考虑蓄涝的要求,不能保证自流排水时,要设置泵站抽排。明沟排水投资少,泄流能力大,施工简单,但一般占地多,边坡易冲蚀和坍塌,易生杂草。

3. 暗管沟排水

暗管沟排水系统是在地下埋设管道形成地下排水系统,储以排出积水,通过排列瓦管、陶管、水泥管等建立地下沟渠。其主要作用在于排除多余的地下水,控制地下水水位,预防渍害、返盐、返碱等的发生。若仅以排除多余地下水、防止渍害为目的,只在地下水位经常维持 1m 以上的地区才可设置暗沟排水系统;若以阻止返碱、返盐,防止土壤盐渍化为目的,则在地下 2m 处设置暗沟。暗沟所排出的地下水来自土壤重力水,而重力水则由土壤渗透排水而来。因此,设置暗沟排水系统的同时,必须全面改良土壤质地和结构,使其具有良好的通透性,或者在暗沟上面垂直布置砂槽(一般槽宽 6～8cm,深 25～45cm,间距 60cm),如图 2-5 所示。

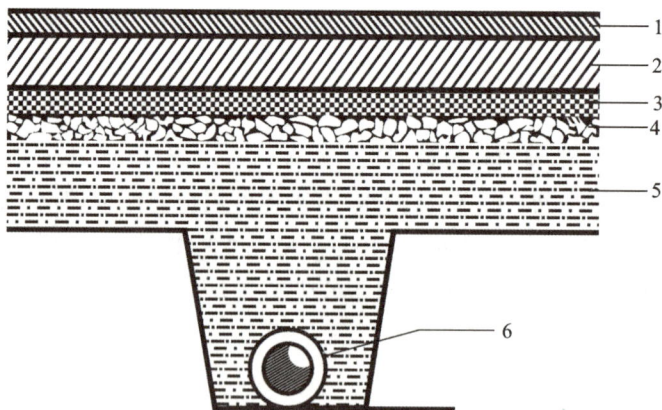

图 2-5 暗管沟排水系统

1—表面混合材料;2—黏土;3—砂砾;
4—碎石;5—灰渣;6—管道

　　暗管沟排水系统视利用目的不同、所在地的地下水位条件、冻土层厚度布置在不同深度的土层内,一般在地面以下 40～200cm 处。排水管、沟、洞的间距为 3～20m 不等。暗沟排水系统因造价较高而一般应用于高尔夫球场、广场等对管理要求高的绿地中。

●知识扩展●

　　1.苗木种植春季水分管理

　　春季虽是万物复苏、百花盛开的季节,但是也是园林绿化行业中一个高危季节。

　　2—4 月属于一年中的旱季,自然雨水少,苗圃灌溉主要依靠人工水源。苗木在这个季节长出新根的速度,树的蒸腾作用及其他生理活动也比冬、秋季要快,如果水分供应不足,就很容易造成树木严重脱水,因而导致苗木死亡。所以不管是上年新种的苗木还是年初才种苗木,春季是它们是否能真正成活的关键时期。所以,作为园林人在春季应留意以下两个问题:

　　第一,及时为苗木补充水分,加大人手浇水,但同时要注意,不可以让水长时间停留在田间,防止烂根。

　　第二,及时注意苗木在这一时期的各种生理表现,以便及时发现问题,及时处理。如果发现树叶不正常发黄、掉叶、萎缩等现象,要及时采取为树输送营养液、修枝等措施为树保活。

　　2.园林植物对水分的要求

　　在园林绿化建设中,掌握树木的耐旱、耐涝能力对园林苗木的水分管理是十分重要的。

　　植物对水分的需求还可根据形态指标,如叶片卷缩、叶色转浓绿、嫩芽变红、叶子变韧、萎蔫等判断。

　　(1)耐旱树种。

　　①耐旱力最强的树种:雪松、黑松、侧柏、龙柏、加拿大杨、垂柳、旱柳、杞柳、榔榆、构树、小檗、石楠、红叶石楠、火棘、山槐、紫穗槐、紫藤、臭椿、楝树、乌桕、黄连木、盐肤木、野葡萄、木芙蓉、君迁子、夹竹桃、栀子花等。

　　②耐旱力较强的树种:油松、千头柏、圆柏、桃、合欢、淡竹、毛白杨、龙爪柳、板栗、白榆、朴树、小叶朴、榉树、糙叶树、桑树、无花果、南天竹、广玉兰、溲疏、杜梨、杏树、李树、皂荚、肥皂荚、槐树、枸橘、香椿、油桐、黄杨、瓜子黄杨、枸骨、冬青、丝棉木、栾树、木槿、梧桐、柽柳、紫薇、石榴、常春藤、柿树、丁香、雪柳、常青白蜡、迎春、迎夏、枸杞、凌霄、六月雪、金银花、忍冬、木本绣球等。

　　③耐旱力中等的树种:罗汉松、日本五针松、白皮松、落羽杉、刺柏、香柏、核桃楸、山核桃、大叶朴、木兰、厚朴、八仙花、海桐、杜仲、悬铃木、木瓜、樱桃、樱花、海棠、郁李、梅、绣线菊、紫荆、刺槐、龙爪槐、三角枫、鸡爪槭、五角枫、枣树、葡萄、金丝桃、灯台树、刺楸、白蜡树、女贞、小蜡、水蜡树、连翘、金钟花、泡桐、梓树、接骨木、绣球花、荚蒾、锦带花、桂花、香樟等。

　　④耐旱力较弱的树种:华山松、鹅掌楸、玉兰、蜡梅、大叶黄杨、复叶槭、四照花等。

　　⑤耐旱力最弱的树种:银杏、杉木、水杉、日本花柏、日本扁柏、白兰花等。

　　(2)耐淹树种。

　　①耐淹力最强的树种:垂柳、旱柳、龙爪柳、榔榆、桑、杜梨、柽柳、紫穗槐、落羽杉等。

　　②耐淹力较强的树种:枫杨、榉树、悬铃木属 3 种、紫藤、楝树、乌桕、重阳木、柿、葡萄、雪柳、白蜡、凌霄等。

③耐淹力中等的树种：侧柏、千头柏、圆柏、龙柏、水杉、竹、广玉兰、夹竹桃、加杨、李树、苹果、槐树、臭椿、香椿、卫矛、紫薇、丝棉木、石榴、迎春、枸杞等。

④耐淹力较弱的树种：罗汉松、黑松、刺柏、枸橘、花椒、冬青、小蜡、黄杨、板栗、白榆、朴树、梅、杏、合欢、皂荚、紫荆、南天竹、溲疏、无患子、刺楸、三角枫、梓树、连翘、金钟花等。

⑤耐淹力最弱的树种：杉木、柏木、海桐、石楠、桂花、大叶黄杨、女贞、构树、无花果、玉兰、木兰、蜡梅、杜仲、桃、刺槐、盐肤木、栾树、木芙蓉、木槿、梧桐、泡桐、楸树、绣球花、桂花、香樟等。

由上述的耐旱、耐淹力分级情况，可概括出树木的几个特点：

①阔叶树一般是耐淹力强的树种，其耐旱力也表现得很强，例如柳类、桑、榔榆、梨类、紫穗槐、紫藤、夹竹桃、乌桕、楝、白蜡、雪柳、柽柳等。

②深根性树种大多较耐旱，如松类、栎类、臭椿、乌桕、构树等，但檫木为一例外。浅根性树种大多不耐旱，如杉木、柳杉、刺槐等。

③树种的耐性与其原产地生境条件有关。

④在针叶树类(包括银杏)中，其自然分布较广及属于大科、大属的树木比较耐旱，如多种松科、柏科的树种。反之，自然分布较狭及属于小科、小属，如仅为一科一属一种或仅有几种者，其耐旱力多较弱，如银杏科、红豆杉科(紫杉科)及杉科等。在阔叶树类中，也有上述趋势，但非必然。在耐淹力方面，不论针叶树或阔叶树，其常绿者常不如落叶者耐涝，而松科、木兰科、杜仲科、无患子科、梧桐科、锦葵科、豆科(紫穗槐、紫藤等例外)、蔷薇科(梨属例外)等大多耐淹力较差。

⑤就某个具体树种而言，其分布区域广者，常具有较强的耐性。

测试训练

【知识测试】

1. 填空题

(1)树木休眠期灌水是在_____进行，具有利于植物_____和_____的作用。

(2)生长期灌水一般分为_____、_____、_____，新梢停止生长前及时而适量地灌水，可促进新梢的生长而抑制秋梢的生长，有利于_____和果实发育。

2. 选择题

(1)地面灌水分为( )。

A.畦灌　　　　B.盘灌　　　　C.滴灌　　　　D.沟灌

(2)基肥的使用时期是( )，追肥的使用时期是( )。

A.春季　　　　　　　　　　B.秋季

C.植物生长快速时期　　　　D.冬季

(3)排水的方法主要有( )。

A.地面排水　　B.明沟排水　　C.抽水　　　　D.暗管沟排水

(4)机械喷灌由(　　)几部分组成。

A. 水源

B. 动力

C. 输水管道和喷头

D. 水泵

(5)确定植物是否缺水的方法有(　　)。

A. 测定叶片的细胞液浓度、水势

B. 树叶是否萎蔫及其程度轻重

C. 田间持水量

D. 测定叶片气孔开张度

3. 问答题

(1)比较几种常见灌水方式的优缺点。

(2)园林绿地排水的方法有哪些?

(3)调查校园中的草坪的排水方式并进行评价。

【技能训练】

实训 2.3　灌溉与排水

1. 实训目的

掌握灌溉及排水的基本方法,并能根据绿地的实际情况,选择适宜的灌溉和排水方法解决生产中的具体问题。

2. 实训材料及用具

浇水管、喷头、滴头、铁锹、锄头等。

3. 实训内容与方法

(1)灌溉。

选择合适场所,对不同绿地上的园林树木分别进行围堰灌溉、沟灌、浸灌、喷灌、滴灌操作实训,喷灌和滴灌可用临时设备进行。

①单株灌溉(围堰灌溉)操作。

②沟灌操作。

③浸灌操作。

④喷灌操作。

⑤滴灌操作。

(2)排水。

选择合适场所,对绿地进行明沟排水操作实训,现场参观暗沟排水与地面排水的绿地。

①地面排水。

②明沟排水。

③暗沟排水。

4. 作业

评价灌溉与排水效果,提交实训报告。

任务4 园林植物整形修剪

● **学习目标** ●━━━━━━━━━━━━━━━━━━━━━━━━━━━

- 理解园林植物整形修剪与植物生长发育特性的关系。
- 掌握园林植物整形修剪的原则,修剪时期和修剪程序,整形方式和修剪技法,各类园林植物的整形修剪技术。
- 能够采用正确的整形技艺和修剪技法对园林植物进行整形修剪。

● **内容提要** ●━━━━━━━━━━━━━━━━━━━━━━━━━━━

在利用植物绿化过程中,对任何植物都应根据其生长特性及其功能要求,整剪成一定的形状,使之与周围的环境相协调,发挥更好的绿化效果。因此,整形修剪是植物栽培中重要的养护管理措施之一,是调节树体结构,促进生长平衡,消除树体隐患,恢复树木生机的重要手段。

● **任务导入** ●━━━━━━━━━━━━━━━━━━━━━━━━━━━

修剪是指对植株的某些器官,如芽、干、枝、叶、花、果、根等进行剪截、疏除或其他处理的具体操作。整形是指为提高植物观赏价值,按其习性或人为意愿而修整成为各种优美的形状与树姿。修剪是手段,整形是目的,两者紧密相关,统一于一定的栽培管理的要求下。在土、肥、水管理的基础上进行科学的整形修剪,是提高植物栽植水平的一项重要技术环节。

2.4.1 整形修剪的作用

1.整形修剪对植物生长发育的双重作用

修剪的对象,主要是各种枝条,其影响范围并不限于被修剪的枝条本身,还对植物的整体生长有一定的作用。从整株植物来看,既有促进也有抑制作用。

(1)局部促进,整体抑制作用。一个枝条被剪去一部分,减少了枝芽数量,使养料集中供给留下的枝芽生长,被剪枝条的生长势增强。同时修剪改善了树冠的光照和通风条件,提高了叶片的光合效能,使局部枝芽的营养水平有所提高,从而加强了局部的生长势。促进作用的强弱,与树龄、树势、修剪轻重及剪口芽的质量有关。树龄越小,修剪的局部促进作用越大。同样树势,重剪较轻剪促进作用明显。一般剪口下第一芽生长最旺,第二、三芽的生长势则依次递减。而疏剪只对其剪口下方的枝条有增强生长势的作用,对剪口以上的枝条,则产生削弱生长势的作用。剪口留强芽,可抽长粗壮的长枝;剪口留弱芽,其抽枝也较弱。休眠芽经过刺激也可以发枝,衰老树的重剪同样可以实现更新复壮。

由于修剪后减少了部分枝条,树冠相对缩小,叶量及叶面积减小,光合作用产物减少,同时修剪留下的伤口愈合也要消耗一定的营养物质,所以修剪使树体总的营养水平下降,植物总生长量减少。这种抑制作用的大小与修剪轻重及树龄、树势有关,树龄越小,树势较弱,修剪过重,则抑制作用大。另外,修剪对根系生长也有抑制作用,这是由于整个树体营养水平降低,对根部供给的养分也相应减少,发根量减少,根系生长势削弱。

(2)局部抑制,整体促进作用。对花木的枝条进行轻短截,结果侧芽萌发,增加了枝叶量,提高了光合产物,因而供给根生长活动的有机营养增加,促进整个植株生长。如果对背下枝或背斜下枝在弱芽处剪截,就会削弱该枝条的生长势。

修剪时应全面考虑其对植物的双重作用,是以促为主还是以抑为主,应根据具体的植株情况而定。

2. 整形修剪对开花结果的影响

合理的整形修剪,能调节营养生长与生殖生长的平衡关系。修剪后枝芽数量减少,树体营养集中供给留下的枝条,使新梢生长充实,并萌发较多的侧枝开花结果。修剪的轻重程度对花芽分化影响很大。连年重剪,花芽量减少;连年轻剪,花芽量增加。不同生长强度的枝条,应采用不同程度修剪。一般来说,树冠内膛的弱枝,因光照不足,枝内营养水平差,应进行重剪,以促进营养生长转旺;而树冠外围生长旺盛,对于营养水平较高的中、长枝,应轻剪,促发大量的中、短枝开花。此外,不同的花灌木枝条的萌芽力和成枝力不同,修剪轻重也应不同。一般枝芽生长点较多的花灌木,比生长点少的植物生长势缓和,花芽分化容易,因此生产上通常对栀子花、六月雪、月季、棣棠等萌芽力和成枝力强的树种均实行重剪,促发更多的花枝,增加开花部位。对一些萌芽力或成枝力较弱的植物,不能轻易修剪。

3. 整形修剪对树体内营养物质含量的影响

整形修剪后,枝条生长强度改变,是树体内营养物质含量变化的一种形态表现。短截后的枝条及其抽生的新梢,含氮量和含水量增加,碳水化合物含量相对减少。为了减少整形修剪造成的养分损失,应尽量在树体内含养分最少的时期进行修剪。一般冬季修剪应在秋季落叶后,养分回流到根部和枝干上贮藏时和春季萌芽前树液尚未流动时进行为宜。生长季修剪,如抹芽、除萌、曲枝等应越早越好。

　　修剪后,树体内的激素分布、活性也有所改变。激素产生于植物顶端幼嫩组织中,由上向下运输,短剪除去了枝条的顶端,排除了激素对侧芽(枝)的抑制作用,提高了下部芽的萌芽力和成枝力。据报道,激素向下运输,在光照条件下比黑暗时活跃,修剪改变了树冠的透光性,促进了激素的极性运转能力,在一定程度上改变了激素的分布,使活性增强。

● 2.4.2　植物枝芽生长特性与修剪整形的关系

1. 芽的生长特性与修剪整形

(1)芽的类型。

　　①根据芽着生的位置,可将其分为顶芽、侧芽和不定芽。顶芽(图2-6)着生在枝条顶端,当年停止生长时形成,第二年萌发;侧芽着生在叶腋内,当年形成,第二年不一定都萌发;不定芽的芽原基长在根茎或树干上,只有在树干受伤(如截干、风折)时,芽原基薄壁细胞才会继续分裂长出不定芽,并抽梢生长。

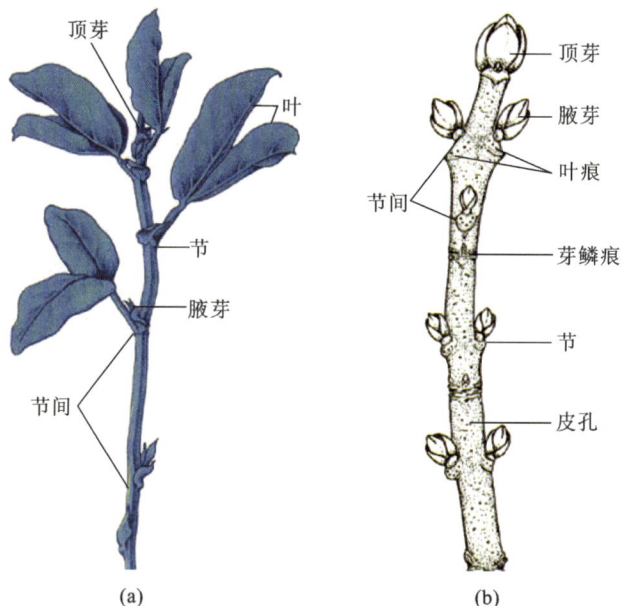

(a)　　　　　　　　　　　　(b)

图 2-6　芽的类型(一)

　　②根据芽的性质,可将其分为叶芽和花芽两种,如图2-7所示。叶芽内具有雏梢和叶原基,萌发后形成新梢。花芽又分为纯花芽和混合芽。纯花芽内只含花的雏形,萌发后只开花不生枝叶;混合芽内有雏梢、叶原基和花的雏形,萌发后既长花序又长枝叶,如葡萄、柑橘、海棠、丁香等。花芽一般肥大而饱满,较易与叶芽区别。

　　③根据芽的萌发情况,又可将其分为活动芽和休眠芽两种。活动芽于形成的当年或第二

年即可萌发,如顶芽、部分侧芽、腋芽,花芽与混合芽一定是活动芽。休眠芽一般不萌发,又称隐芽、潜伏芽,寿命较长,在没有受到刺激时,可能一生都处于休眠状态。不定芽和休眠芽常用来更新复壮老树或老枝。如小叶榕、桃花、梅花的休眠芽可存活一定的年份,稍遇刺激或修剪、损伤等即可萌发,抽出粗壮直立的枝条。休眠芽长期休眠,发育上比一般芽年轻,用其萌发出的强壮旺盛的枝条代替老树,便可达到更新复壮的目的。侧芽可以用来控制或促进枝条的长势。

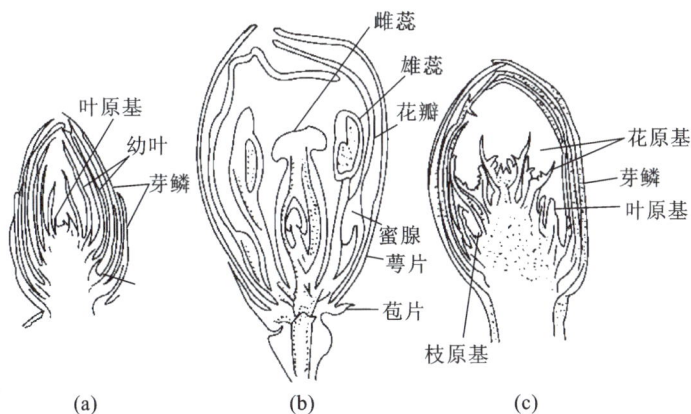

图 2-7　芽的类型(二)
(a)榆树的枝芽;(b)小檗的花芽;(c)苹果的混合芽

(2)芽的异质性。

在芽的发育过程中,由于营养物质和激素的分配差异以及外界环境条件的不同,同一枝条上不同部位的芽存在着形态和质量的差异,称为芽的异质性,如图 2-8 所示。

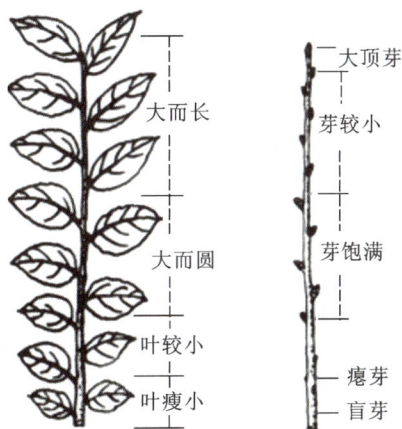

图 2-8　芽的异质性

一般枝条基部或近基部的芽较瘦小,不健壮,主要是因为早春抽梢时,气温较低,光照较弱,而当时叶面积小,叶绿素含量低,光合强度和效率不高,碳素营养积累少。随着气温的升高,叶面积很快扩大,同化作用加强,树体营养水平提高,枝条中部及中部以上的芽发育充实,形态饱满。同样,秋、冬梢形成的芽一般也较为瘦小。短枝由于生长停止早,腋芽多不发育,因此,顶芽最充实。

芽的异质性导致同一年中形成的同一枝条上的芽质量各不相同。芽的质量直接关系其是否萌发和萌发后新梢生长的强弱。长枝基部的芽常不萌发,成为休眠芽潜伏;中部的芽萌发抽枝,生长势最强;先端部分的芽萌发抽枝生长势最弱,常成为短枝或弱枝。修剪整形时,正是利用芽的这一特性来调节枝条生长势,平衡植物的生长和促进花芽的形成与萌发。如为使骨干枝的延长枝发出强壮的枝条,常在新梢的中上部饱满芽处进行剪截。对于生长势过强的个别枝条,为抑制其过于旺盛的生长,可选择在弱芽处短截,抽出弱枝以缓和其生长势。为平衡树势,扶持弱枝,常利用饱满芽当头,抽生壮枝,使枝条由弱转强。总之,在修剪中合理地利用芽的异质性,能有效调节植物生长势并创造出理想的造型。

(3)萌芽力与成枝力。

一年生枝条上的芽的萌发能力,称为萌芽力。芽萌发的多则萌芽力强,反之则弱。萌芽力用萌芽率表示,即枝条上萌发的芽数占该枝上总芽数的百分比。

一年生枝条上芽萌发抽梢长成长枝的能力,称为成枝力。一般而言,枝上的芽抽生成的长枝的数量越多,说明该枝上的芽成枝力越强。生产上可以用抽生长枝的具体数量来表示。

萌芽力与成枝力的强弱,因树种、树龄、树势而不同。萌芽力与成枝力都强的植物有葡萄、紫薇、桃、月季、六月雪、小叶榕、福建茶、黄杨等。有些植物的萌芽力和成枝力都弱,如梧桐、翻白叶、松树、桂花等。梨的萌芽力强而成枝力弱,层性明显。另外,生长势好、年龄较小的植物,其萌芽力和成枝力都较同种但年龄较大的强。

一般萌芽力和成枝力都强的植物,枝条多,树冠容易形成,易修剪,耐修剪,在灌木修剪后易形成花芽开花,但树冠内膛过密影响通风透光,修剪时宜多疏轻截,如图2-9所示。对萌芽力与成枝力弱的树种,树冠多稀疏,应注意少疏,适当短截,促其发枝,如图2-10所示。

图2-9 成枝力强的树种可将中心干疏除,由主枝变中心干

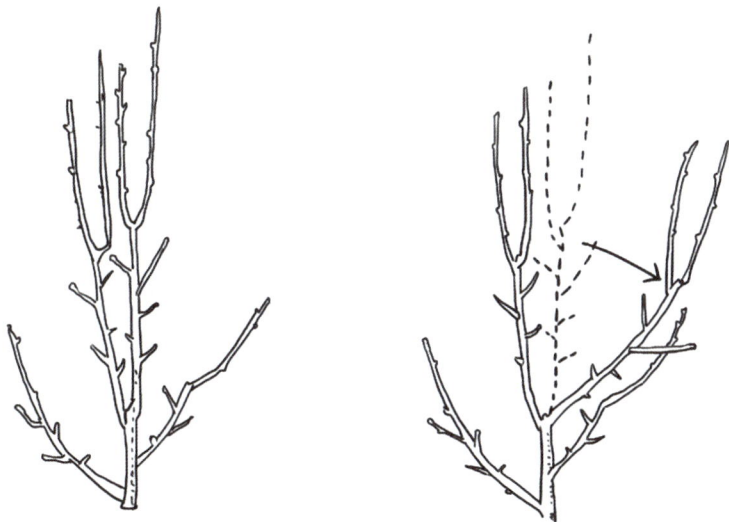

图 2-10　成枝力弱的树种中心干可由生长势弱的枝条换头,中心干作为主枝

2. 枝条的生长特性与整形修剪

(1)枝条的类型。

植物的枝条,按其性质可分为营养枝和开花结果枝两大类。但营养枝与开花结果枝之间是可以相互转化的,它们随着植物体内的营养水平和生长环境的变化而改变。

①营养枝:在枝条上只着生叶芽,萌发后只抽生枝叶的为营养枝。营养枝又可根据其生长发育的不同程度,分为发育枝、徒长枝、细弱枝和叶丛枝。

a.发育枝:枝条上的芽比较饱满,生长健壮,萌发后常可形成骨干枝,扩大树冠。发育枝还可培养成开花结果枝。

b.徒长枝:一般是由于植物的生长环境及该休眠芽的激素水平造成的。与正常的枝条相比,徒长枝生长特别旺盛,节间长,芽较小,叶大而薄,组织比较疏松,木质化程度较低。由于徒长枝在生长过程中常常夺取其他枝条的养分和水分,消耗营养物质较多,影响其他枝条的生长,故一般发现后应立即剪去,只有在需利用它来进行更新复壮,或填补树冠空缺时才加以保留和进一步培养利用。

c.细弱枝:多生长在树冠内膛阳光不足的部位,与正常枝条相比,枝细小而短,叶片小而薄,最终自然枯死。一般内膛若不空虚,多作适当疏剪。

d.叶丛枝:年生长量很小,顶芽为叶芽,无明显腋芽,节间极短,故称叶丛枝,如银杏、雪松。在营养条件好时,可转化为开花结果枝。

②开花结果枝:枝条上着生花芽或花芽与叶芽混生,在抽生的当年或第二年开花结果的枝条。开花结果枝依开花结果枝的长度可分为长、中、短花(果)枝,如桃、李、樱花等,还有极短的花束状花枝。

另外,根据枝条的年龄,开花结果枝又可分为嫩梢、新梢、一年生枝、两年生枝等。萌发后抽生的枝条尚未木质化的称为嫩梢;已木质化的在落叶以前称为新梢;落叶以后则称一年生枝;随着年龄的增长,一年生枝转变为两年生枝或多年生枝。形态学上常借助枝条基部的芽鳞痕等来识别枝龄和树龄。

按枝条抽生的季节,开花结果枝也可以将枝条分为春梢、夏梢、秋梢和冬梢。在春季萌发成枝的枝条称为春梢;夏季在春梢的基础上再次抽出的新梢称为夏梢;在热带及南亚热带地区,由于秋冬的天气依然适合部分植物的生长,故仍会在夏梢的基础上抽出秋梢;部分植物甚至还会抽生冬梢,如大叶竹柏、柑橘等。不同季节其抽出的新梢生长发育状况不同,梢与梢分段明显,常有盲节,容易识别。通常情况下,在我国较冷的地区,秋、冬梢由于来不及充分木质化而易受冻害。

在整形修剪中,还常根据枝条的级别不同,将枝条分为主枝、侧枝和若干级侧枝,这对于培育树形和维持冠形比较重要。另根据枝条之间的相互关系,重叠枝、平行枝、并生枝、轮生枝、交叉枝等在修剪时都要有选择地进行疏、截。

园林树木修剪上常用的枝条称谓如图 2-11 所示。

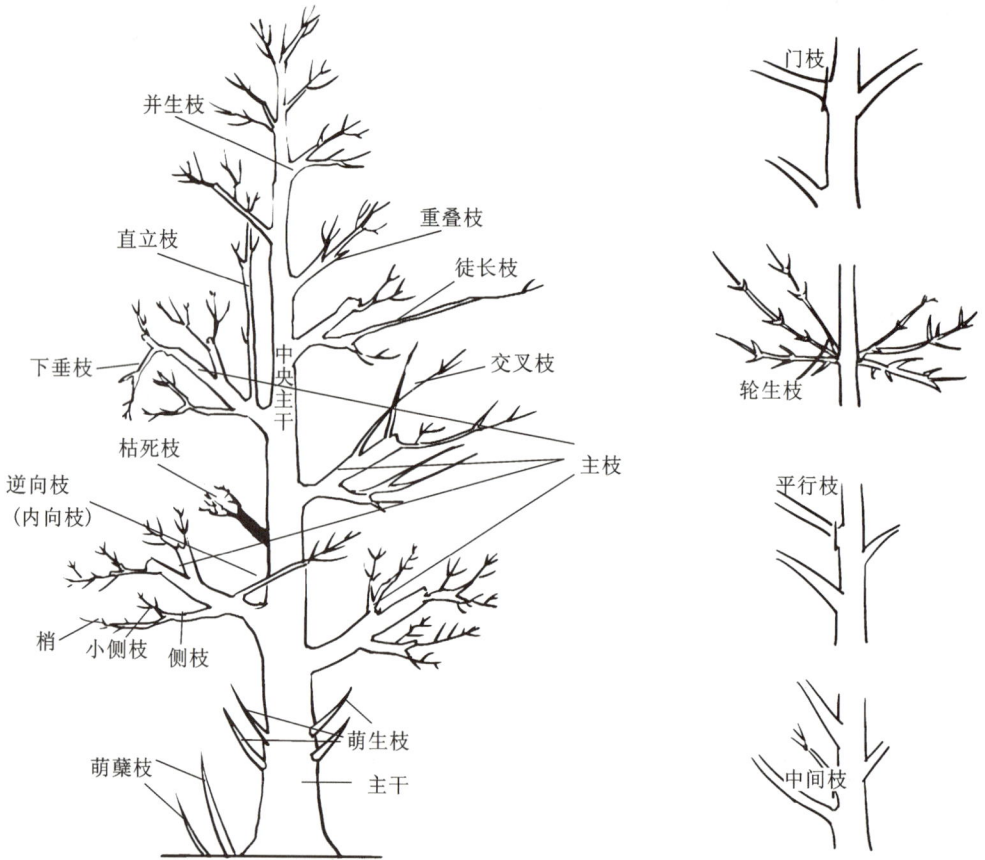

图 2-11　园林树木修剪上常用的枝条称谓

(2)植物的分枝方式。

自然生长的树木,有多种多样的树冠形式,这是由于各树种的分枝方式不同而形成的。植物的分枝方式按其习性可分为以下三种。

①单轴分枝,亦称总状分枝,这类植物顶芽健壮饱满,生长势极强,每年持续向上生长,形成高大通直的树干,侧芽萌发形成侧枝,侧枝上的顶芽和侧芽又以同样的方式进行分枝,形成次级侧枝。这种分枝方式以裸子植物为最多,如雪松、水杉、桧柏等;阔叶树中也有属于这种分

枝方式的,在幼年期表现突出,在成年树上表现不太明显,如银杏、杨树、大叶竹柏、栎等。

单轴分枝形成的树冠大多为塔形、圆锥形、椭圆形等,其树冠不宜抱紧,也不宜松散,易形成多数竞争枝,降低观赏价值,修剪时要控制侧枝促进主枝。

②合轴分枝。此类树木顶芽发育到一定时期死亡或生长缓慢或分化成花芽,由位于顶芽下方的侧芽萌发成强壮的延长枝,连接在主轴上继续向上生长,以后此侧枝的顶芽又自剪,由它下方的侧芽代之,逐渐形成了弯曲的主轴。合轴分枝易形成开张式的树冠,通风透光性好,花芽、腋芽发育良好,以被子植物为最多,如碧桃、杏、李、苹果、月季、榆、核桃等。

合轴分枝树木放任自然生长时,往往在顶梢上部有几个生长势相近的侧枝同时生长,形成多叉树干,不美观。可采用摘除顶端优势的方法或将一年生的顶枝短截,剪口留壮芽,同时疏去剪口下 3~4 个侧枝;而花果类树干,应扩大树冠,增加花果枝数目,促使树冠内外开花结果。幼树时,应培养中心主枝,合理选择和安排各侧枝,达到骨干枝明显,花果满膛的目的。

③假二叉分枝,是合轴分枝的另一种形式,在一部分叶序对生的植物中存在。这类植物的顶芽停止生长或形成花芽后,顶芽下方的一对侧芽同时萌发,形成外形相同、优势均衡的两个侧枝,向相对方向生长,以后继续如此分枝。因其外形与低等植物的二叉分枝相似,故称为假二叉分枝。此类分枝方式形成的树冠为开张式,如丁香、石竹、梓树、泡桐等。可用剥除枝顶对生芽中的一个芽,留一个壮芽来培养主干高。植物的分枝方式见图 2-12。

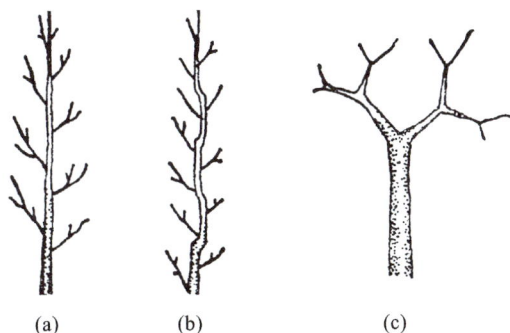

图 2-12　树木的分枝方式
(a)单轴分枝;(b)合轴分枝;(c)假二叉分枝

植物的分枝方式不是固定不变的,它会随着生长环境和年龄的变化而改变。植物的分枝方式将决定是否采取自然式、人工式和混合式的修剪方式,以便能提高植物整形的效率和起到促花保果的作用。

(3)顶端优势。

同一枝条上顶芽或位置高的芽抽生的枝条生长势最强,向下生长势递减的现象称为顶端优势,它是枝条极性生长和体内激素分配的结果,如图 2-13 所示。顶端优势的强度与枝条的分枝角度有关,枝条越直立,顶端优势表现越强,枝条越下垂,顶端优势表现越弱。

①针叶树顶端优势较强,可对中心主枝附近的竞争枝进行短截,削弱其生长势,从而保证中心主枝顶端优势地位。若采用剪除中心主枝的办法使主枝顶端优势转移到侧枝上去,便可创造各种矮化树形或球形树。

②阔叶树的顶端优势较弱,因此常形成圆球形的树冠。为此可采取短截、疏枝、回缩等方法,调整主侧枝的关系,以达到促进生长、扩大树冠、促发中庸枝、培养良好主体结构的目的。

图 2-13 树木的顶端优势

1—直立枝,顶端易萌发旺枝;2—水平、斜生枝,多萌发中、短枝;
3—向下弯曲枝,弯弓顶端易萌发旺枝

③幼树的顶端优势比老树、弱树明显,所以幼树应轻剪,促使树木快速成形;而老树、弱树则宜重剪,以促进萌发新枝,增强树势。

④枝条着生位置愈高,顶端优势愈强,修剪时要注意将中心主枝附近的侧枝短截、疏剪,以此来缓和侧枝长势,保证主枝优势地位。内向枝、直立枝的优势强于外向枝、水平枝和下垂枝,所以修剪中常将内向枝、直立枝剪到瘦芽处,通常将其他枝改造为侧枝、长枝或辅养枝。

⑤剪口芽如果是壮芽,则优势强;如果是弱芽,则优势较弱。扩大树冠,留壮芽;控制竞争枝,留弱芽。部分观花植物还可以通过在饱满芽处修剪枝梢,在促发新梢的同时,使其花期得以延长,如月季、紫薇等。

(4)干性与层性。

①干性。植物的主干生长的强弱及持续时间的长短称为植物的干性。植物的干性因树种不同而异。干性较强树种,顶端优势明显,如雪松、水杉、尖叶杜英、南洋杉、大王椰子、银杏、白玉兰等;而有的树种虽然有主干,但是较为短小,如桃、紫薇、丁香、石榴等,这类树种的干性就较弱。如图 2-14 所示。

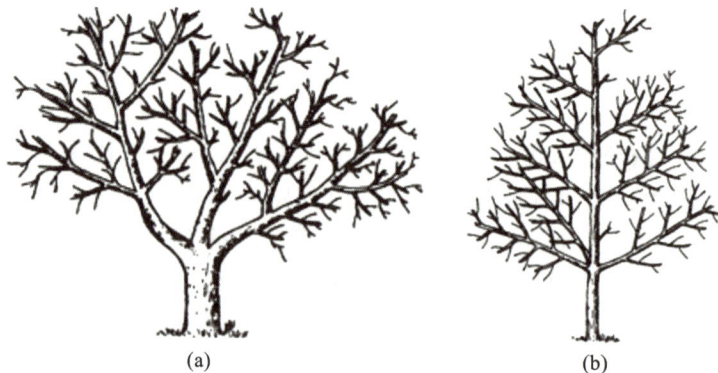

(a)   (b)

图 2-14 树木的干性和层性

(a)干性弱的树木;(b)干性与层性都强的树木

②层性。由于植物的顶端优势和芽的异质性,使一年生枝条的萌芽力、成枝力自上而下减小,年年如此,导致主枝在中心主干上的分布或二级侧枝在主枝上的分布形成明显的层次,这种现象称为植物树冠的层性。植物的顶端优势、芽的异质性越明显,则层性就会越明显,如梨、油松、雪松、尖叶杜英、南洋杉、竹柏等。反之,顶端优势越弱,成枝力越强,芽的异质性越不明显,则植物的层性越不明显。

修剪整形时,干性和层性都好的植物树形高大,适合整形成有中心主干的分层树形;而干性弱的植物,树形一般较矮小,树冠披散,多适合整形成自然形或开心形的树形。另外,观花类植物的修剪还应了解其开花习性。因种类不同,花芽分化的时期和部位也不相同,修剪时应注意避免剪去花枝或花芽,影响开花。一般多在花芽分化前对一年生枝进行重短截和花后轻短截,以促进更多的花芽形成。

总之,掌握植物的枝芽生长特性是进行植物整形修剪的重要依据。修剪方式、方法、强弱都因树种而异,应顺其自然,做到"因树整形,因势修剪"。即使进行植物人工造型时,虽然是依据修剪者的意愿将树冠整成特定的形式,但都是依据该植物的萌芽力、成枝力、耐修剪的能力而定的。

● 2.4.3 整形修剪的时期

植物种类很多,习性与功能各异。由于修剪目的与性质不同,虽然各有其相适宜的修剪季节,但从总体上看,一年中的任何时候都可对树木进行修剪,在生产实践中应灵活掌握,但最佳时期的确定应至少满足以下两个条件:一是不影响植物的正常生长,减少营养徒耗,避免伤口感染。如抹芽、除蘖宜早不宜迟;核桃、葡萄等应在春季伤流期前修剪完毕等。二是不影响植物的开花结果,不破坏原有冠形,不降低其观赏价值。如观花、观果类植物,应在花芽分化前和花期后修剪;观枝类植物,为延长其观赏期,应在早春芽萌动前修剪等。总之,整形修剪一般都在植物的休眠期或缓慢生长期进行,以冬季和夏季整形修剪为主。

1. 休眠期修剪(冬季修剪)

落叶树从落叶开始至春季萌发前,树木生长停滞,树体内营养物质大都回归根部贮藏,修剪后养分损失最少,且修剪的伤口不易被细菌感染腐烂,对树木生长影响较小,大部分树木的修剪工作在此时间内进行。热带、亚热带地区原产的乔、灌木观花植物,没有明显的休眠期,但是从11月下旬到第二年3月初的这段时间内,它们的生长速度也明显缓慢,有些树木也处于半休眠状态,所以此时也是修剪的适期。

冬季修剪的具体时间应根据当地的寒冷程度和最低气温来决定,有早晚之分。如冬季严寒的地方,修剪后伤口易受冻害,早春修剪为宜;对一些需保护越冬的花灌木,在秋季落叶后立即重剪,然后埋土或卷干。在温暖的南方地区,冬季修剪时期,自落叶后到翌春萌芽前都可进行,因为伤口虽不能很快愈合,但也不致遭受冻害。有伤流现象的树种,一定要在春季伤流期前修剪。冬季修剪对树冠构成、枝梢生长、花果枝形成等有重要作用,一般采用截、疏、放等修剪方法。

2. 生长期修剪(夏季修剪)

在植物的生长期,花木枝叶茂盛,影响到树体内部通风和采光,因此需要进行修剪。一般采用抹芽、除蘖、摘心、环剥、扭梢、曲枝、疏剪等修剪方法。

常绿树没有明显的休眠期,春、夏季可随时修剪生长过长、过旺的枝条,使剪口下的叶芽萌发。常绿针叶树在6—7月进行短截修剪,还可获得嫩枝,以供扦插繁殖。

一年内多次抽梢开花的植物,花后及时修去花梗,使其抽发新枝,不断开花,延长观赏期,如紫薇、月季等观花植物;草本花卉为使株形饱满,抽花枝多,要反复摘心;观叶、观姿类的树木,一旦发现扰乱树形的枝条就要立即剪除;棕榈等,则应及时将破碎的枯老叶片剪去;绿篱的夏季修剪,既要使其整齐美观,又要兼顾截取插穗。

2.4.4 修剪方法

归纳起来,植物修剪的基本方法有截、疏、伤、变、放5种,实践中应根据修剪对象的实际情况灵活运用。

1. 休眠期修剪的方法

(1)截。

截是指将植物的一年生或多年生枝条的一部分剪去,以刺激剪口下的侧芽萌发,抽发新梢,增加枝条数量,多发叶多开花。它是植物修剪整形最常用的方法。根据短剪的程度,可将其分为以下几种。

①轻短截:只剪去一年生枝的少量枝段,一般剪去枝条的1/4～1/3,如图2-15(a)所示。如在春秋梢的交界处(留盲节),或在秋梢上短剪。截后易形成较多的中、短枝,单枝生长较弱,能缓和树势,利于花芽分化。

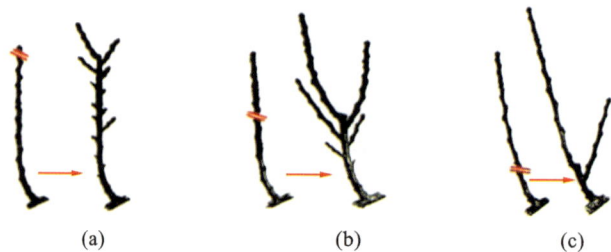

(a)   (b)   (c)

图 2-15 截的示意图
(a)轻短截;(b)中短截;(c)重短截

②中短截:在春梢的中上部饱满芽处短剪,一般剪去枝条的1/3～1/2,如图2-15(b)所示。截后形成较多的中、长枝,成枝力高,生长势强,枝条加粗生长快,一般多用于各级骨干枝的延长枝或复壮枝。

③重短截:在春梢的中下部短剪,一般剪去枝条的2/3～3/4,如图2-15(c)所示。重短剪

对局部的刺激大,对全树总生长量有影响,剪后萌发的侧枝少。由于植物体的营养供应较为充足,枝条的长势较旺,易形成花芽,一般多用于恢复生长势和改造徒长枝、竞争枝。

④极重短截:在春梢基部仅留1~2个不饱满的芽,其余剪去,此后萌发出1~2个弱枝,一般多用于处理竞争枝或降低枝位。

⑤回缩:又称缩剪,即将多年生枝的一部分剪掉,如图2-16所示。当树木或枝条生长势减弱,部分枝条开始下垂,树冠中下部出现光秃现象时,为了改善光照条件和促发粗壮旺枝,以恢复树势或枝势时,常用缩剪。将衰老枝或树干基部留一段,其余剪去,使剪口下方的枝条旺盛生长或刺激休眠芽萌发徒长枝,以培育新的树冠,重新生长。

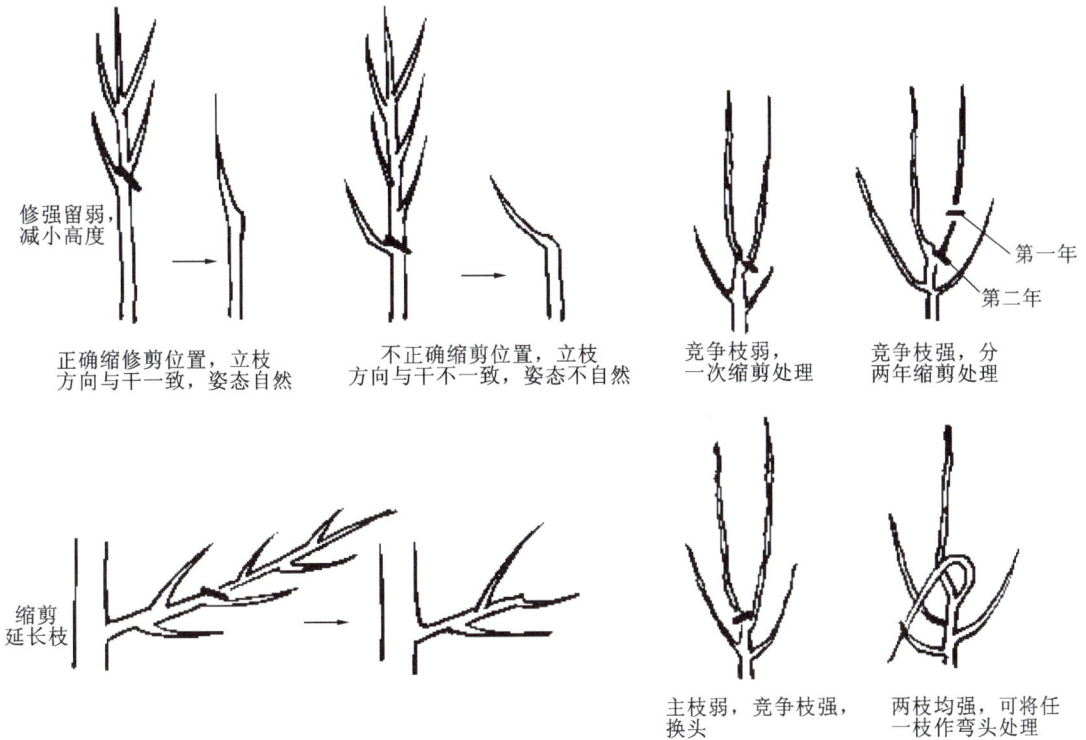

修强留弱,减小高度

正确缩修剪位置,立枝方向与干一致,姿态自然

不正确缩剪位置,立枝方向与干不一致,姿态不自然

竞争枝弱,一次缩剪处理

竞争枝强,分两年缩剪处理

第一年

第二年

缩剪延长枝

主枝弱,竞争枝强,换头

两枝均强,可将任一枝作弯头处理

图 2-16　回缩的示意图

下列情况要用"截"的方法进行修剪:规则式或特定式的整形修剪,常用短剪进行造型及保持冠形;为使观花、观果类植物多发枝以增加花果量;冠内枝条分布及结构不理想,要调整枝条的密度比例,改变枝条生长方向及夹角;需重新形成树冠;老树复壮。

(2)疏。

疏,又称疏剪或疏删,即把枝条从分枝点基部全部剪去。疏剪主要是疏去膛内过密枝,减少树冠内枝条的数量,调节枝条均匀分布,为树冠创造良好的通风透光条件,减少病虫害,增加同化作用产物,使枝叶生长健壮,有利于花芽分化和开花结果,如图2-17所示。疏剪对植物总生长量有削弱作用,对局部的促进作用不如截,但如果只将植物的弱枝除掉,总的来说,对植物的生长势将起到加强作用。

疏剪的对象主要是病虫枝、伤残枝、干枯枝、内膛过密枝、衰老下垂枝、重叠枝、并生枝、交叉枝及干扰树形的竞争枝、徒长枝、根蘖枝等。大枝疏除的正确方法如图2-18所示。

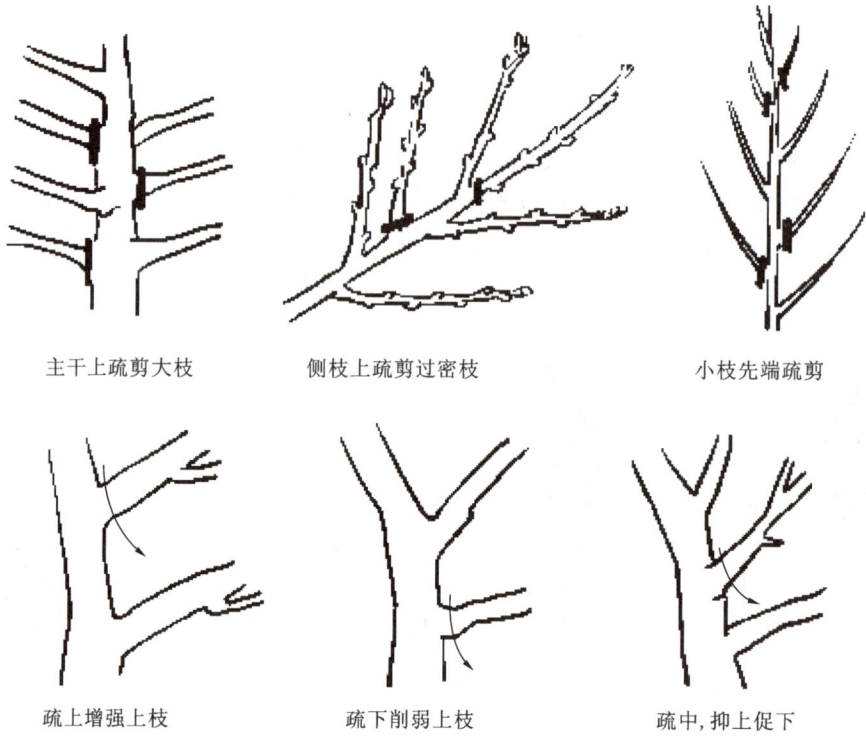

主干上疏剪大枝　　　　　侧枝上疏剪过密枝　　　　　小枝先端疏剪

疏上增强上枝　　　　　　疏下削弱上枝　　　　　　疏中,抑上促下

图 2-17　不同情况疏剪示意图

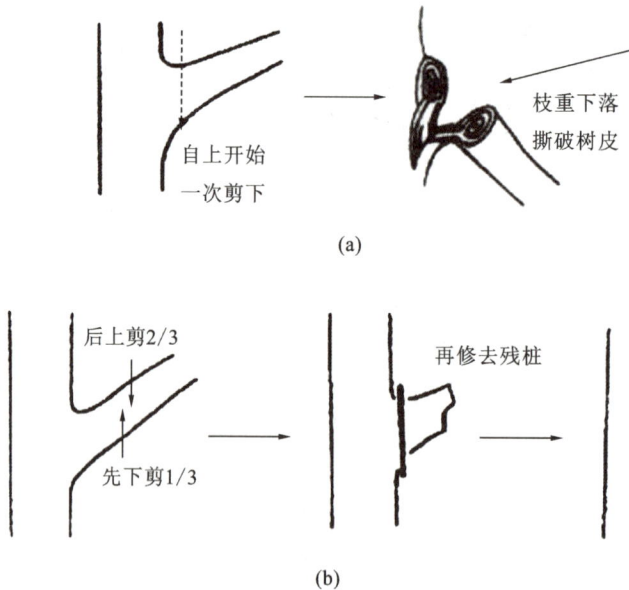

自上开始
一次剪下

枝重下落
撕破树皮

(a)

后上剪2/3

先下剪1/3

再修去残桩

(b)

图 2-18　大枝疏剪的方法
(a)错误剪法;(b)正确剪法

　　疏剪强度可分为轻疏(疏枝量占全树枝条的 10% 或 10% 以下)、中疏(疏枝量占全树的 10%～20%)、重疏(疏枝量占全树的 20% 以上)。疏剪强度依植物的种类、生长势和年龄而

定。萌芽力和成枝力都很强的植物,疏剪的强度可大些;萌芽力和成枝力较弱的植物,少疏枝,如雪松、凤凰木、白千层等应控制疏剪的强度或尽量不疏枝。幼树一般轻疏或不疏,以促进树冠迅速扩大成形;花灌木类宜轻疏以提早形成花芽开花;成年树生长与开花进入旺盛期,为调节营养生长与生殖生长的平衡,适当中疏;衰老期的植物,枝条数量有限,疏剪时要小心,只能疏去必须要疏除的枝条。

(3)伤。

伤,指用各种方法损伤枝条,以缓和树势、削弱受伤枝条的生长势,如环剥、刻伤、扭梢、折梢等。伤主要是在植物的生长季进行,对植株整体的生长影响不大。刻伤常在休眠期结合其他修剪方法运用。刻伤因位置不同,所起作用不同。在春季植物未萌芽前,在芽上方刻伤,可暂时阻止部分根系贮存的养分向枝顶回流,使位于刻伤口下方的芽获得较多的营养,有利于芽的萌发和抽新枝。刻痕越宽,效果越明显。如果生长盛期在芽的下方刻伤,可阻止有机化合物向下输送,而是滞留在伤口芽的附近,同样能起到环剥的效果。对一些大型的名贵花木进行刻伤,可使花、果更加硕大。

①目伤:在芽或枝的上方或下方进行刻伤,伤口形状似眼睛,所以称为目伤(图 2-19)。伤的深度达木质部。若在芽或枝的上方切刻,由于养分和水分受切口的阻隔而集中于该芽或枝上,可使生长势加强;若在芽或枝的下方切刻,则使生长势减弱,但由于有机营养物质的积累,有利于花芽分化。

②横伤:对树干或粗大主枝横砍数刀,深及木质部,以阻止有机养分向下运输,促进花芽分化,开花结实,达到丰产的目的。

③纵伤:在枝干上用刀纵切,深及木质部。其主要目的是减少树皮的束缚力,有利于枝条的加粗生长。小枝可行一条纵伤,粗枝可纵伤数条。

(4)变。

改变枝条生长方向,控制枝条生长势的方法称为变。如用曲枝、拉枝、抬枝等方法,将直立或空间位置不理想的枝条,引向水平或其他方向,可以加大枝条开张角度,使顶端优势转位、加强或削弱,如图 2-20、图 2-21 所示。骨干枝弯枝有扩大树冠,改善光照条件,充分利用空间,缓和生长,促进生殖的作用。将直立生长的背上枝向下曲成拱形时,顶端优势减弱,生长转缓,下垂枝因向地生长,顶端优势弱,生长不良,为了使枝势转旺,可抬高枝条,使枝顶向上生长。变的修剪措施大部分在生长季应用。

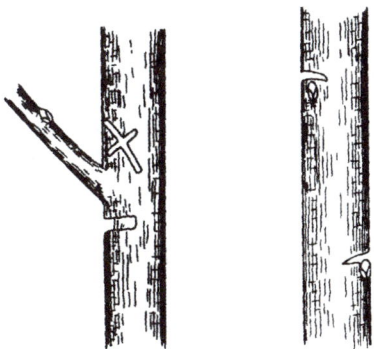

图 2-19　目伤

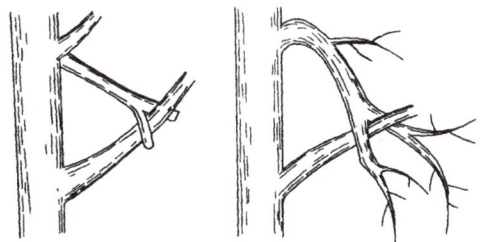

图 2-20　支撑

（5）放。

放，又称缓放、甩放或长放，即对一年生枝条不作任何短截，任其自然生长（图2-22）。利用单枝生长势逐年减弱的特点，对部分长势中等的枝条长放不剪，下部易发生中、短枝，停止生长早，同化面积大，光合产物多，有利于花芽形成。幼树、旺树，常以长放缓和树势，促进提早开花、结果；长放用于中庸树、平生枝、斜生枝效果更好，但对幼树骨干枝的延长枝或背生枝、徒长枝不能长放；弱树也不宜多用长放。

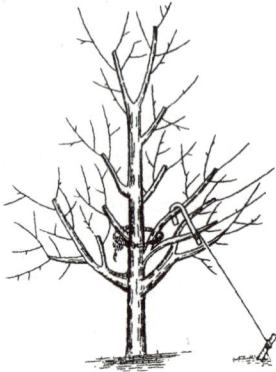

图 2-21　拉枝

图 2-22　长放

上述各种修剪方法应结合植物生长发育的情况灵活运用，再加上严格的土、肥、水管理，才能取得较好的效果。

2. 生长期修剪的方法

（1）摘心和剪梢。

在植物生长期内，当新梢抽生后，为了限制新梢继续生长，将生长点（顶芽）摘去或将新梢的一段剪去，解除新梢顶端优势，使其抽出侧枝以扩大树冠或增加花芽。如为了提高葡萄的坐果率，在开花前摘心，可促进二次开花；绿篱植物通过剪梢，可使绿篱枝叶密生，提升观赏效果和防护功能；草花摘心可增加分枝数量，培养丰满株形，使其多开花或花期得以延长。如图2-23所示。但有些草花，植株矮小，丛生性强或花穗长而大，则不宜摘心，如三色堇、矮雪轮、半支莲、鸡冠花、凤仙花、紫罗兰等。

图 2-23　摘心

摘心与剪梢的时间不同，产生的影响也不同。具体进行的时间依树种、目的要求而异。为了多发侧枝，扩大树冠，宜在新梢旺长时摘心；为促进观花类植物多形成花芽开花，宜在新梢生长缓慢时进行摘心；观叶类植物不受限制。

（2）抹芽和除蘖。

抹芽和除蘖是疏的一种形式。在树木主干、主枝基部或大枝伤口附近常会萌发出一些嫩芽而抽生新梢，妨碍树形，影响主体植物的生长。将芽及早除去，称为抹芽（图2-24）；或将已发育的新梢剪去，称为除蘖。抹芽与除蘖可减少树木的生长点数量，减少养分的消耗，改善光照与肥水条件。如嫁接后砧木的抹芽与除蘖对接穗的生长尤为重要。抹芽与除蘖,还可减少冬季修剪的工作量和避免伤口过多,宜在早春及时进行,越早越好。

（3）环剥。

在发育期,用刀在开花结果少的枝干或枝条基部适当部位剥去一定宽度的环状树皮,称为环剥（图 2-25）。环剥深达木质部,剥皮宽度以 1 月内剥皮伤口能愈合为限,一般为 2～10mm。由于环剥中断了韧皮部的输导系统,可在一段时间内阻止枝梢碳水化合物向下输送,有利于环剥上方枝条营养物质的积累和花芽的形成,同时还可以促进剥口下部发枝。但根系因营养物质减少,生长受到一定影响。由于环剥技术是在生长季应用的临时修剪措施,一般在主干、中干、主枝上不采用。

抹芽

图 2-24 抹芽

图 2-25 环剥

（4）扭梢与折梢。

在生长季内,将生长过旺的枝条,特别是着生在枝背上的旺枝,在中上部将其扭曲下垂,称为扭梢（图 2-26）;或只将其折伤但不折断（只折断木质部）,称为折梢（图 2-27）。扭梢与折梢伤骨不伤皮,其阻止了水分、养分向生长点输送,削弱枝条生长势,利于短花枝的形成。

图 2-26 扭梢

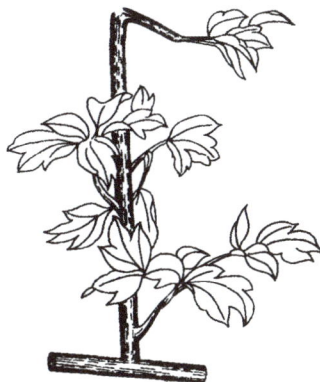

图 2-27 折梢

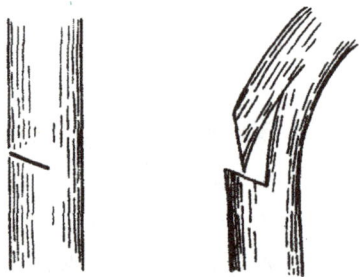

图 2-28　折裂

（5）折裂。

为了曲折枝条，形成各种艺术造型，常在早春芽略萌动时，对枝条实行折裂处理（图 2-28）。用刀斜向切入，深达枝条直径的 1/2～2/3 处，然后小心地将枝弯折，并利用木质部折裂处的斜面互相顶住。为了防止伤口水分过多损失，应在伤口处进行包裹。

（6）圈枝。

在幼树整形时为了使主干弯曲或成疙瘩状时，常采用圈枝，使生长势缓和，树生长不高，并能提早开花。

（7）断根。

将植株的根系在一定范围内全部切断或部分切断的措施，称为断根。进行抑制栽培时常常采取断根的措施，断根后可刺激根部生出新的须根，所以在移栽珍贵的大树或移栽山野里自生树时，往往在移栽前 1～2 年进行断根，在一定的范围内促发新的须根，有利于移植成活。

（8）其他修剪方法。

在花卉栽培中，还有一些方法更为精细，如摘蕾、摘花、摘果、摘叶等。

①摘蕾：如有些月季，主蕾旁还有小花蕾，需将其摘除，使营养集中于主蕾；再如多花型菊花，需把顶蕾摘除；又如茶花，常需摘去部分花蕾，使营养集中，有利于剩下的花蕾的开放。

②摘花与摘果：摘花，一是摘除残花，如杜鹃的残花久存不落，影响美观及嫩芽的生长，需摘除；二是不需结果时将凋谢的花及时摘去，以免其结果而消耗营养；三是残缺、僵化、有病虫损害而影响美观的花朵需摘除。摘果是摘除不需要的小果或病虫果。

③摘叶：如摘除基部黄叶和已老化、徒耗养分的叶片，以及影响花芽光照的叶片和病虫叶。有的花卉经过休眠后，叶片杂乱无章，叶的大小不整齐，叶柄长短也很悬殊，需摘除不相称的叶片。对一些先花后叶的植物，适当的摘叶可促使其二次开花。

2.4.5　修剪工具

根据植物的种类不同，修剪的冠形各异，需选用相应功能的修剪工具。只有正确地使用这些工具，才能达到事半功倍之效。常用的修剪工具有修枝剪、园艺锯、梯及劳动保护用品。

1.修枝剪

修枝剪，又称枝剪，包括各种样式的圆口弹簧剪、绿篱长剪刀、高枝剪等。

传统的圆口弹簧剪由一主动剪片和一被动剪片组成。主动剪片的一侧为刀口，需要提前重点打磨。圆口弹簧剪及其使用方法见图 2-29。

图 2-29　圆口弹簧剪及其使用方法

绿篱长剪刀适用于绿篱、球形树等规则式修剪,如图 2-30 所示。

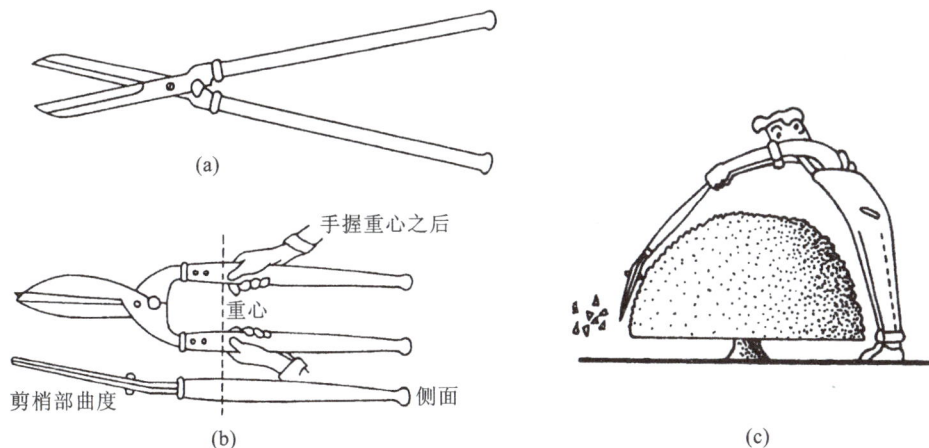

图 2-30　绿篱长剪刀及其使用方法
(a)绿篱长剪刀;(b)、(c)绿篱长剪刀使用方法

高枝剪适用于庭园孤立木、行道树等高干树的修剪。因其枝条所处位置较高,用高枝剪可避免登高作业。

2.园艺锯

园艺锯的种类也很多,使用前通常需锉齿及扳芽(亦称开缝)。

对于较粗大的枝干,在回缩或疏枝时常用锯操作。为防止枝条的重力作用而造成枝干劈裂,常采用分步锯除。首先从枝干基部下方向上锯入枝粗的 1/3 左右,再从上方一口气锯下。

3.梯

梯主要在修剪高大树体的高位干、枝时登高使用。在使用前首先要观察地面凹凸及软硬情况,放稳以保证安全。

4.劳动保护用品

进行植物修剪时需要的劳动保护用品,包括安全带、安全绳、安全帽、工作服、手套、胶鞋等。

● **2.4.6 整形修剪的形式**

由于植物自身的特点和园林绿化的目的不同,整形修剪的方式不同。常见的整形修剪形式可分为自然式整形修剪、整形式整形修剪及两者混合式整形修剪。

1. 自然式修剪整形

各个植物因分枝方式、生长发育状况不同,形成了各式各样的树冠形式。在保持原有的自然冠形的基础上适当修剪,称为自然式整形修剪。自然式整形修剪能充分体现园林的自然美。在自然树形优美,树种的萌芽力、成枝力弱,或因造景需要等情况下都应采取自然式整形修剪。自然式整形修剪的主要任务是在植物幼龄期培育恰当的主干高及合理配置主、侧枝,以保证迅速成形;以后做到"形而不乱",只对枯枝、病弱枝及少量扰乱树形的枝条作适当处理。常见的自然式整形修剪有以下几种。

(1)尖塔形[图 2-31(a)]:单轴分枝的植物形成的冠形之一,顶端优势强,有明显的中心主干,如雪松、南洋杉、大叶竹柏和落羽杉等。

(2)圆柱形[图 2-31(b)]:也是单轴分枝的植物形成的冠形之一,中心主干明显,主枝长度上下相差较小,形成上下几乎同粗的树冠,如龙柏、钻天杨等。

(3)圆锥形[图 2-31(c)]:介于尖塔形和圆柱形之间的一种树形,由单轴分枝形成的冠形,如桧柏、银桦、美洲白蜡等。

(4)椭圆形[图 2-31(d)]:合轴分枝的植物形成的冠形之一,主干和顶端优势明显,但基部枝条生长较慢。大多数阔叶树属此冠形,如加杨、扁桃、大叶相思和乐昌含笑等。

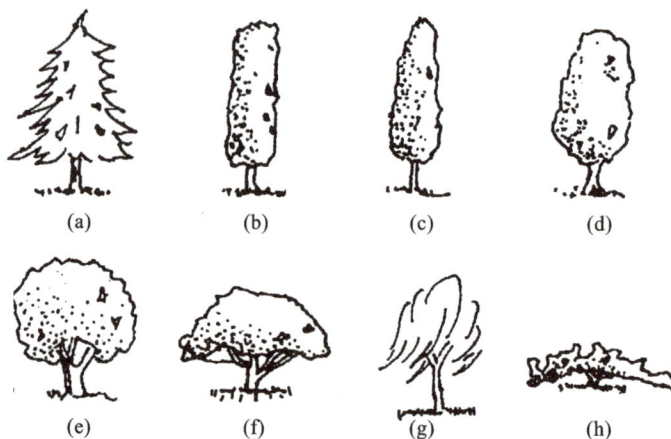

图 2-31 常见的自然式整形修剪树形
(a)尖塔形;(b)圆柱形;(c)圆锥形;(d)椭圆形;
(e)圆球形;(f)伞形;(g)垂枝形;(h)匍匐形

(5)圆球形[图 2-31(e)]:合轴分枝形成的冠形,如樱花、元宝枫、馒头柳、蝴蝶果等。

(6)伞形[图 2-31(f)]:一般也是合轴分枝形成的冠形,如合欢、鸡爪槭。只有主干而没有分枝的大王椰子、假槟榔、国王椰、棕榈等也属于这种树形。

（7）垂枝形[图 2-31(g)]：有一段明显的主干，但所有的枝条却似长丝垂悬，如垂柳、龙爪槐、垂枝榆、垂枝桃等。

（8）拱枝形：主干不明显，长枝弯曲成拱形，如迎春、金钟、连翘等。

（9）丛生形：主干不明显，多个主枝从基部萌蘖而成，如贴梗海棠、玫瑰、山麻杆等。

（10）匍匐形[图 2-31(h)]：枝条匍地生长，如偃松、偃柏等。

2. 整形式整形修剪

根据园林观赏的需要，将植物树冠强制修剪成各种特定形式，称为整形式整形修剪（或规则式整形修剪）。由于修剪不是按树冠的生长规律进行，植物经过一定时期自然生长后会破坏造型，需要经常不断地整形修剪。一般来说，适用整形式整形修剪的植物都是耐修剪、萌芽力和成枝力都很强的种类。常见的整形式整形修剪树形如图 2-32 所示。

（1）几何形式：通过整形修剪，最终植物的树冠成为各种几何体，如正方体、长方体、球体、半球体或不规则几何体等。

（2）建筑物形式：如亭、楼、台等，常见于寺庙、陵园及名胜古迹处。

（3）动物形式：如鸡、马、鹿、兔、大熊猫等，惟妙惟肖，栩栩如生。

（4）古树盆景式：运用树桩盆景的造型技艺，将植物的冠形修剪成单干式、多干式、丛生式、悬崖式、攀缘式等各种形式，如小叶榕、勒杜鹃等植物可进行这种形式的修剪。

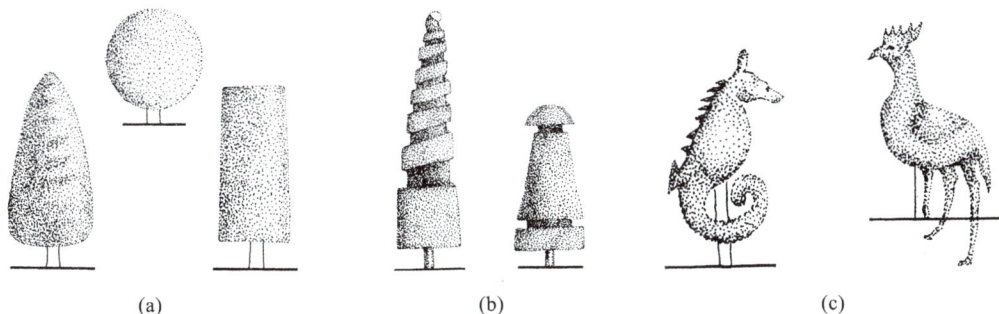

图 2-32　常见的整形式整形修剪树形
(a)几何形式；(b)建筑物形式；(c)动物形式

3. 混合式整形修剪

根据园林绿化的要求，对自然树形进行人工改造而成的树形，称为混合式整形修剪。

（1）杯形（图 2-33）：这种树形无中心干，仅有很短的主干，自主干上部分生 3 个主枝，夹角约为 45°，3 个枝各自再分生 2 个枝而成 6 个枝，再从 6 个枝各分生 2 个枝即成 12 个枝，即所谓"三股、六杈、十二枝"的形式。冠内不允许有直力枝、内向枝的存在，一经发现必须剪除。

（2）自然开心形（图 2-34）：由杯形改进而来，没有中心主干，分枝较低，3 个主枝错落分布，自主干上向四周放射而出，中心开展，故称自然开心形。但主枝分枝不为二杈分枝，树冠不完全平面化，能较好地利用空间。

（3）多领导干形：留 2~4 个中央领导干，其上分层配备侧生主枝，形成匀称的树冠。适宜于生长较旺盛的树种。

图 2-33 杯形

图 2-34 自然开心形

(4)中央领导干形:留一强中央领导干,其上配列稀疏的主枝。这种树形,中央领导枝的生长优势较强,能向内和向外扩大树冠,主枝分布均匀。适用于干性较强的树种,能形成高大的树冠,最宜于作庭荫树。

(5)丛球形:类似多领导干形,只是主干较短,干上留数主枝成丛状。叶层厚,美化效果好。

(6)棚架形:先建各种形式的棚架、廊、亭,种植藤本树木后,按生长习性加以修剪、整形和诱引。

园林绿地中,以自然式整形修剪应用最多,既可以充分利用植物自然的树形,又可节省人力、物力;其次是混合式整形修剪,在自然树形的基础上加以人工改造,即可达到最佳的绿化、美化效果;整形式修剪整形,既改变了植物自然生长习性,又需要较高的整形修剪技艺,只在园林局部或有特殊要求时使用。

知识扩展

1.修剪程序

修剪的程序概括地说就是"一知、二看、三剪、四检查、五处理"。

一知:修剪人员必须掌握操作规程、技术及其他特殊要求。修剪人员只有了解操作要求,才可以避免错误。

二看:实施修剪前应对植物进行仔细观察,因树制宜,合理修剪。具体是要了解植物的生长习性、枝芽的发育特点、植株的生长情况、冠形特点及周围环境与园林功能,结合实际进行修剪。

三剪:对植物按要求或规定进行修剪。修剪时最忌无次序,修剪观赏花木时,首先要观察分析树势是否平衡,如果不平衡,分析造成的原因,如果是因为枝条多,特别是大枝多造成生长势强,则要进行疏枝。在疏枝前先要决定选留的大枝数及其在骨干枝上的位置,将无用的大枝先剪掉,待大枝整好以后再修剪小枝,宜从各主枝或各侧枝的上部起,向下依次进行。对于一棵普通的树来说,则应先剪下部,后剪上部;先剪内膛枝,后剪外围枝。几个人同剪一棵树时,应先研究好修剪方案,才好动手去做。

四检查:检查修剪是否合理,有无漏剪与错剪,以便修正或重剪。

五处理:包括对剪口的处理和对剪下的枝叶、花果进行集中处理等。

2.修剪需注意的问题

（1）剪口与剪口芽。

剪口的形状可以是平剪口或斜切口，但采用斜切口较多。通常剪口向侧芽对面微倾斜，使斜面上端与芽尖基本平齐或略高于芽尖 0.5～1cm，如图 2-35 所示。下端与芽的基部大致相平或稍高。剪口芽的方向与质量对整形修剪影响较大，若为扩张树冠，应留外芽；若为填补树冠内膛，应留内芽。若为改变枝条方向，剪口芽应朝指定方向；若为控制枝条生长，应留弱芽；反之，应留壮芽为剪口芽。如图 2-36 所示。

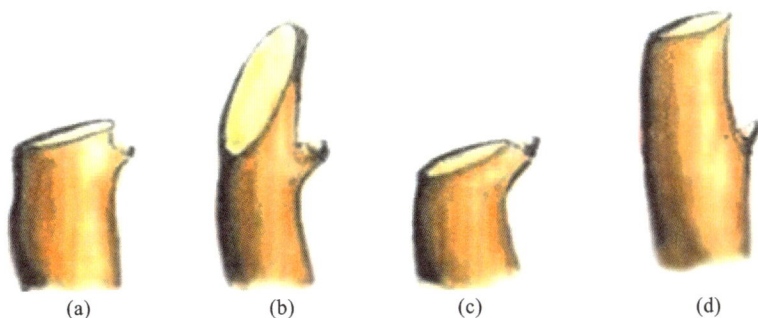

(a)　　　　(b)　　　　(c)　　　　(d)

图 2-35　剪口与剪口芽的关系
(a)正确；(b)、(c)、(d)不正确

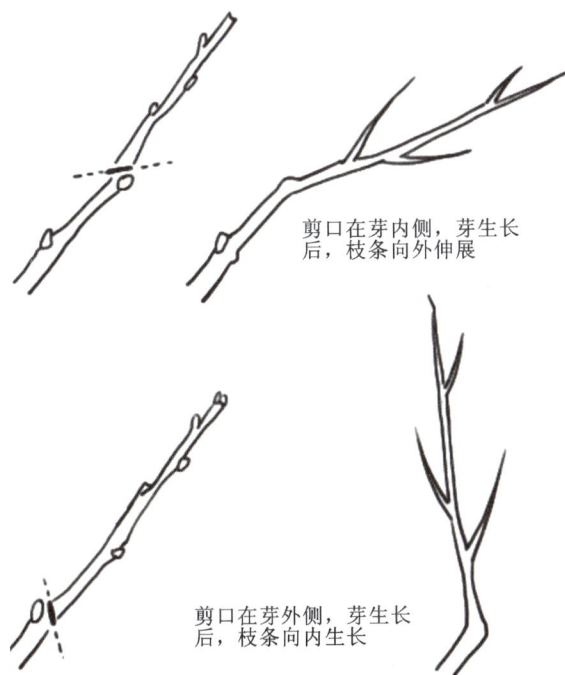

剪口在芽内侧，芽生长后，枝条向外伸展

剪口在芽外侧，芽生长后，枝条向内生长

图 2-36　剪口芽的位置与来年枝条方向

（2）大枝的剪除。

将枯枝或无用的老枝、病虫枝等全部剪除时，为了尽量缩小伤口，应自分枝点的上部斜向下部剪下，伤口不大，很易愈合；回缩多年生大枝时，往往会萌生徒长枝，为了防止徒长枝大量抽生，可先行疏枝和重短截；如果多年生枝较粗，必须用锯子锯除，可先从下方浅锯伤，再从上方锯下。

（3）剪口的保护。

若剪枝或截干造成剪口创伤面大，应用锋利的刀削平伤口，用硫酸铜溶液消毒，再涂保护剂，以防止伤口由于日晒雨淋、病菌入侵而腐烂。常用的保护剂有以下两种。

①保护蜡：用松香、黄蜡、动物油按 5∶3∶1 的比例熬制而成。熬制时先将动物油放入锅中用温火加热，再加松香和黄蜡，不断搅拌至全部溶化即可。由于冷却后会凝固，涂抹前需要加热。

②豆油铜素剂：用豆油、硫酸铜、熟石灰按 1∶1∶1 的比例制成。配制时先将硫酸铜、熟石灰研成粉末，将豆油倒入锅内煮至沸腾，再将硫酸铜与熟石灰加入油中搅拌，冷却后即可使用。

（4）注意安全。

上树修剪时，所有用具、机械必须使用灵活、牢固，防止发生事故。修剪行道树时注意高压线路，并防止锯落的大枝砸伤行人与车辆。

（5）职业要求。

修剪工具应锋利，修剪时不能造成树皮撕裂、折枝断枝；修剪病枝的工具，要用硫酸铜消毒后再修剪其他枝条，以防交叉感染；修剪下的枝条应及时收集，有的可作插穗、接穗备用，病虫枝则需堆积烧毁。

测试训练

【知识测试】

1．填空题

（1）整形修剪时期一般分为_____修剪和_____修剪 2 个时期。

（2）整形修剪的程序概括起来为_____。

（3）园林植物的主要修剪手法有_____、_____、_____、_____。

（4）根据剪去枝条的长度，将短截分为_____、_____、_____和_____ 4 种。

（5）攀缘植物的整形修剪方式有_____、_____、_____。

（6）常用的伤口保护剂有_____、_____。

（7）中央领导干形整形修剪方式适用于_____树、_____树和_____树。

（8）对于月季、珍珠梅等在生长季中开花不绝的，除早春重剪老枝外，可在花后将_____修剪，以便再次发枝开花。

2．选择题

（1）短截修剪有轻、中、重之分，一般轻剪是剪去枝条的（　　　）。

A．顶芽　　　　　　B．1/3 以内　　　　　　C．1/2 左右　　　　　　D．2/3 左右

(2)具有顶花芽的花木,在休眠季或者在花前修剪时绝不能采用(　　)修剪方法。

A. 短截　　　　　　　　B. 疏枝　　　　　　　　C. 摘蕾　　　　　　　　D. 抹芽

(3)长放一般多应用于(　　)的枝条,促使形成花芽把握性较大,不会出现越放越旺的情况。

A. 长势较强　　　　　　　　　　　　B. 长势较弱

C. 长势中等　　　　　　　　　　　　D. 抹芽

(4)想抑制新梢生长,改变顶端优势,促使侧芽萌发,可采用的修剪手法是(　　)。

A. 捻梢　　　　　　　　　　　　　　B. 抹芽

C. 摘心　　　　　　　　　　　　　　D. 去蘖

(5)为减少落花落果,提高坐果率,环剥应在(　　)。

A. 花芽分化期　　　　　　　　　　　B. 开花前

C. 盛花期　　　　　　　　　　　　　D. 落花后

(6)树木发芽后修剪,一般会(　　)。

A. 增强长势、减少分枝　　　　　　　B. 增强长势、增加分枝

C. 减弱长势、增加分枝　　　　　　　D. 减弱长势、减少分枝

(7)树木落叶后及时修剪,一般会(　　)。

A. 增强长势、减少分枝　　　　　　　B. 增强长势、增加分枝

C. 减弱长势、增加分枝　　　　　　　D. 减弱长势、减少分枝

(8)修剪主、侧枝延长枝时,剪口芽应选在(　　)。

A. 任意方向　　　　　　　　　　　　B. 枝条内侧

C. 枝条外侧　　　　　　　　　　　　D. 枝条左、右侧

(9)行道树的分枝点最低不能低于(　　)。

A. 2m　　　　　　　　B. 3m　　　　　　　　C. 4m　　　　　　　　D. 5m

(10)绿篱依高度分为绿墙、高篱、中篱、矮篱 4 类,其中中篱的高度为(　　)。

A. 20～25cm　　　　　　　　　　　B. 50～120cm

C. 120～160cm　　　　　　　　　　D. 160cm 以上

3. 问答题

(1)简述整形修剪的概念及二者之间的相互关系。

(2)整形修剪的目的、意义是什么?

(3)整形修剪应掌握哪些原则?

(4)如何对园林树木进行杯形整形?

(5)对比 4 种短截方式在园林树木修剪中的作用。

【技能训练】

实训 2.4　园林植物整形修剪

1. 实训目的

(1)进一步掌握某些树木的生物学特性与生态习性。

（2）掌握整形修剪的基本知识。

（3）初步掌握6～8种常见树木的整形修剪的方法。

2.实训材料及用具

（1）材料：桃花、榆叶梅、玉兰、蜡梅、黄刺玫、珍珠梅、连翘、黄杨球、油松、绿篱、棣棠、银杏、红瑞木、紫荆、龙爪槐等。

（2）用具：修枝剪、手锯、粉笔、笔、笔记本。

3.实训内容与方法

（1）树体结构的分析与观察。

①进一步认识所修剪树木的枝芽特性。

②识别几种主要的枝条：主枝、侧枝、延长枝、小枝组、大枝组、徒长枝、辅养枝、一年生枝、二年生枝、多年生枝、春梢、秋梢、一次性枝、二次性枝。

③分析树体的结构是否合理，怎样造成的，如何调整。

④观察前一年的修剪反应。

（2）整形修剪基本知识的观察。

①了解并掌握整形修剪的方法与要求。

②了解并掌握整形修剪的原则。

③了解花木的整形修剪的方式与方法。

（3）如何进行花木的整形修剪。

①首先要观察树木所在位置与周围的环境及其作用，根据环境和作用决定整形修剪的方式和方法。

②观察树木的种类（或品种），从树木的生态习性决定其是否留主干与疏枝的程度，以保证树体通风透光。

③进一步观察分析树木生长势，根据生长势的实际情况应用适当的技术措施进行调整。

④根据前一年整形修剪反应，决定采用整形修剪方法和短截枝条的长度。

⑤注意花枝组的培养与配备。

在上面分析判断的基础上，制订修剪方案，然后进行修剪。

通常先剪中干和主枝的延长枝（各个主枝的延长枝选留和截留的长短要相互呼应），再剪侧枝的延长枝（修剪时也要顾及和考虑其他侧枝，同级侧枝留在同方向），然后修剪枝组。修剪枝组时要注意枝条的相互搭配，主次要分明，位置要合适；先剪大枝后剪小枝，先剪树木的下部后剪树木的上部，先剪树木的内部后剪树木的外部。一般先进行常规修剪，也就是先将伤残枝、衰老枝、病枯枝、交叉枝、徒长枝（不用于更新的一律去掉）等，一切扰乱树形的枝条都疏除。然后进行细致修剪。

4.作业

园林植物整形修剪效果评价，提交实训报告。

任务 5　园林绿地病虫草害综合防治

● 学习目标 ●

- 能够正确区分园林绿地病虫草害的类别。
- 根据园林绿地病虫草害的发生情况,制订适合当地特点的综合治理方案。
- 掌握园林绿地病虫草害的基础知识、防治方法及常用农药的使用技术。

● 内容提要 ●

　　人工建立起来的生态系统十分脆弱,植物与环境、植物与植食者(包括多种生物)、天敌间相互作用、相互制约、相互协调的关系很难建立起来。同时,现代城市基础设施建设结构日渐复杂,环境污染问题也日趋严重,植物生长环境日趋恶化,造成植株生长不健壮、抗病力差,给病虫害的入侵提供了有利条件。

● 任务导入 ●

　　一般情况下,病害和虫害常导致花草、树木生长不良,降低了花木的质量,使其失去观赏价值及绿化效果,甚至引起整株死亡。有些病虫害能使某些花卉品种逐年退化,直至全部毁种,或使城市绿化树种、风景林和林木大片衰败或死亡,从而造成重大的经济损失。因此,掌握病虫害防治理论与技术措施,是提高园林植物观赏价值和经济价值的重要保证。

● **2.5.1　园林绿地病害**

1. 园林植物病害概述

(1)病害的概念。

园林植物在生长发育和贮运过程中,由于受到环境中物理化学因素的非正常

植物病害
概述视频

影响,或受其他生物的侵染,导致生理、组织结构、形态上产生局部或整体的不正常变化,使植物的生长发育不良,品质变劣,甚至引起死亡,造成经济损失和降低绿化效果及观赏价值,这种现象称为园林植物病害。

植物在生长过程中受到多种因素的影响,其中直接引起病害的因素称为病原,包括生物性病原和非生物性病原,其他因素统称为环境因子。生物性病原又称为病原物,包括真菌、细菌、病毒、植原体、寄生线虫、寄生性种子植物、藻类和螨类。非生物性病原包括温度不宜、湿度失调、营养不良和有毒物质的毒害等。病原物引起的病害称为侵染性病害。非生物性病原引起的病害称为非侵染性病害,也称生理病害。

植物病害的发生都具有一个病理变化的过程。植物遭病原物的侵染或不利的非生物因素的影响后,首先是生理方面发生不正常变化,如呼吸作用和蒸腾作用加强,同化作用降低,酶的活性和碳、氮代谢的改变,以及水分和养分吸收运转的失常等,称为生理病变。之后是内部组织发生不正常变化,如叶绿体或其他色素体的增减、细胞数目和体积的增减、维管束的堵塞、细胞壁的加厚,以及细胞和组织的坏死等,称为组织病变。继生理病变和组织病变之后,外部形态也发生不正常变化,如植物的根、茎、叶、花、果实的坏死、腐烂、畸形等,称为形态病变。形态病变往往先引起生理机能的改变,继而造成植物组织形态的改变。这些病变是一个逐渐加深、持续发展的过程,称为病理变化过程或病理程序。病理变化过程是识别园林植物病害的重要标志。

在侵染性病害中,受侵染的植物称为寄主。病原物在寄主体中生活,双方之间既具有亲和性,又具有对抗性,构成一个有机的寄主——病原物体系。病理程序也就是这一体系建立和发展的过程,这一体系又受到环境的影响和制约。环境一方面影响病原物的生长发育,另一方面影响植物的生长状态,增强或降低植物对病原的抵抗力。如环境有利于植物生长发育而不利于病原的活动,病害就难以发生或发展很慢,植物受害也轻;反之,病害就容易发生或发展很快,植物受害也重。植物病害的发生过程实质上就是病原、植物和环境的相互影响与相互制约而发生的一系列顺序变动的总和。人类活动对植物病害的发展产生重大影响。

此外,从生产和经济的观点出发,有些园林植物由于生物或非生物因素的影响,尽管发生了某些病态,但是却增加了它们的经济价值和观赏价值,同样也不称它们为植物病害。例如,绿菊、绿牡丹是由病毒、植原体侵染引起的;羽衣甘蓝是食用甘蓝叶的变态,这些虽然都是"病态"植物,由于提高了经济和观赏价值,人们将这些"病态"植物视为观赏花卉中的珍品,因此也不当作病害。

损伤同病害是两个不同的概念。无论非生物因素或是生物因素都可以引起植物的损伤。植物损伤是由突发的机械作用所致,如风折、雪压、动物咬伤等,受害植物在生理上不发生病理程序,因此不能称为病害。

(2)园林植物病害的症状。

园林植物感病后,其外表所显现出来的各种各样的病态特征称为症状。典型症状包括病状和病症。病状是园林植物感病后植物本身的异常表现,也就是受病植株生理解剖上的病变反映到外部形态上的结果。病状的具体表现形式有过度生长、发育不良和坏死等。病症是指寄主病部表面病原物的各种形态结构,并能用眼睛直接观察到的特征。由真菌、细菌和寄生性种子植物等因素引起的病害,病部多表现较明显的病症,如病部出现各种不同颜色的霉状物、粉状物,不同大小的粒状物、疱状物,形状各异的伞状物、脓状物等。病毒、植原体等寄生在植物细胞内以及非侵染性病害,在植物体外无表现,故它们所致病害无病症。植物病原线虫多数在植物体内寄生,一般植物体表也无病症。由于病原物的种类不同,对植物的影响也各不相同,所以园林植物病害的症状也千差万别,根据它们的主要特征,可划分为以下几种类型(图 2-37)。

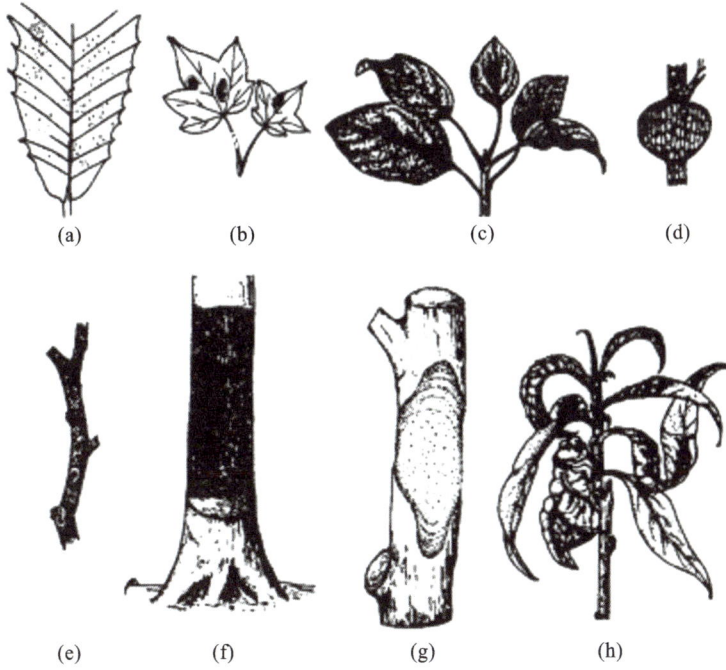

图 2-37　园林植物病害
(a)白粉病;(b)叶斑病;(c)花叶病;(d)肿瘤病;(e)溃疡病;
(f)腐朽病;(g)腐烂病;(h)畸形

①病状类型。

A.变色型。植物感病后,叶绿素不能正常形成或解体,因而叶片上表现为淡绿色、黄色甚至白色。叶片的全面褪绿常称为黄化或白化。营养贫乏如缺氮、缺铁和光照不足可以引起植物黄化。在侵染性病害中,黄化是病毒病害和植原体病害类的重要特征,如翠菊黄化病。

叶绿素形成不均匀,叶片上出现深绿与淡绿相互间杂的现象,称为花叶。有的褪绿部分形成环纹状或水纹状,也是病毒病害的一种症状类型,如月季花叶病和郁金香碎色病。

B.坏死型。坏死是细胞和组织死亡的现象。常见的有腐烂、溃病、斑点。

a.腐烂。多肉而幼嫩的组织发病后容易腐烂,如果实、块根等常发生软腐或湿腐。引起腐烂的原因是寄生物分泌的酶溶解植物细胞间的中胶层,使细胞离散并且死亡。含水较少或木质化组织则常发生干腐。根据腐烂症状发生部位,其可分为花腐、果腐、茎腐、基腐、根腐和枝干皮部腐烂等。

b.溃疡。多见于枝干的皮层,局部韧皮部坏死,病斑周围常为隆起的木栓化愈伤组织所包围形成凹陷病斑,这种病斑即为溃疡。树干上多年生的大型溃疡,其周围的愈伤组织逐渐被破坏而又逐年生出新的,致使局部肿大,这种溃疡称为癌肿。小型溃疡有时称为干癌。溃疡是由真菌、细菌的侵染或机械损伤造成的。

c.斑点。斑点是叶片、果实和种子等局部组织坏死的表现。斑点的颜色和形状很多,颜色有黄色、灰色、白色、褐色、黑色等；形状有多角形、圆形、不规则形等。有的叶斑周围形成木栓层后，中部组织枯焦脱落而形成穿孔。斑点主要由真菌及细菌寄生所致，冻害、烟害、药害等也会造成斑点。

C. 萎蔫型。植物因病而表现失水状态称为萎蔫。植物的萎蔫可以由各种原因引起，茎部的坏死和根部的腐烂都会引起萎蔫。典型的萎蔫是指植物的根部或枝干部维管束组织感病，使水分的输导受到阻碍而致植株枯萎的现象。萎蔫是由真菌或细菌引起的，有时植株受到急性旱害也会发生生理性枯萎。

D. 畸形。畸形是因细胞或组织过度生长或发育不足引起的。常见的有丛生、瘿瘤、变形、疮痂、枝条带化。

a. 丛生。植物的主、侧枝的顶芽受抑制，节间缩短，腋芽提早发育或不定芽大量发生，使新梢密集成笤帚状，通常称为丛枝病。病枝一般垂直于地面向上生长，枝条瘦弱，叶形变小。促使枝条丛生的原因很多，真菌和植原体的侵染是主要的。有时也由生理机能失调所致。植物的根也会发生丛生现象，如由细菌引起的毛根病，使须根大量增生如毛发状。

b. 瘿瘤。植物的根、茎、枝条局部细胞增生而形成瘿瘤。有的由木质部膨大而成，如松瘤锈病；有的由韧皮部膨大而成，如柳杉瘿瘤病。瘿瘤主要是由真菌、细菌、线虫等侵染造成的，有时也由生理上的原因造成。如有些行道树上的瘿瘤，就是在同一部位经过多次修剪后，由愈伤组织形成的。

c. 变形。受病器官肿大、皱缩，失去原来的形状，常见的是由外子囊菌和外担子菌引起的叶片和果实变形病，如桃缩叶病。

d. 疮痂。叶片或果实上局部细胞增生并木栓化而形成的小突起称为疮痂，如柑橘疮痂病。

e. 枝条带化。枝条扁平肥大。一般是由病毒或生理原因引起的，如油桐带化病或池杉带化病。

E. 流脂或流胶型。植物细胞分解为树脂或树胶流出，常称为流脂病或流胶病。前者发生于针叶树，后者发生于阔叶树。流脂病或流胶病的病原很复杂，有侵染性的，也有非侵染性的，或为两类病原综合作用的结果。

②病症类型。

病原物在病部形成的病症主要有以下 5 种类型。

A. 粉状物，直接产生于植物表面、表皮下或组织中，以后破裂而散出，包括锈粉、白粉、黑粉和白锈。

a. 锈粉，也称锈状物，是初期在病部表皮下形成的黄色、褐色或棕色病斑，破裂后散出的铁锈状粉末。锈粉为锈病特有的表现，如菜豆锈病等。

b. 白粉，是在病株叶片正面表生的大量白色粉末状物，后期颜色加深，产生细小黑点。白粉为白粉菌所致病害的特征，如黄瓜白粉病、黄芦白粉病等。

c. 黑粉，是在病部形成菌瘿，瘿内产生的大量黑色粉末状物。黑粉为黑粉菌所致病害的病征，如禾谷类植物的黑粉病和黑穗病。

d. 白锈，是在孢部表皮下形成的白色疱状斑（多在叶片背面），破裂后散出的灰白色粉末状物。白锈为白锈菌所致病害的病征，如十字花科植物白锈病。

B. 霉状物，是真菌的菌丝、各种孢子梗和孢子在植物表面构成的特征，其着生部位、颜色、质地、结构常因真菌种类不同而异。其可分为霜霉、绵霉、霉层 3 种类型。

a. 霜霉,是多生于病叶背面,由气孔伸出的白色至紫灰色霉状物。霜霉为霜霉菌所致病害的特征,如黄瓜霜霉病、月季霜霉病等。

b. 绵霉,是于病部产生的大量的白色、疏松、棉絮状霉状物。绵霉为水霉、腐霉、疫霉菌和根霉菌等所致病害的特征,如茄绵疫病、瓜果腐烂病等。

c. 霉层,是除霜霉和绵霉以外,产生在任何病部的霉状物。按照色泽的不同,霉层分别称为灰霉、绿霉、黑霉、赤霉等。许多半知菌所致病害产生这类特征,如柑橘青霉、番茄灰霉病等。

C. 点状物,是在病部产生的形状、大小、色泽和排列方式各不相同的小颗粒状物,它们大多呈暗褐色至褐色,针尖至米粒大小。点状物为真菌的子囊壳、分生孢子器、分生孢子盘等形成的特征,如苹果树腐烂病、各种植物炭疽病等。

D. 颗粒状物,是真菌菌丝体变态形成的一种特殊结构,其形态大小差别较大,有的似鼠粪状,有的像菜籽形,多数呈黑褐色,生于植株受害部位,如十字花科蔬菜菌核病、莴苣菌核病等。

E. 脓状物,是细菌性病害在病部溢出的含有细菌菌体的脓状黏液,一般呈露珠状,或散布为菌液层;在气候干燥时,会形成菌膜或菌胶粒,如黄瓜细菌性角斑病等。

2. 园林植物病害类型

(1)园林植物的非侵染性病害。

园林植物正常的生长发育,要求一定的外界环境条件。各种园林植物只有在适宜的环境条件下生长,才能发挥它的优良性状。当植物遇到恶劣的气候条件、不良的土壤条件或有害物质时,植物的代谢作用受到干扰,生理机能受到破坏,因此在外部形态上必然表现出症状来。引起非侵染性病害发生的原因很多,主要有营养失调、温度失调和有毒物质污染。

①营养缺乏引起的植物病害。

植物所必需的营养元素有氮、磷、钾、钙、镁和微量元素铁、硼、锰、锌、铜等十几种。缺乏这些元素时,植物就会出现缺素症;某种元素过多时,也会影响植物的正常生长发育。常见的缺素症有以下几种。

A. 缺氮。植物生长不良,植株矮小,分枝较少,成熟较早,叶稀疏,小而薄,色变淡或黄化、早落。在酸性强、缺乏有机质的土壤中,常有氮素不足的现象。

B. 缺磷。植物生长受抑制,严重时停止生长,植株矮小,叶片初期变成深绿色,但灰暗无光泽,后渐呈紫色,早落。磷素在植物体内可以从老熟组织中转移到幼嫩组织中重被利用,所以症状一般从老叶上开始出现。

C. 缺钾。植株下部老叶首先出现黄化或坏死斑块,通常从叶缘开始,植株发育不良。

D. 缺铁。植株叶片黄化或白化。开始时,脉间部分失绿变为淡黄色或白色,叶脉仍为绿色,后也变为黄色。以后脉间部分会出现黄褐色枯斑,并自叶边缘起逐渐变黄褐色枯死。由缺铁引起的黄化病先从幼叶开始发病,逐渐发展到老叶黄化。为防止缺铁症,应增施有机肥料改良土壤性质,使土壤中的铁素变为可溶性的。用1∶30的硫酸亚铁液做土壤打洞浇灌防治多种观赏灌木树种的黄化病,可获得较好的效果。

E. 缺镁。缺镁的症状与缺铁相似,不同的是缺镁先从枝条下部的老叶开始发病,然后逐渐扩展到上部的叶片。

F. 缺硼。缺硼的主要表现是分生组织受抑制或死亡,常引起芽的丛生或畸形、萎缩等症状。可用硼酸注射树干或浇灌土壤进行防治。

G. 缺锌。苹果小叶病是常见的缺锌症。病树新枝节间短,叶片变小且呈黄色,根系发育不良,结实量少。

H. 缺铜。缺铜常引起树木枯梢,还出现流胶及在叶或果上产生褐色斑点等症状。

I. 缺硫。缺硫的症状与缺氮相似,但以幼叶表现更明显。植株生长较矮小,叶尖黄化。

J. 缺钙。缺钙的症状多表现在枝叶生长点附近,引起嫩叶扭曲或嫩芽枯死。

②环境不适引起的植物病害。

A. 水分失调引起的植物病害。

水分直接参与植物体内各种物质的转化和合成,也是维持细胞膨压、溶解土壤中矿质养料、平衡树体温度不可缺少的因素。在缺水条件下,植物生长受到抑制,组织中纤维细胞增加,引起叶片凋萎、黄化、花芽分化减少、落叶、落花、落果等现象。

土壤水分过多,会造成土壤缺氧,使植物根部呼吸困难,造成叶片变色、枯萎、早期落叶、落果,最后引起根系腐烂和全树干枯死亡。

B. 温度不适宜引起的植物病害。

低温可以引起霜害和冻害,这是温度降低到冰点以下,使植物体内发生冰冻而造成的危害。晚秋的早霜常使未木质化的植物器官受害。晚霜病害在树木冬芽萌动后发生,常使嫩芽新叶甚至新梢冻死。树木开花期间受晚霜危害,花芽受冻变黑,花器呈水浸状,花瓣变色脱落。阔叶树受霜冻之害,常自叶尖或叶缘产生水渍状斑块,有时叶脉间组织也出现不规则斑块,严重的全叶死亡,化冻后变软下垂。松树受害多致针叶先端枯死变为红褐色。

南方热带、亚热带树种,常发生寒害。寒害为冰点以上的低温对喜温植物造成的危害。寒害常见的症状是组织变色、坏死,也可以出现芽枯、顶枯及落叶等现象。

高温能破坏植物正常的生理生化过程,使原生质中毒凝固导致细胞死亡,最后造成茎、叶或果实发生局部的灼伤等症状。土表温度过高,会使苗木的茎基部受灼伤,尤以黑色土壤的苗圃地上最为严重。针叶树幼苗受灼伤时,茎基部出现白斑,幼苗即行倒伏,很容易同侵染性的猝倒病相混淆。阔叶幼苗受害根颈部出现缢缩,严重的也会死亡。

C. 光照不适宜引起的植物病害。

光照过弱可影响叶绿素的形成和光合作用的进行。受害植物叶色发黄,枝条细弱,花芽分化率低,易落花落果,并易受病原物侵染。特别是温室、温床栽培的植物更容易出现上述现象。

D. 环境污染引起的植物病害。

环境中的有毒物质达到一定的浓度就会对植物产生有害影响。空气中的有毒气体包括二氧化硫、氟化物、臭氧、氮的氧化物、乙烯、硫化氢等。空气中的二氧化硫主要来源于煤和石油的燃烧,有的植物对二氧化硫非常敏感,如空气中含硫量达 0.005ppm 时,美国白松顶梢就会发生轻微枯死,针叶表面出现褪绿斑点,针叶尖端起初变为暗色,后呈棕色至褚红色。阔叶树受害的典型病状是自叶缘开始沿着侧脉向中脉伸展,在叶脉之间形成褪绿的花斑。如果二氧化硫的浓度过高,则褪色斑很快变为褐色坏死斑。女贞、刺槐、垂柳、银桦、夹竹桃、桃、棕榈、法国梧桐等对二氧化硫的抗性很强。

空气中伤害植物的氟化物以氟化氢、氟化硅为主。氟化物的毒性比二氧化硫大 10~20 倍,但来源较少,因此危害不及二氧化硫。植物受氟化物毒害时,首先在叶先端或叶缘表现变色病斑,然后向下方或中央扩展。脉间的病斑坏死干枯后,可能脱落形成穿孔。叶上病健交界处常有一棕红色带纹。危害严重时,叶片枯死脱落。悬铃木、加杨、银杏、松杉类树木对氟化物较敏感,而桃、女贞、垂柳、刺槐、油茶、油杉、夹竹桃、白桦、苹果等则抗性较强。

E.化学药剂的不当使用造成的植物病害。

硝酸盐、钾盐或酸性肥料、碱性肥料如果使用不当,常能产生类似病原菌引起的症状。如果天气干旱,使用过量的硝酸钠,植株顶叶会变为褐色,出现灼伤。除草剂使用不慎会使树木和灌木受到严重伤害,甚至死亡。阴凉潮湿的天气使用波尔多液和其他铜素杀菌剂时,有些植物叶面会发生灼伤或出现斑点。栎、苹果和蔷薇属于最易产生药害的一类植物。温室生长的景天、长生草和某些多汁植物易受有机磷药物(如对硫磷)的危害。误用烟碱,会使百合叶出现灰色斑。

(2)园林植物病原真菌。

①真菌概述。

真菌属于真菌界、真菌门,种类很多,约 10 万种,分布很广,绝大多数植物的寄生性病害是由真菌引起的。蔷薇、紫丁香、大丽花、菊花、福禄考和其他植物的白粉病可根据叶面有无白色、淡灰色或稍带浅褐色的菌体加以辨认。世界上许多著名的毁灭性病害,如松干疱锈病、榆树荷兰病、板栗疫病、根白腐病、猝倒病以及各种立木腐朽都是由真菌引起的。

真菌的营养体呈丝状,称作菌丝。菌丝可以分枝,许多菌丝团聚在一起,称为菌丝体。真菌菌丝是获得养分的机构。寄生真菌以菌丝体侵入寄主的表皮细胞或内部吸收养分。菌丝可以生长在寄主细胞内或细胞间隙。

真菌的繁殖有两种方式,即无性繁殖和有性繁殖。无性繁殖是不经过性器官的结合而产生孢子,这种孢子称为无性孢子。有性繁殖是通过性细胞或性器官的结合而进行繁殖,所产生的孢子称为有性孢子。有性生殖要经过质配、核配和减数分裂 3 个阶段。

②真菌的主要类型及其所致病害。

关于真菌分类体系,各真菌分类学家意见不一,但大都是依据真菌的形态学、细胞学、生物学特性和个体发育及系统学发育的研究资料进行分类。

A.腐霉属(*Pythium*):大都腐生在土壤或水中,有的能寄生植物引起幼苗猝倒及根、茎、果实的腐烂。其中瓜果腐霉、德巴利腐霉引起苗木猝倒病。

B.疫霉属(*Phytophthora*):绝大多数具寄生性,寄主范围广,可侵染植物的根、茎、叶和果实,引起组织腐烂和死亡。其中恶疫霉危害苹果引起茎基病、果腐;危害草莓引起湿腐;还可危害柑橘、橡胶树、凤仙花等植物。樟疫霉可侵染上千种植物,主要寄主有凤梨、山茶花、雪松、木瓜、香樟、杜鹃花、刺槐、凤仙花等。危害雪松根及茎基部引起根、茎腐烂;危害山茶、杜鹃引起根、茎腐烂;危害刺槐引起茎腐;危害凤梨引起心腐。棕榈疫霉危害凤梨、无花果、橡胶树、胡椒、芒果、卫矛等引起根腐或茎溃疡。

C.根霉属(*Rhizopus*):主要引起腐烂。其中匍枝根霉引起果实、种子的腐烂。

D.外囊菌(*Taphrinales*):侵染植物的叶、果和芽,引起畸形,如桃缩叶病、李袋果病、桦木丛枝病和樱桃丛枝病等。

E.白粉菌(*Erysiphales*):其中白粉菌科真菌都是专性寄生的,菌丝着生于寄主表面,以吸器伸入表皮细胞吸取养分,易对园林植物造成危害。

F.球壳菌目(*Sphaeriales*):引起叶斑、果腐、烂皮和根腐等病害。

G.锈菌目(*Uredinales*):锈菌寄生在植物的叶、果、枝干等部位,在受害部位表现出鲜黄色或锈色粉堆、疱状物、毛状物等显著的病征。引起叶片枯斑,甚至落叶,枝干形成肿瘤、丛枝、曲枝等畸形现象。因锈菌引起的病害病征多呈锈黄色粉堆,故称为锈病。

H. 黑粉菌目(*Ustilaginales*):黑粉菌因其形成大量黑色的粉状孢子而得名。由黑粉菌引起的植物病害称为黑粉病。常见的有银莲花条黑粉病及石竹科植物花药黑粉病等。

I. 镰刀菌属(*Fusarium*):本属种类多,分布广,腐生、弱寄生或寄生,能对种不同植物造成危害,引起根、茎、果实腐烂,穗腐,立枯,或破坏植物输导组织,引起萎蔫,如黄瓜枯萎病、香石竹等多种花木枯萎病。

(3)园林植物病原细菌。

植物细菌病害分布很广,目前已知的植物病害细菌有300多种,我国发现的有70种以上。细菌病害主要见于被子植物,松柏等裸子植物上很少发现。

①植物细菌病害的症状特点。

植物细菌病害的主要症状有斑点、腐烂、枯萎、畸形等几种类型。

A. 斑点。细菌性病斑发生初期,病斑常呈现半透明的水渍状,其周围形成黄色的晕圈,扩大到一定程度时,中部组织坏死呈褐色至黑色。有些细菌还能在寄主枝干韧皮部形成溃疡斑,如杨树细菌性溃疡病。病斑到了后期,常从自然孔口和伤口溢出细菌性黏液,称为溢脓。斑点大多由假单胞杆菌或黄单胞杆菌引起。

B. 腐烂。植物多汁的组织受细菌侵染后,通常表现腐烂症状。腐烂主要是由欧氏杆菌引起的。

C. 枯萎。细菌侵入维管束组织后,植物输导组织受到破坏,引起整株枯萎,受害的维管束组织变褐色。在潮湿的条件下,受害茎的断面有细菌黏液溢出。枯萎多由棒状杆菌属引起,在木本植物上则以青枯病假单胞杆菌最为常见。

D. 畸形。以组织过度生长畸形为主,野单胞杆菌的细菌可以引起根或枝干产生肿瘤,或使须根丛生。

②植物细菌病害的侵染循环和防治要点。

细菌不能直接穿透表皮侵入,因此侵入途径只能是自然孔口和伤口,各种植物病原细菌均可以从伤口侵入寄主,假单胞杆菌和黄单胞杆菌两属中寄生性较强的一些种类除了通过伤口侵入外,还可以通过气孔、水孔或皮孔等自然孔口侵入植物体。野单胞杆菌和欧氏杆菌则是从伤口侵入寄主,细菌从侵入到发病大多只需要几天时间,因此,在一个生长季节中往往可以有多次再侵染的机会。

在自然条件下,细菌的传播主要依靠雨滴飞溅作用,很少由气流和昆虫传播,故传播的距离一般不远。由于细菌的侵入和传播都需要在有水的条件下进行,所以,细菌病害的发生与发展往往与湿度及一年中雨露的分布有密切的关系。

带菌的种苗是细菌病害侵染的重要来源。种子带菌引起苗期的感染,然后传给成株。许多危害树木叶部的细菌都同时能危害新梢,它们都可以在新梢的病组织中越冬,引起下一年的侵染。植物病死后的残体,也是细菌越冬的重要场所,但在病残体分解之后,其中的细菌也大部分死亡。植物病原细菌一般不能在土壤中存活很久。

植物细菌病害的防治最重要的是减少侵染源。从地区来说,要采取检疫措施,防止新病菌的传入。在病区内则应培养无病种苗,进行种苗的消毒处理和清除病株及残体。化学药剂对细菌病害的防治效果一般不理想。原因是细菌由雨水传播到寄主感病部位的同时就有侵入的条件,从接触到侵入的时间较短,一般保护剂不能充分发挥作用。植物病原细菌对抗菌素较为敏感,波尔多液也有较好的效果。对于根部侵入的细菌,可以考虑用抗病的植物作砧木进行嫁接来防病。选育抗病品种也是防治细菌病害的重要途径。

(4)园林植物病原病毒。

病毒是一类非细胞形态的具有传染性的寄生物,其核酸基因的质量小于 3×108 D(道尔顿),需要有寄主细胞的核糖体和其他成分才能复制增殖。

①病毒病害的症状特点。

A.外部症状。

病毒病害绝大多数属于系统侵染的病害。当寄主植物感染病毒后,症状发生总是从局部开始,经过或长或短的时间扩展至全身。病毒病状可分为三种类型。

a.变色:主要表现为花叶和黄化两种类型,这两种类型是病毒病害的普遍症状。

b.组织坏死:最常见的是叶片上产生枯斑,这大多数是寄主过敏反应引起的,它阻止了病毒侵入植物体后的进一步扩展。有些病毒还能引起韧皮部坏死或系统坏死。

c.畸形:许多病毒除引起黄化和花叶外,往往还造成植株器官变小、矮化、节间缩短、丛枝、皱叶、卷叶、肿瘤等变态,这些变态常常是病毒病害的最终表现。

B.内部变化。

植物受病毒侵染后除在外部表现一定的症状外,在感病植物细胞内也可以引起病变。细胞内结构变化,较明显的如叶绿体的破坏和各种内含体的出现。在光学显微镜下所见到的内含体,有无定形内含体和结晶状内含体两种。这两种内含体在细胞质内和细胞核内均有。此外,还有一些内含体在电子显微镜下才能看到,如风轮状、环状及束状内含体。

环境条件对病毒病害的症状有抑制或增强作用。例如花叶症状在高温下常受到抑制,而在强光照下则表现得更明显。环境条件的关系,使植物暂时不表现明显的症状,甚至原来已表现的症状也会暂时消失,这种现象称为隐症现象。

②病毒病害的传播。

病毒是专性寄生物,它必须在活体细胞内寄生活动,不能像其他病原物那样主动地传播,只能通过轻微的伤口侵入植物体,因而轻伤不仅为病毒开放了门户,而且又不至于造成寄生细胞的死亡。病毒的具体传播方式主要有以下几种。

A.接触传播。病、健植株的叶片因相互碰撞摩擦而产生轻微伤口,病毒随着病株汁液从伤口流出侵染健株。通过沾有病毒汁液的手和操作工具也能将病毒传给健株。

B.嫁接传播。几乎所有的植物病毒都能通过嫁接的方式传播,病毒可由带毒一方传给无毒一方。树木根系间的自然接合也会造成病毒的株间传播。

C.昆虫传播。植物病毒的媒介昆虫主要是蚜虫和叶蝉,其他如飞虱、粉蚧、蜡象、木虱、蓟马等。它们传播病毒的方式有三种类型。第一,口针携带式,这种传播方式最简单。昆虫的口针在病株刺吸以后,立即获得传毒能力,但口腔内的病毒排完后,便失去传毒能力,所以这种传毒方式也称非持久性传播。第二,体内循环式,这种传毒方式较复杂。昆虫吸取病毒汁液后,不能立即传毒,必须经过一定时间后,才具有传毒能力。这类病毒在虫体内保持的时间较长,但不能遗传给后代,一般称为半持久性传播。第三,增殖式。病毒能在昆虫体内增殖,即昆虫吸毒后获得传毒能力且保持很长时间,并可以通过卵把病毒传给它的后代,故又称为持久性传播。

D.其他介体传播。植物病毒的传播介体除昆虫外,少数也可以由线虫、螨类、真菌及菟丝子等传播。

E. 种子传播。种子传播有的是因种皮带毒，有的是种子内部（胚）带毒。种皮带毒是由果肉污染所致，种子带毒是由花粉传染所致。

由于病毒系统侵染的特性，一般无性繁殖材料都可能传播病毒病害。

③病毒病害的防治特点。

病毒病害与其他侵染性病害比较，更加难以防治。由于植物病毒的寄主范围广，对化学药剂抵抗性较强，所以在防治上存在一定的复杂性和局限性。主要防治途径有以下几个方面。

A. 选用无病繁殖材料。这一措施对无性繁殖栽培的苗木、花卉特别重要。选用无病植株的枝条和幼苗作为接穗和砧木，避免嫁接传毒。由于病毒在植物中一般不进入生长点，利用植物的芽和生长点进行组织培养可获得无病苗木。

B. 减少侵染来源。带病的植株是病毒病害的主要传染来源。由于病毒的寄主范围广，所以除草消灭野生寄主是防治病毒病害的重要途径。

C. 防治媒介昆虫。

D. 培育抗病品种。培养品种的抗性要注意两个方面，包括对病毒本身的抗性和对传毒虫媒的抗性。

E. 病株治疗。用温水处理带病的种苗和无性繁殖材料，可以杀死其中的病毒。用干扰核酸代谢的化学物质来防治病毒，也会获得显著效果。

（5）园林植物病原植原体。

植原体是 1967 年从桑萎缩病中认识的一种新病原。这类微生物的形态结构与动物病原菌原体极为相似。目前已发现 300 多种植物的 90 种左右的病害是由植原体引起。园林植物上已知的植原体病害有泡桐丛枝病、枣疯病、桑萎缩病、榆韧皮部坏死病及翠菊黄化病、三叶草叶肿病等。

由植原体引起的植物病害，大多表现为黄化、花变绿、丛枝、萎缩现象。丛枝上的叶片常表现为失绿、变小、发脆等特点。丛枝上的花芽有时转变为叶芽，后期果实往往发生变形，有的植物感染植原体后节间缩短、叶片皱缩，表现萎缩症状。

植物上的植原体在自然界主要是通过叶蝉传播，少数通过木虱和菟丝子传播。嫁接也是传播植原体的有效方法。但就目前所知，植原体很难通过植物汁液传染。在木本植物上，从植原体接种到发病所经历的时间较长。

防治植原体病害基本上与防治病毒病害相似，应严格选择无病的繁殖材料，防治媒介昆虫，选用抗病品种。由于植原体对四环素药物敏感，使用这类药物可以有效地抑制许多种植原体病害。

（6）园林植物病原线虫。

线虫属线形动物门线虫纲，它在自然界分布很广，种类繁多，有的可以在土壤和水中生活，有的可以在动植物体内营寄生生活。被线虫危害的植物种类很多，裸子植物、被子植物等均能受害。我国园林植物线虫病害共计有百余种，目前危害较严重的有仙客来、牡丹、月季等的根结线虫病，菊花、珠兰的叶枯线虫病，水仙茎线虫病以及松材线虫病等。

①植物线虫病害的症状。

线虫对植物的致病作用，除了表现为吻针对寄主刺伤和虫体在寄主组织内穿行所造成的机械损伤之外，还表现为分泌各种酶和毒素，使寄主组织和器官发生各种病变。园林植物线虫病害的主要症状表现为以下两种类型。

A. 全株性症状。植株生长衰弱矮小,发育缓慢,叶色变淡,甚至萎黄,类似缺肥、营养不良的现象。这种症状主要是根部受线虫危害所致。

B. 局部性症状。由于线虫取食时寄主细胞受到线虫唾液(内含多种酶,如酰胺酶、转化酶、纤维酶、果胶酶和蛋白酶等)的刺激和破坏作用,常引起各种异常的变化,其中最明显的是瘿瘤、丛根及茎叶扭曲等畸形症状。

②植物线虫病害的防治。

A. 植物检疫。

有些重要的线虫在我国尚未发现,应采取过关检疫措施,有效防止这些线虫传入我国。

B. 轮作和间作。

植物寄生线虫大多是专性寄生的,它们的卵和幼虫在土壤中存活的时间有限,用非寄主作物或树种进行轮作和间作,可以达到防治的目的,轮作的期限应根据线虫在土壤中的存活期而定。在美国曾发现在桃园中间作猪屎豆能降低根瘤线虫的密度。

C. 种苗处理。

有些线虫是在种子或苗木中越冬并由种苗传播,带有线虫的树苗可用热力处理。如受根结线虫侵害的桑苗,在 48～52℃ 下处理 20～30min,即可杀死根瘤中的线虫。

D. 土壤处理。

土壤是线虫活动的主要场所,土壤处理是防治植物线虫病的传统方法。土壤处理通常有药剂处理和热处理两种方法。目前常用的杀线虫剂有氯化苦、克线磷、呋喃丹等。热处理土壤多采用干热法,温室可用蒸汽加热土壤。

(7)寄生性种子植物。

种子植物大都是自养的,只有少数因缺乏叶绿素不能进行光合作用或因某些器官退化而成为异养的寄生植物,这类植物大都是双子叶的,已知有 1700 多种,分属于 12 个科。

寄生性种子植物依据寄生方式可分为半寄生和全寄生两种。重要的半寄生性种子植物为桑寄生科,这种植物的叶片有叶绿素,可以进行光合作用,但必须从树木寄生体内吸取矿质元素和水分。桑寄生科在我国已发现 6 个属,50 余种,其中最重要的是桑寄生属,其次是槲寄生属。重要的全寄生性种子植物有菟丝子科和列当科。这类植物的根、叶均已退化,全身没有叶绿素,只保留茎和繁殖器官,它们的导管、筛管与寄生植物的导管和筛管相连,从寄主植物中吸收水和无机盐,并依赖寄主植物供给碳水化合物和其他有机营养物质。

寄生性种子植物对木本植物的危害是使生长受到抑制,如落叶树受桑寄生侵害后,树叶早落,次年发芽迟缓,常绿树则在冬季引起全部落叶或局部落叶,树木受害,有时引起顶枝枯死,叶面缩小等。

①桑寄生属。

桑寄生一般是桑寄生属植物的总称,这一属的植物是一种常绿性寄生灌木(也有少数是落叶性的),高 1m 左右,叶对生、轮生或互生,全缘。两性花,花被 4～6 枚,果实为浆果,呈球形或卵形。桑寄生的种子是鸟类传播的,有的鸟喜欢浆果,但种子不能消化,被吐出或经消化道排出,当种子落到树上,便黏附在树皮上,在适宜条件下萌发,萌发过程产生胚根,胚根与寄主接触后形成盘状吸盘,附着在树皮上,由吸盘产生初生吸根,从皮孔或侧芽侵入树皮的外层;当初生吸根接触到活的寄主皮层组织时,便形成分枝的假根,然后产生与假根垂直的次生吸根,伸入木质部与寄主导管相连,吸取寄主的水分和无机盐,供桑寄生生长发育;在次生吸根及假根上,可以不断产生不定芽并形成新的枝条,又从茎基部的不定芽上长出匍匐茎,沿着主枝干背光面延伸并产生吸根侵入寄主树皮,如此不断蔓延危害,被害植物树势衰退,严重者可致上部枝条枯死。该属在我国最常见的有桑寄生和樟寄生(褐背寄生)两种。

②槲寄生属。

槲寄生是槲寄生属植物的总称,叶片革质,对生或全部退化;小茎作叉状分枝,不产生匍匐茎。花极小,单生或互生,雌雄异株,果实为浆果,内果皮外有一层吸水性很强的黏性物质,内含槲寄生素,味涩,对种子有保护作用。果实成熟后,以其鲜艳的颜色招引鸟类啄食,种子自鸟嘴吐出或从鸟粪便中排出,以此来传播。

槲寄生与寄主的关系与桑寄生相同,槲寄生能产生生长刺激物质,使寄主受害部位过度生长形成肿瘤。

③菟丝子属(图 2-38)。

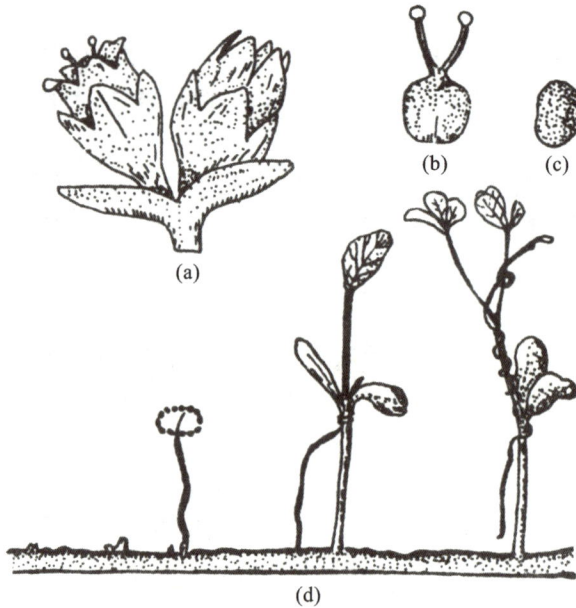

图 2-38 菟丝子种子萌发及侵害方式

菟丝子是菟丝子属植物的总称,全世界有 100 多种,我国发现有 10 余种。常见的有中国菟丝子和日本菟丝子。菟丝子种主要根据茎的粗细、花和蒴果的形态及寄主的范围加以区别。

我国菟丝子茎细,直径在 1mm 以下;黄色,无叶;花小,聚生成无柄小花束;蒴果内有种子 2～4 枚。主要危害草本植物,以豆科植物为主,还寄生于菊科、黎科等植物。常危害一串红、翠菊地肤、美女樱、长春花、扶桑等多种观赏性植物。

日本菟丝子茎较粗,直径达 2mm,黄白色,并有突起的紫斑;尖端及其下面三个节上有退化鳞片状的叶;花冠管状,白色,蒴果内有种子 1～2 枚。主要危害木本植物。它的寄主范围很广,在我国已发现 80 种以上的植物受害。

菟丝子的种子成熟后,脱落在地上,到第二年春天萌发,萌发的时期一般较寄主植物开始生长或萌发期晚,这样便于它营寄生生活。种子萌发时,种胚的一端先形成无色或黄色丝状幼芽,幼芽在空中旋转,当碰到寄主时,就缠绕在其上,在两者紧密结合处,菟丝子即产生吸盘伸向寄主组织,部分组织分化为导管和筛管,分别同寄主的导管和筛管连接,从寄主体内吸取养料,当寄生关系建立之后,原来的幼茎下部即枯死,菟丝子完全与土壤脱离关系,其上端继续产生分枝,又绕在寄主植物上产生新的吸器。菟丝子的蔓延速度很快,一株菟丝子在有利条件下经过 3 个月可以发展到 $20m^2$ 的面积,其断茎能继续生长,进行营养繁殖。

防治菟丝子主要通过减少侵染来源,消除菟丝子和种子,冬季深耕,使种子深埋土中,不能萌发。此外,在春末夏初进行苗地检查,发现菟丝子立即清除,以免蔓延。

3. 园林植物病害检查方法

园林植物病害种类很多,按其病原可将病害大致分为两类:一类是传染性病害,其病原有真菌、细菌、病毒、线虫等。另一类是非传染性病害,其病原有温度过高或过低、水分过多或过少、土壤透气不良、土壤溶液浓度过高、药害及空气污染等不利环境条件。

检查,及时发现病害对控制和防治病害的大发生十分重要。常用的方法如下所述。

(1)检查叶片上出现的斑点。

一般周围有轮廓,比较规则,后期上面又生出黑色颗粒状物,这时再切片用显微镜检查。叶片细胞里有菌丝体或子实体,为传染性叶斑病,根据子实体特征再鉴定为哪一种。病斑不规则,轮廓不清,大小不一,查无病菌的则为非传染性病斑。传染性病斑在一般情况下,干燥的多为真菌侵害所致。斑上有溢出的脓状物,病变组织一般有特殊臭味,多为细菌侵害所致。

(2)检查叶片正面生出的白粉物。

多为白粉病或霜霉病。白粉病在叶片上多呈片状,霜霉病则多呈颗粒状,如黄栌白粉病、葡萄霜霉病。叶片背面(或正面)生出黄色粉状物,多为锈病,如毛白杨锈病、玫瑰锈病、瓦巴斯草锈病等。

(3)检查叶片黄绿相间或皱缩变小、节间变短、丛枝、植株矮小情况。

出现上述情况多为病毒所引起。叶片黄化,整株或局部叶片均匀褪绿,进一步白化,一般由类菌质体或生理原因引起,如翠菊黄化病等。

(4)观察阔叶树的枝叶枯黄或萎蔫。

如果是整株或整枝的,先检查有没有害虫,再取下萎蔫枝条检查其维管束和皮层下木质部,如发现有变色病斑,则多是真菌引起的导管病害,影响水分输送造成;如果没有变色病斑,可能是由于茎基部或根部腐烂病或土壤气候条件不好所造成的非传染性病害。

如果出现部分叶片尖端焦边或整个叶片焦边,再观察其发展,看是否生出黑点,检查有无病菌,如果发现整株叶片很快都焦尖或焦边,则多由土壤、气候等条件所引起。

(5)检查松树的针叶枯黄。

如果先由各处少量叶子开始,夏季逐渐传染扩大,到秋季又在病叶上生出隔段,其上生出黑点的则多为针枯病,很快整枝整株全部针叶焦枯或枯黄半截,或者当年生针叶都枯黄半截的,则多为土壤、气候等条件所引起。

(6)辨别树木、花卉干、茎皮层起泡、流水、腐烂情况。

①局部细胞坏死多为腐烂病,后期在病斑上生出黑色颗粒状小点,遇雨生出黄色丝状物的,多为真菌引起的腐烂病;只起泡流水,病斑扩展不太大,病斑上还生黑点的,多为真菌引起的溃疡病。如杨柳腐烂病和溃疡病。

　　②树皮坏死,木质部变色腐朽,病部后期生出病菌的子实体(木耳等),是由真菌中担子菌所引起的树木腐朽病。

　　③草本花卉茎部出现不规则的变色斑,发展较快,造成植株枯黄或萎蔫的多为疫病。

　　(7)检查树木根部皮层病变情况。

　　如根部皮层产生腐烂、易剥落的多为紫纹羽病、白纹羽病或根朽病等。紫纹羽病根上有紫色菌丝层;白纹羽病有白色菌丝层;后期病部生出病菌的子实体(蘑菇等)的多为根朽病;根部长瘤子,表皮粗糙的,多为根癌肿病。幼苗根际处变色下陷,造成幼苗死亡的,多为幼苗立枯病。

　　一些花卉根部生有许多与根颜色相似的小瘤子,多为根结线虫病,如小叶黄杨根结线虫病。地下根茎、鳞茎、球茎、块根等细胞坏死腐烂的,如表面较干燥,后期皱缩的,多为真菌危害所致;如有溢脓和软化的,多为细菌危害所致。前者如唐菖蒲干腐病,后者如鸢尾细菌性软腐病。

　　(8)检查树干树枝流脂流胶。

　　树干树枝流脂流胶的原因较复杂,一般由真菌、细菌、昆虫或生理原因引起,如雪松流灰白色树脂,油松流灰白色松脂(与生理和树蜂产卵有关),栾树春天流树液(与天牛、木蠹蛾危害有关),毛白杨树干破裂流水(与早春温差、树干生长不匀称有关),合欢流黑色胶(由吉丁虫危害引起)等。

　　(9)观察树木小枝枯梢。

　　枝梢从顶端向下枯死,多由真菌或生理原因引起。前者一般先从星星点点的枝梢开始,发展起来有个过程,如柏树赤枯病等;后者一般是一发病就大部或全部枝梢出问题,而且发展较快。

　　(10)辨认叶片、枝或果上出现的斑点。

　　病斑上常有按轮排列的突破病部表皮的小黑点,由真菌引起,如小叶黄杨炭疽病、兰花炭疽病等。

　　(11)检查花瓣上出现的斑点。

　　花瓣上出现斑点,并见有发展,沾污花瓣,花朵下垂,为真菌引起的花腐病。

2.5.2　园林绿地虫害

花卉病虫
原色图鉴

　　园林绿地害虫种类较多,从大类上可分为昆虫(黏虫、蚜虫等)、螨类(叶螨、瘿螨)、软体动物(蜗牛、蛞蝓)等,它们都以各自的方式危害园林绿地,造成叶残根枯,影响园林绿地景观。害虫的类别不同,其防治措施也有所差异。

　　由于园林绿地害虫中昆虫占绝对优势,下面就以昆虫为例介绍害虫的基础知识。

昆虫属节肢动物门昆虫纲。其主要特征是:体躯分为头、胸、腹 3 个体段,头部有触角、复眼、单眼和口器,胸部有 3 对足、2 对翅,腹部具外生殖器及气门。常见的有蝗虫、蛾类、蝇类、蚜虫等。昆虫种类多、分布广、适应性强、繁殖力惊人,昆虫是动物界中最大的一个类群,有100 万种以上。

1. 昆虫的分类

昆虫种类繁多,分类方式多种多样,除"界、门、纲、目、科、属、种"等传统的分类方式外,在防治害虫的过程中,还常常有以下几种分类方式。

(1)根据害虫取食方式,分为咀嚼式口器(蝗虫、蛾类幼虫等)、刺吸式口器(蚜虫、叶蝉等)、锉吸式口器(蓟马)等。

(2)根据害虫栖息场所,分为地下害虫(蝼蛄等)和地上害虫(叶蝉等)。

(3)根据危害园林绿地的部位,分为食叶害虫(黏虫等)、吸汁害虫(蚜虫、蓟马等)、钻蛀害虫(潜叶蝇等)、食根害虫(蛴螬等)。

2. 昆虫生物学知识

(1)变态。

昆虫在发育过程中从外部形态到内部构造都出现一系列变化,称为变态。在形态上常有几个不同的发育阶段。这种变化大致可分为 2 个类型,即完全变态与不完全变态,前者一生要经过卵、幼虫、蛹、成虫 4 个发育阶段,幼虫与成虫不仅形态不同,生活习性也不一样,且在幼虫和成虫之间有一个不吃不动的蛹,如黄刺蛾等;后者则只有卵、若虫、成虫 3 个发育阶段,若虫和成虫在形态及生活习性上基本相同,在若虫期和成虫期之间没有蛹期,如梨网蝽等。

(2)生长发育。

①孵化与孵化期。昆虫胚胎发育完成后,从卵壳内破壳而出,这个过程称为孵化。卵从母体产出到孵化为幼虫为止,这段时间称为卵期。在同一个世代中成虫所产的卵,从第 1 粒孵化开始到全部的卵都孵化完为止,所经过的时间称为孵化期。

②龄期。龄期是指幼虫相邻两次蜕皮所经历的时间。刚孵化的幼虫到第一次蜕皮止,称1 龄幼虫;而后每蜕一次皮,增加 1 龄,即称 2 龄、3 龄、4 龄,依次类推。

③化蛹与羽化。幼虫老熟后,最后一次蜕皮,幼虫变成不吃不动状态,称为化蛹。幼虫从卵内孵化出至化蛹的这段时间,称为幼虫期。蛹经过生理变化,变为成虫。从化蛹开始到羽化为成虫为止,所经历的时间称为蛹期。成虫破蛹壳而出称为羽化。成虫从羽化开始至死亡为止,这段时间称为成虫期。

(3)世代和年生活史。

①世代。昆虫从卵开始到变为成虫为止的历程称为 1 个世代,简称 1 代。昆虫可以 1 年发生 1 代或几代,如同型巴蜗牛 1 年发生 1 代、小地老虎在华北地区 1 年发生 4 代;也可几年发生 1 代,如华北蝼蛄在华北则需 3 年才能完成 1 代。昆虫世代历期的长短主要取决于昆虫自身的内在特性及所在地区均有效积温。

②年生活史。1 种昆虫在 1 年中的发育史,或者说从当年的越冬虫态开始活动起,到第 2年越冬结束止的发育过程,称为年生活史。昆虫遇到高温或低温而停止生长发育称为滞育,如在冬天发生称为越冬,在夏季发生则称越夏。

（4）繁殖方式。

昆虫是卵生动物，多数要经过两性交配后产卵繁殖，如黏虫、华北蝼蛄等；有一些种类未经雌雄交配，卵不经过受精也发育成为新个体，称为孤雌生殖，如部分蓟马；有些虫卵在母体内就能发育为幼体，然后产出来，称为卵胎生，如蚜虫。

（5）生活习性。

昆虫的生活习性是指昆虫的活动和行为，是种群的生物学特性，并非每种昆虫都具有。

①趋性。趋性是昆虫受外界某种物质连续刺激产生的强迫性定向运动。趋向刺激源称正趋性，避开刺激源称负趋性。按刺激源的性质不同可分为趋光性、趋化性、趋温性等。趋性对昆虫的寻食、求偶、产卵及躲避不良环境等有利。人们可以利用这些习性来防治害虫，如黏虫、小地老虎的成虫具趋光性，可利用黑光灯进行诱杀。

②迁移性。昆虫在个体发育过程中，为了满足自身对食物和环境的需求，都有向周围扩散、蔓延的习性，如蚜虫；有的还能成群结队远距离地迁飞转移，如蝗虫、黏虫等。了解害虫迁飞规律，有助于人们掌握害虫消长动态，以便在其扩散前及时防治。

③假死性。有些昆虫受到惊动后，立即收缩附肢，蜷缩成一团坠地装死，称假死性，如金龟子成虫。这是昆虫逃避敌害的一种自卫反应，人们常利用这种习性来振落捕杀。

（6）危害性。

①取食性危害。害虫能直接危害园林植物的根、茎、叶、花、果实与种子等部位，形成不同的被害状。因害虫口器类型及取食部位不同，表现出多种危害方式，归纳起来，主要有以下几种。

A.嚼食：害虫咬食叶片，使之形成缺刻、孔洞，或将叶片吃光仅残留叶柄和叶脉，严重影响园林植物的生长发育和观赏。

B.卷叶（缀叶）：将单张叶片卷曲造成卷叶或吐丝将数张叶片连缀在一起形成缀叶，害虫则藏匿其中为害，使得叶片卷缩，影响嫩梢、嫩叶的正常生长。

C.潜叶：害虫在叶片的上下表皮间潜食叶肉，造成弯弯曲曲的虫道，严重时引起叶片大量脱落。

D.钻蛀：害虫在花木枝干的木质部内钻成隧道，蛀食为害，受害花木易早衰。

E.刺吸：被害部位出现褪绿或黄化斑点，嫩叶卷曲，果实畸形，甚至整株枯死。

F.虫瘿：植株的根、茎、叶等部位由于受害虫的刺激而产生虫瘿，影响观赏效果。

②非取食性危害。

A.产卵伤害：大青叶蝉等害虫将卵成排产在茎干、枝条表皮下的组织中，破坏花木的输导组织，造成枝条或幼树枯萎。

B.土壤中穿行危害：蝼蛄在土中穿行形成许多隧道，使得植株根系与土壤根系分离失水，造成植株生长不良或死亡。

③传播植物病害：有些植物病害是由某些害虫传播的，如蚜虫传播病毒病、松墨天牛传播松材线虫病等。

此外，蚜虫、粉虱、介壳虫等害虫排出的蜜露会玷污叶片，诱致煤污病的发生。

3. 昆虫生态学知识

影响昆虫发生的环境因素主要有气候、生物、土壤等。

（1）气候因素。

影响昆虫发生的气候因素包括温度、湿度、光照和风等。

①温度：昆虫是变温动物，体温随环境温度的变化而变化。昆虫新陈代谢的速率在很大程度上受环境温度的支配。温度对昆虫的生长发育、成活、繁殖、分布、活动及寿命等许多方面都有重要的影响。1 种昆虫完成一定的发育阶段(1 个虫期或 1 个世代)所需的总热量是 1 个常数，所以在一定温度范围内，温度越高，昆虫发育的速率越快。反之，不适宜的温度则使昆虫生长变慢，甚至死亡。

②湿度：不同湿度可加速或延缓昆虫生长发育，影响其繁殖与活动。

③光照：主要影响昆虫的行为。昼夜节律的变化会影响昆虫的活动、年生活史以及迁移等。

④风：影响昆虫的迁移、扩散活动。如草地螟等具有迁飞特性的昆虫往往会受季风的影响。

（2）生物因素。

影响昆虫发生的生物因素主要包括食物和天敌。

①食物：昆虫对寄主植物是有选择性的，不同种类的昆虫，其取食范围有所不同，可以是几种、十几种，甚至上百种，但最喜食的植物种类却不多。吃最喜食的植物时，昆虫发育速度快、死亡率低、繁殖力强。但植物并不是被动的，在长期演化过程中，产生了多方面的抗虫特性，如生化、形态和物候抗虫特性等。

②天敌：天敌包括病原微生物、食虫昆虫以及食虫的鸟类、蛙类等。病原微生物包括病毒、细菌、真菌、线虫、原生动物等。目前已有许多微生物制剂被广泛应用于害虫防治中，如苏云金杆菌、白僵菌等。食虫昆虫种类也很多，如捕食性瓢虫、寄生性赤眼蜂等可以成规模生产，用以防治害虫。

（3）土壤因素。

土壤是昆虫的重要生活环境，许多昆虫终生生活在其中，大量地上生活的昆虫也有个别虫期生活在土壤中，如黏虫、斜纹夜蛾等昆虫的蛹期。土壤对昆虫的影响主要体现在它的物理和化学特性两个方面。土壤温度、湿度的变化，通风状况，水分及有机质含量等不同，对昆虫的适生性影响各异，如蛴螬喜欢黏重、有机质多的土壤，蝼蛄则喜欢砂质疏松的土壤。也有些昆虫对土壤的酸碱度及含盐量有一定的要求。

4. 园林绿地常见害虫种类与识别

（1）园林绿地常见害虫种类。

①吸汁害虫。

吸汁害虫是指具有刺吸式口器与锉吸式口器的害虫，种类很多，包括蚜虫、螨类、介壳虫、叶蝉、蜡蝉、木虱、粉虱、椿象、蓟马等。其发生特点为：以口针刺入或锉破园林植物组织吸吮汁液，受害部位形成细小的褪色、变色斑点或卷曲、皱缩、畸形等症状；发生代数多，高峰期明显；个体小，繁殖力强，发生初期危害状不明显，易被人忽视；扩散蔓延迅速，借风力、苗木传播远方；多数种类为媒介昆虫。可传播病毒病和植原体病害。

A.蚜虫类：俗称"腻虫""密虫""蜜虫""芽虫"，种类很多。各类园林植物都遭受蚜虫的危害。其取食的部位大多在嫩叶、嫩茎及花蕾上，而且多在叶背为害。其直接危害是刺吸汁液，使叶片褪色、卷曲、皱缩，甚至发黄脱落，形成虫瘿等症状，同时排泄蜜露诱发煤污病。其间接危害是传播多种病毒，引起病毒病。常见的种类有桃蚜、棉蚜、菊小长管蚜、月季长管蚜、绣线菊蚜、莲缢管蚜、桃瘤蚜、白兰台湾蚜等。

B.螨类:又名红蜘蛛,是园林植物上一类常见的重要害虫。主要危害园林植物的叶、茎、花蕾等部位,且常群集叶背等处,用口针刺吸寄主皮细胞,吸取细胞内叶绿素及其他内含物,使受害部位失绿,出现灰黄色小斑点。严重时造成叶片枯焦,提早脱落。常见危害园林植物的螨类有朱砂叶螨、山楂叶螨、柑橘全爪螨、二点叶螨、跗线螨、短须螨等多种。

C.介壳虫类:俗称"树虱子",园林植物上的介壳虫种类很多,据估计有700多种。植物的根、茎、叶、果等部位都有不同种类的介壳虫寄生。在园林植物上常见的有红蜡蚧、日本龟蜡蚧、吹绵蚧、日本松干蚧、草履蚧、常春藤圆盾蚧、糠片盾蚧、桑白盾蚧、褐软蚧、仙人掌盾蚧、橘棘粉蚧、考氏白盾蚧、梨圆唐蚧、月季白轮盾蚧等。

D.粉虱类:俗称"小白蛾子",体微小,雌雄均有翅,翅短而圆,膜质,翅脉极少,前后翅相似,后翅略小。体翅均有白色蜡粉,故称粉虱。其危害方式是成虫和幼虫群集叶背,用口针插入寄主组织内吸取汁液,使叶片微黄、脱落。其成虫分泌蜜露,常导致煤污病发生。常见危害园林植物的粉虱有白粉虱、烟粉虱、黑刺粉虱和柑橘粉虱等。

E.木虱类:体小型,形状如小蝉,善跳能飞。在园林植物上常见的有梧桐木虱、柑橘木虱、樟叶木虱等。

F.叶蝉类:通称浮尘子,又名叶跳虫,种类很多。身体细长,常能跳跃,能横走,易飞行。在园林植物上常见的有大青叶蝉、小绿叶蝉、棉升蝉、二星叶蝉等。

G.椿象类:蝽类属半翅目,以刺吸式危害植物的叶片、花、果实等,但不同种类危害症状不同。在园林植物上常见的有绿盲蝽、黑盲蝽、梨网蝽、杜鹃冠网蝽等。

H.蜡蝉类:体小型至大型。中足基节长,着生在身体的两侧,互相远离,后足基节短,固定不能活动,并互相接触,能跳跃。常见的有斑衣蜡蝉、龙眼鸡、八点蜡蝉等。

I.蓟马类:种类很多,食性较杂,多为植食性。在园林植物上常见的有花蓟马、烟蓟马、黄胸蓟马、榕管蓟马。

②食叶害虫。园林植物食叶害虫的种类繁多,主要有袋蛾、刺蛾、斑蛾、尺蛾、枯叶蛾、舟蛾、灯蛾、夜蛾、毒蛾、蝶类、叶甲、金龟子、叶蜂、蝗虫等。它们的危害特点是:危害健康的植株,猖獗时能将叶片吃光,削弱树势,为天牛、小蠹虫等蛀干害虫侵入提供适宜条件;大多数食叶害虫营裸露生活,受环境因子影响大,其虫口密度变动大;多数种类繁殖能力强,产卵集中,易暴发成灾,并能主动迁移扩散,扩大危害的范围。

A.袋蛾类:又名蓑蛾、避债蛾、吊死鬼等,幼虫都吐丝缀叶形成护囊,雌虫终生不离幼虫所织的护囊。食性杂,危害多种植物。常见的种类有大袋蛾、小袋蛾、茶袋蛾、白囊袋蛾等。

B.刺蛾类:俗名痒辣子。幼虫蛞蝓形,无胸足,腹足退化,常具有枝刺和毒毛。蛹为裸蛹,蛹外常有光滑坚硬的茧。幼虫危害花木时,常将叶片吃成缺刻,仅留时柄及主脉。常见的有黄刺蛾、桑褐刺蛾、扁刺蛾、褐边绿刺蛾、丽绿刺蛾等多种。

C.毒蛾类:体中型,粗壮多毛,前翅广,足多毛,雌蛾腹端有毛丛。幼虫具有特殊的长毒毛,在化蛹及羽化时毒毛也常常附着在蛹及成虫上,不慎时即会刺入皮肤。毒蛾种类很多,常见的主要有黄尾毒蛾、柳毒蛾、舞毒蛾、杨毒蛾、刚竹毒蛾、侧柏毒蛾等。

D.舟蛾类:幼虫大多颜色鲜艳,背部常有显著的峰突;幼虫栖息时只靠腹足固着,首尾上翘,因形如龙舟而得名。危害园林植物的舟蛾类主要有杨扇舟蛾、杨二尾舟蛾、苹掌舟蛾、国槐羽舟蛾等。

E.尺蛾类:因其幼虫的行动姿态而得名,还称为"步曲"或"造桥虫"。成虫体细、翅大而薄,飞翔力弱。幼虫拟态性强。尺蛾种类很多,危害园林植物的主要有国槐尺蛾、丝棉木金星尺蛾、木橑尺蛾、沙枣尺蛾等。

F.夜蛾类:种类极多,危害方式有食叶性、切根(茎)性及钻蛀性。在园林植物上普遍发生的有斜纹夜蛾、银纹夜蛾、黏虫、甘蓝夜蛾、竹笋禾夜蛾等。

G.灯蛾类:因成虫趋光性强,夜间扑灯而得名。幼虫体毛甚多。在园林植物上常见的有美国白蛾、红缘灯蛾、人纹污灯蛾等。

H.斑蛾类:在园林植物上常见的有朱红毛斑蛾、大叶黄杨斑蛾、竹斑蛾、梨星毛虫等。

I.螟蛾类:危害园林植物的螟蛾除卷叶、缀叶的以外,还有许多钻蛀性害虫。在园林植物中较常见的有松梢螟、黄杨绢野螟、棉卷叶野螟等。

J.天蛾类:是一类大型的蛾子,前翅狭长,后翅呈短三角形,身体粗壮,飞翔迅速,成虫身体花纹怪异,触角尖端有钩,易与其他蛾类区别。幼虫粗大,身体上有许多颗粒,体侧大多有一列斜纹,尾部背面有尾角。园林植物上常见的有霜天蛾、豆天蛾、鬼脸天蛾、咖啡透翅天蛾、蓝目天蛾等。

K.枯叶蛾类:中大型的蛾子。体躯粗壮,被厚毛,因静止时形似枯叶而得名。幼虫大型多毛,有毒,常统称毛虫。多数为林木害虫。在园林植物上发生普遍的有黄褐天幕毛虫、松毛虫类、杨枯叶蛾等。

L.甲虫类:又名金花虫,小至中型,体卵形或圆形,有金属光泽。幼虫肥壮,3对胸足发达。体背常具枝刺、瘤突等,成虫和幼虫都咬食叶片。成虫有假死性,多以成虫越冬。危害园林植物的甲虫种类很多,常见的有榆蓝叶甲、白杨叶甲、柳蓝叶甲、泡桐叶甲等。

M.叶蜂类:叶蜂幼虫与鳞翅目幼虫相似,但叶蜂幼虫有6～8对腹足,腹足上无趾钩,且仅有1对单眼,可与鳞翅目幼虫相区别。在园林植物上较重要的叶蜂类有蔷薇三节叶蜂、叶蜂科的樟叶蜂等。

N.蝗虫类:均为植食性。其中包括一些农、林、果树上的重要害虫,园林植物上比较重要的种类有短额负蝗、黄脊竹蝗、青脊竹蝗等。

O.蝶类:园林植物上常见的有粉蝶科的合欢黄粉蝶、菜粉蝶,凤蝶科的柑橘凤蝶、玉带凤蝶,蛱蝶科的茶褐樟蛱蝶等。

③蛀干害虫。园林植物柱干害虫主要包括鞘翅目的天牛、小蠹虫、吉丁虫、象甲,鳞翅目的木蠹蛾、透翅蛾、螟蛾,膜翅目的树蜂、茎蜂等。蛀干害虫的特点是:生活隐蔽,除成虫期营裸露生活外,其他各虫态均在韧皮部、木质部营隐蔽生活,害虫危害初期不易被发现,一旦出现明显被害征兆,则已失去防治有利时机;虫口稳定,柱干害虫大多生活在植物组织内部,受环境条件影响小,天敌少,虫口密度相对稳定;危害严重。柱干害虫蛀食韧皮部、木质部等,影响输导系统传递养分、水分,导致树势衰弱或死亡,一旦受侵害后,植株很难恢复生机。蛀干害虫的发生与园林植物的养护管理有着密切的关系。适地适树,加强养护管理,合理修剪,适时灌水与施肥,促使植物健康生长,是预防蛀干害虫大发生的根本途径。

A.天牛类:身体多为长型,大小变化很大,触角丝状,常超过体长,复眼肾形,包围于触角灌部。幼虫圆筒形,粗肥稍扁,体软多肉,白色或淡黄色,头小,胸部大,胸足极小或无。以幼虫钻蛀植物枝干,轻则树势衰弱,影响观赏价值;重则损枝折干,甚至枯死。主要种类有星天牛、光肩星天牛、桑天牛、双条杉天牛、桃红颈天牛、双斑锦天牛、双条合欢天牛、松褐天牛、菊小筒天牛等。

B.木蠹蛾类:以幼虫蛀害树干和枝梢,是园林植物的重要害虫。常见的种类有芳香木蠹蛾东方亚种、小线角木蠹蛾、黄胸木蠹蛾、咖啡木蠹蛾、榆木蠹蛾等。

C.吉丁虫类:成虫生活于木本植物上,产卵于树皮缝内。幼虫大多数在树皮下枝干或根内钻蛀,蛀道大多宽而扁,有的生活在草本植物的茎中,少数潜叶或形成虫瘿。危害园林树木的吉丁虫主要有合欢吉丁虫、六星吉丁虫、大叶黄杨吉丁虫、柳吉丁虫。

D.小蠹虫类:为小型甲虫,体近圆形,颜色较暗,触角锤状,鞘翅上纵列刻点。幼虫白色,略弯曲,无足,具棕黄色头部。多数种类寄生于树皮下,有的侵入木质部。种类不同,钻蛀坑道的形状也不同,是园林植物的重要害虫。主要种类有柏肤小蠹、日本双齿长蠹、松六齿小蠹、松纵坑切梢小蠹、松横坑切梢小蠹等。

E.透翅蛾类:其显著特征是成虫前翅无鳞片而透明,很像胡蜂,白天活动。以幼虫蛀食茎干、枝条,形成肿瘤。危害园林树木严重的有白杨透翅蛾、葡萄透翅蛾、苹果透翅蛾等。

F.象甲类:是重要的园林植物钻蛀类害虫,成虫和幼虫均能为害。取食植物的根、茎、叶、果实和种子。成虫多产卵于植物组织内,幼虫钻蛀为害,少数可以产生虫瘿或潜叶危害。常见的有臭蜷沟眶象、沟眶象、长足大竹象等。

④地下害虫。地下害虫是指在土中危害园林植物根部或近土表主茎的害虫。它们有的一生生活在土中,有的某一阶段生活在土中。常见的地下害虫有金龟子、蝼蛄、金针虫、地老虎、蟋蟀、种蝇幼虫等。

A.金龟子类:金龟子分布广,食性杂,成虫是花木上一类重要的食叶害虫,常将叶片咬得残缺不全,虫口数量多时,整叶被吃光,仅剩下主脉及叶柄。其幼虫(蛴螬)是花木上一种主要地下害虫。常见危害花木的金龟子主要有黑绒金龟子、铜绿金龟子、苹毛金龟子、小青花金龟子、白星金龟子、豆蓝金龟子、华北大黑金龟子等多种。

B.蝼蛄类:俗称土狗、地狗、拉拉蛄等。常见的有东方蝼蛄、华北蝼蛄2种。

C.金针虫类:又名铁丝虫、黄夹子虫,是叩头甲类幼虫的统称,有多种,常在苗圃中咬食苗本的嫩茎、嫩根或种子。幼苗受害后逐渐枯死。危害园林植物最常见的有沟金针虫和细胸金针虫2种。

D.地老虎类:以小地老虎分布最广,危害最严重。

(2)根据被害状辨识害虫。

不同种类的害虫,对园林植物的危害状不同,可以根据园林植物的被害状辨识害虫。

①根据叶片的被害状识别害虫。

有些害虫危害园林植物叶片,为了识别是哪一类害虫为害,可从叶片的被害状来辨识。例如危害嫩叶、嫩梢,造成卷叶、皱缩,但叶片没有被咬伤,叶片上面有油质分泌物的,多是蚜虫、粉虱和木虱为害。蚜虫夏天在叶片很少有卵,而粉虱和木虱在叶片上常有许多卵。危害嫩叶、嫩梢并常把叶片缀在一起,幼虫在其中咬食叶片的,多为卷叶虫类害虫。如把许多叶子用丝连缀在一起,里面有许多虫子食害叶片的,多为巢蛾类害虫。把花、花蕾、叶片咬得残缺不全、留下丝状的叶丝,甚至吃光仅留下叶柄,且虫粪是尖细的,多为金龟子为害。把叶片咬成缺刻或孔洞,若叶面有白色黏液的痕迹,并有线状粪便的,是蜗牛或蛞蝓为害。把零星叶片咬成大的缺刻或把整个叶片咬成灰白色透明网状的,多为刺蛾幼虫为害。把许多叶片啃成透明白点的,多为金花虫为害。咬食叶片,仅剩下粗叶脉的,多为食叶蜂幼虫为害。蛀食嫩梢的,多为螟蛾和卷叶蛾幼虫为害。枝条上的叶子被吃光,仅留下叶柄的,多是天蛾幼虫和天幕毛虫、舟形毛虫等为害。把叶片卷成筒状,幼虫藏在里面食害的,多为细蛾幼虫为害。幼虫钻入叶肉里进行为害的,有潜叶蛾、潜叶蝇、瘿蚜、象鼻虫等。潜叶蛾幼虫为害后形成弯曲的隧道,叶片上出现灰褐色近圆形斑,里面有黑色虫粪;潜叶蝇幼虫把叶片穿成一道道弯弯曲曲的黄白色隧道;瘿蚜在叶片上形成黄红色的虫点或斑块,多发生在主脉两侧,严重时造成部分或整株焦叶、落叶的,多为红蜘蛛为害,也有的是介壳虫、锈螨、军配虫或叶蝉为害。介壳虫为害时常使枝叶黄萎脱落,并常伴随有黑霉覆盖叶片;军配虫为害后,全叶苍白,同时叶片背面有黑色像柏油状小块的排泄物;叶蝉个体较大,多为绿色,能横向爬行,会飞。叶面萎缩成球状的,或新叶开展时无新伤害就破烂的,是绿盲蝽为害。把叶片顺向折叠成"饺子"状,幼虫藏在其中为害的,多为梨形毛虫为害。把花朵、果实、叶片、嫩梢锉吸成银灰色条形或片状斑纹,造成卷缩或枯黄的,为蓟马所食害。

②根据枝干和根部被害状识别害虫。

危害枝条、树干韧皮部和木质部的害虫,一般多为天牛类、木蠹蛾类、吉丁虫类、透翅蛾类、小蠹类、蜂类等。天牛和木蠹蛾所蛀食的隧道较深而长,一般不规则,并向外排出粪便。如粪便为锯屑状的,多半是天牛;如粪便呈颗粒状或圆球形的,很可能是木蠹蛾幼虫。天牛幼虫一般都是白色或黄色,多数种类胸足极小,有些种类无足,而木蠹蛾幼虫一般为红色,有足。透翅蛾和枝条天牛在大树上都是危害枝条,多蛀食髓部,低枝条天牛多危害 2 年生筷子粗的枝条,幼虫白色、无足;而透翅蛾多危害手指粗的枝条,幼虫白色、有足。蜂类幼虫一般蛀食髓部,不形成虫瘿,幼虫多为白色,有胸足而无腹足。小蠹和吉丁虫一般以蛀食枝干的皮层为主,但小蠹一般蛀食的坑道较规则,有母坑道和子坑道,呈放射状,幼虫白色、短粗、稍弯曲;而吉丁虫的坑道一般不规则,幼虫体细长,带状、扁平,乳白色,无足。前胸扁阔如大头,胴部其他部分狭长。在葡萄藤上如蛀屑较细,颜色较深又较潮湿的,为葡萄透翅蛾为害。危害根部的害虫常在地表造成不同的被害状,如纺苗根颈部被咬断,伤口似刀切的,又常被拖入土穴里去的,多为地老虎为害。咬坏幼苗根部,皮层有损伤,而土表又没有明显隧道的,多为金针虫、蛴螬为害。咬坏幼苗根部,伤口不齐并有丝丝纤维,土表有明显隧道的,多为蝼蛄为害。根系上有小虫,虫体上有白色蜡质物的,多为棉蚜为害。根部受害后细胞增生变形,形成瘿瘤的,多为根瘤线虫为害。

● 2.5.3　园林绿地草害

1.园林绿地杂草的概念

凡是生长在人工种植的土地上,除目的栽培植物以外的所有植物都是杂草,即长错了地方的植物。园林绿地杂草是园林绿地上除栽培的目的植物以外的其他植物。杂草与园林植物争夺水、肥、阳光和空间,不仅会影响园林植物的正常生长,而且常常破坏园林绿地的景观效果,并能传播病虫害。

2. 园林绿地杂草的分类

了解园林绿地杂草分类方法,对有效防治杂草是十分必要的。杂草在长期适应外界环境的过程中,形成了一套自身特有的适应性和生存方式,了解这些生活方式,对于正确地识别杂草种类意义重大。

园林绿地杂草除了按植物分类学分成不同的科、属、种外,还可按如下方式进行分类。

(1)按生育期分类。

按生育期的长短,杂草可分为一年生、越年生和多年生杂草。

①一年生杂草:该类杂草在一个生长季节内完成其生活史,从种子发芽到成熟结实在一年内完成,即春天发芽,夏天或秋天结籽,称为一年生杂草,如牛筋草、反枝苋等。

②越年生杂草:该类杂草在夏末或秋天发芽,植株处于未成熟的状态度过冬季的几个月,来年春天再进一步进行营养生长。春末或夏初开花、结籽,生长时间虽不足一年,但跨2个年度,因而称为越年生杂草,如独行菜、看麦娘等。

③多年生杂草:该类杂草生长期较长,可存活多年,既可以种子繁殖又能以根茎等营养器官繁殖,通常以营养器官休眠越冬。根据其营养繁殖的方式不同又可分为匍匐根状茎类,如狗牙根等;地下根状茎类,如芦苇、田旋花、苣荬菜等。多年生杂草的抗药性比一年生杂草要强,防治难度较大。

(2)按植物的形态和对除草剂的敏感性分类。

按植物的形态,杂草可分为阔叶草、禾草、莎草。这3类杂草对除草剂的敏感性不同。有些除草剂只对禾草有效,有些除草剂则只对阔叶草有效。

①阔叶草:包括双子叶的杂草和部分单子叶杂草。主要形态特征为叶片宽大,有柄,茎常为实心。如反枝苋、苘麻、马齿苋、荠菜等。

②禾草:属于禾本科植物。主要形态特征为叶片狭长、叶脉平行、无叶柄,茎圆形或扁形,分节,节间中空。如马唐、稗草、牛筋草、狗尾草等。

③莎草:属于莎草科植物,其叶片形态与禾草相似,但叶片表层有蜡质层,较光滑;茎三棱、不分节、实心。如香附子、异型莎草等。

(3)按生存环境分类。

按生存环境,杂草可分为水生型、湿生型与旱生型。园林绿地杂草以旱生型为主,如马唐、苦菜等,也伴有少量的喜湿杂草,如双穗雀稗、空心莲子草等。

3. 园林绿地杂草的危害时期

(1)一年生杂草:该类杂草一般在4—5月萌发,秋季开花结实,8月是其生长旺盛期,也是其主要危害期。

(2)越年生杂草:该类杂草一般在9—10月种子萌发生长,以幼芽越冬;第2年春季返青,春末夏初迅速生长,5—6月开花结实,待种子成熟后枯死。其主要危害时期为春季、秋季。

(3)多年生杂草:该类杂草多在春季萌发,夏秋季生长旺盛,晚秋至冬季地上部分枯萎,所以其危害时期为5—8月。7—8月由于温度高,湿度大,适宜于各类杂草生长,因此也是杂草危害园林绿地的主要时期。

园林绿地杂草在一年中发生的先后顺序为:一般是双子叶杂草先发生,尤其是越年生和多年生杂草,其后是单子叶杂草,最后发生的又是双子叶杂草,所以在防治时要根据杂草的发生规律采取相应的防治措施。

4. 园林绿地主要杂草种类

我国地域广阔,地跨热带、亚热带、暖温带、温带、寒温带,杂草种类繁多,有近 450 种,分属 45 科。北方地区的主要杂草有 32 科 90 种,其中马唐、牛筋草、狗尾草、稗草、狗牙根、白茅、碱 茅、皱叶酸模、马齿苋、荠菜、黄花蒿、龙葵、反枝苋、田旋花、酢浆草、繁缕、香附子等为优势杂 草,危害较重;南方地区的主要杂草有 33 科 136 种,其中牛筋草、稗草、看麦娘、早熟禾、野燕 麦、苍耳、马唐、刺苋、石胡荽、小飞蓬、繁缕、牛繁缕、马齿苋、碎米莎草、香附子、空心莲子草、鸭 跖草、飞扬草、大马蓼等为恶性杂草,较难防除。

● 2.5.4　园林绿地病虫害综合防治技术

1. 植物检疫

植物检疫又称为法规防治,指一个国家或地区用法律或法规形式,禁止某些危险性的病 虫、杂草人为地传入或传出,或对已发生及传入的危险性病虫、杂草采取有效措施予以消灭或 控制其蔓延。植物检疫与其他防治技术具有明显不同。第一,植物检疫具有法律的强制性,任 何集体和个人不得违规。第二,植物检疫具有宏观战略性,不计局部地区当时的利益得失,而 主要考虑全局长远利益。第三,植物检疫防治策略是对有害生物进行全面的种群控制,即采取 一切必要措施,防止危险性有害生物进入或将其控制在一定范围内或将其彻底消灭。所以,植 物检疫是一项最根本性的预防措施,是园林植物保护的一项主要手段。

植物检疫主要内容有检疫对象的确定、疫区和非疫区的划分、植物及植物产品的检验与检 测、疫情的处理。

(1)检疫对象的确定。

根据《国际植物保护公约》(1999 年)的定义,检疫性有害生物是指一个受威胁国家目前尚 未分布,或虽然有分布但分布不广,对该国具有经济重要性的有害生物。根据这个定义,确定 植物检疫对象的一般原则如下:必须是我国尚未发生或局部发生的主要植物的病虫害;必须是 严重影响植物的生长和价值,而防治又比较困难的病虫害;必须是容易随同植物材料、种子、苗 木和所附泥土以及包装材料等传播的病虫害。

(2)疫区和非疫区(保护区)的划分。

疫区是指由官方划定、发现有检疫性病虫害为害并由官方控制的地区。而非疫区则是指 有科学证据证明未发现某种检疫性病虫害,并由官方维持的地区。疫区和非疫区主要根据调 查和信息资料,依据危险性病虫的分布和适生区进行划分,并经官方认定,由政府宣布。对疫 区应严加控制,禁止检疫对象传出,并采取积极措施,加以消灭。对非疫区要严防检疫对象的 传入,充分做好预防工作。

(3)植物及植物产品的检验与检测。

植物检疫检验一般包括产地检验、关卡检验和隔离场圃检验等。

①产地检验。

产地检验是指在调运植物产品的生产基地实施的检验。对于关卡检验较难检测的检疫对象常采用此法。产地检验一般是在危险性病虫高发流行期前往生产基地，实地调查应检危险性病虫及其危害情况，考察其发生历史和防治状况，通过综合分析做出决定。对于田间现场检测未发现检疫对象的即可签发产地检疫证书；对于发现检疫对象的则必须经过有效的处理后，方可签发产地检疫证书；对于难以进行处理的，则应停止调运并控制使用。

②关卡检验。

关卡检验是指货物进出境或过境时对调运或携带物品实施的检验，包括货物进出国境和国内地区间货物调运时的检验。关卡检验的实施通常包括现场直接检测和取样后的实验室检测。

③隔离场圃检验。

隔离场圃检验是指对有可能潜伏有危险性病虫的种苗实施的检验。对可能有危险性病虫的种苗，按审批机关确认的地点和措施进行隔离试种，一年生植物必须隔离试种一个生长周期，多年生植物至少两年以上，经省、自治区、直辖市植物检疫机构检疫，证明确实不带有危险性病虫的，方可分散种植。

（4）疫情的处理。

疫情处理所采用的措施依情况而定。一般在产地隔离场圃发现有检疫性病虫，常由官方划定疫区，实施隔离和根除扑灭等控制措施。关卡检验发现检疫性病虫时，则通常采用退回或销毁货物、除害处理和异地转运等检疫措施。

除害处理是植物检疫处理常用的方法，主要有机械处理、温热处理、微波或射线处理等物理方法和药物熏蒸、浸泡或喷洒处理等化学方法。所采用的处理措施必须能彻底消灭危险性病虫和完全阻止危险性病虫的传播和扩展，且安全可靠，不造成中毒事故，无残留、不污染环境等。

2. 植物栽培技术防治

利用园林栽培技术来防治病虫害，即创造有利于植物生长发育而不利于病虫害为害的条件，促使植物生长健壮，增强其抵抗病虫害为害的能力，是病虫害综合治理的基础。园林技术防治的优点是：防治措施结合在园林栽培过程中完成，不需要另外增加劳动力，因此可以降低劳动力成本，增加经济效益。其缺点是：见效慢，不能在短时间内控制爆发性的病虫害。植物栽培技术防治措施主要有以下几点。

（1）选用无病虫种苗及繁殖材料。

在选用种苗时，尽量选用无虫害、生长健壮的种苗，以减少病虫害为害。如果选用的种苗中带有某些病虫，要用药剂预先进行处理，如桂花上的矢尖蚧，可以在种植前先将有虫苗木浸入氧乐果或甲胺磷500倍稀释液中5～10min再种。当前世界上已经培育出多种抗病虫新品种，如菊花、香石竹、金鱼草等抗锈病品种，抗紫菀萎蔫病的翠菊品种，抗菊花叶线虫病的菊花品种等。

（2）苗圃地的选择及处理。

一般应选择土质疏松、排水透气性好、腐殖质多的地段作为苗圃地。在栽植前进行深耕改土，耕翻后经过暴晒、土壤消毒后，可杀灭部分病虫害。消毒剂一般可用50倍的甲醛稀释液，均匀洒布在土壤内,再用塑料薄膜覆盖,约 2 周后取走覆盖物,将土壤翻动耙松后进行播种或移植。用硫酸亚铁消毒,可在播种或扦插前以 2%～3% 硫酸亚铁水溶液浇盆土或床土,可有效抑制幼苗猝倒病的发生。

(3)采用合理的栽培措施。

根据苗木的生长特点,在圃地内考虑合理轮作、合理密植以及合理配置花木等原则,从而避免或减轻某些病虫害的发生,增强苗木的抗病虫性能。有些花木种植过密,易引起某些病虫害的大发生,在花木的配置方面,除考虑观赏水平及经济效益外,还应避免种植病虫的中间寄主植物(桥梁寄主)。露根栽植落叶树时,栽前必须适度修剪,根部不能暴露过长时间;栽植常绿树时,须带土球,土球不能散,不能晾晒过长时间,栽植深浅适度,是防治多种病虫害的关键措施。

(4)合理配施肥料。

①有机肥与无机肥配施:有机肥如猪粪、鸡粪、人粪尿等,可改善土壤的理化性状,使土壤疏松,透气性良好。无机肥如各种化肥,其优点是见效快,但长期使用对土壤的物理性状会产生不良影响,故两者以兼施为宜。

②大量元素与微量元素配施:氮、磷、钾是化肥中的三种主要元素,植物对其需要最多,称为大量元素;其他元素如钙、镁、铁、锰、锌等,则称为微量元素。在施肥时,强调大量元素与微量元素配合施用。在大量元素中,强调氮、磷、钾配合施用,避免偏施氮肥,造成花木徒长,降低其抗病虫性。微量元素施用时也应均衡,如在花木生长期缺少某些微量元素,则可造成花、叶等器官的畸形、变色,降低观赏价值。

③施用充分腐熟的有机肥:在施用有机肥时,强调施用充分腐熟的有机肥,原因是未腐熟的有机肥中往往带有大量的虫卵,容易引起地下害虫的爆发危害。

(5)合理浇水。

花木在灌溉中,浇水的方法、浇水量及浇水时间等,都会影响病虫害的发生。喷灌和"滋"水等方式往往加重叶部病害的发生,最好采用沟灌、滴灌或沿盆钵边缘浇水。浇水要适量,水量过大往往引起植物根部缺氧窒息,轻者植物生长不良,重者引起根部腐烂,尤其是肉质根等器官。浇水时间最好选择晴天的上午,以便及时降低叶片表面的湿度。

(6)球茎等器官的收获及收后管理。

许多花卉是以球茎、鳞茎等器官越冬,为了保障这些器官的健康贮存,要在晴天收获;在挖掘过程中尽量减少伤口;挖出后剔除有病的器官,并在阳光下暴晒几天方可入窖。贮窖必须预先清扫消毒,通风晾晒;入窖后要控制好温度和湿度,窖温一般控制在 5℃ 左右,湿度控制在70% 以下。球茎等器官最好单个装入尼龙网袋内后悬挂在窖顶贮藏。

(7)加强园林管理。

加强对园林植物的抚育管理,及时修剪。例如,防治危害悬铃木的日本龟蜡蚧,可及时剪除虫枝,以有效地抑制该虫的危害;及时清除被害植株及树枝等,以减少病虫的来源。公园、苗圃的枯枝落叶、杂草,都是害虫的潜伏场所,清除病枝虫枝,清扫落叶,及时除草,可以消灭大量的越冬病虫。尤其是温室栽培植物,要经常通风透气,降低湿度,以减少花卉灰霉病等的发生发展。

3. 物理机械防治

利用简单的工具以及物理因素(如光、温度、热能、放射能等)来防治害虫的方法,称为物理机械防治。物理机械防治的措施简单实用,容易操作,见效快,可以作为害虫大发生时的一种应急措施。特别对于一些化学农药难以解决的害虫或发生范围小时,是一种有效的防治手段。

(1)人工捕杀法。

利用人力或简单器械,捕杀有群集性、假死性的害虫。例如,用竹竿打树枝振落金龟子;组织人工摘除袋蛾的越冬虫囊、卵块;发动群众于清晨到苗圃捕捉地老虎以及利用简单器具钩杀天牛幼虫等,都是行之有效的措施。

(2)诱杀法。

诱杀法是指利用害虫的趋性设置诱虫器械或诱物诱杀害虫,利用此法还可以预测害虫的发生动态。常见的诱杀方法有以下几种。

①灯光诱杀。利用害虫的趋光性,人为设置灯光来诱杀防治害虫。目前生产上所用的光源主要是黑光灯,此外还有高压电网灭虫灯。黑光灯是一种能辐射出360nm 紫外线的低气压汞气灯,而大多数害虫的视觉神经对波长 330~400nm 的紫外线特别敏感,具有较强的趋性,因而诱虫效果很好。利用黑光灯诱虫,除能消灭大量虫源外,还可以用于开展预测预报和科学实验,进行害虫种类、分布和虫口密度的调查,为防治工作提供科学依据。

安置黑光灯时应以安全、经济、简便为原则。黑光灯诱虫时间一般在 5—9 月,灯要设置在空旷处,选择闷热、无风、无雨、无月光的夜晚开灯,诱集效果最好,一般以 21—22 时诱虫最好。由于设灯时易造成灯下或灯的附近虫口密度增加,因此,应注意及时消灭灯光周围的害虫。除黑光灯诱虫外,还可以利用蚜虫对黄色的趋性,用黄色光板诱杀蚜虫及美洲斑潜蝇成虫等。

②毒饵诱杀。利用害虫的趋化性在其所嗜好的食物(糖醋、麦麸等)中掺入适当的毒剂,制成各种毒饵诱杀害虫。例如,对蝼蛄、地老虎等地下害虫,可用麦麸、谷糠等作饵料,掺入适量敌百虫或其他药剂制成毒饵来诱杀。所用配方一般是饵料 100 份、毒剂 1~2 份、水适量。另外,诱杀地老虎、梨小食心虫成虫时,通常以糖、酒、醋作饵料,以敌百虫作毒剂。所用配方是糖 6 份、酒 1 份、醋 2~3 份、水 10 份,再加适量敌百虫。

③饵木诱杀。许多蛀干害虫如天牛、小蠹虫、象虫、吉丁虫等喜欢在新伐倒的倒木上产卵繁殖。因此,在成虫发生期间,在适当地点设置一些木段,供害虫大量产卵,待新一代幼虫完全孵化后,及时进行剥皮处理,以消灭其中害虫。例如,在山东泰安岱庙内,每年用此方法诱杀双条杉天牛,取得了明显的防治效果。

④植物诱杀,或称作物诱杀,即利用害虫对某种植物有特殊嗜好的习性,经种植后诱集捕杀的一种方法。例如,在苗圃周围种植蓖麻,使金龟子误食后麻醉,可以集中捕杀。

⑤潜所诱杀。利用某些害虫的越冬潜伏或白天隐蔽的习性,人工设置类似环境诱杀害虫。注意诱集后一定要及时消灭。例如,有些害虫喜欢选择树皮缝、翘皮下等处越冬,可于害虫越冬前在树干上绑草把,引诱害虫前来越冬,将其集中消灭。

(3)阻隔法。

人为设置各种障碍,切断病虫害的侵害途径,称为阻隔法。

①涂环法。

对有上、下树习性的害虫可在树干上涂毒环或涂胶环,从而杀死或阻隔幼虫。多用于树体的胸高处,一般涂 2~3 个环。

②挖障碍沟。

对于无迁飞只能爬行的害虫,为阻止其为害和转移,可在未受害植株周围挖沟;对于一些根部病害,也可以在受害植株周围挖沟,阻隔病原菌的蔓延,以达到防治病虫害传播蔓延的目的。

③设障碍物。

主要防治无迁飞能力的害虫。如枣尺蠖的雌成虫无翅,交尾产卵时只能爬到树上,可在其上树前在树干基部设置障碍物阻止其上树产卵。

④覆盖薄膜。

覆盖薄膜能增产,也能达到防病的目的。许多叶部病害的病原物是在病残体上越冬的,花木栽培地早春覆膜可大幅度地减少叶病的发生。因为薄膜对病原物的传播起了机械阻隔作用,覆膜后土壤温度、湿度提高,加速病残体的腐烂,减少了侵染来源。如芍药地覆膜后,芍药叶斑病大幅减少。

4. 生物防治

用生物及其代谢产物来控制病虫的方法,称为生物防治。从保护生态环境和可持续发展的角度讲,生物防治是最好的防治方法。

生物防治法不仅可以改变生物种群的组成成分,还能直接消灭大量的病虫;对人、畜、植物安全,不杀伤天敌,不污染环境,不会引起害虫的再次猖獗和形成抗药性,对害虫有长期的抑制作用;生物防治的自然资源丰富,易于开发,且防治成本低,是综合防治的重要组成部分和主要发展方向。但是,生物防治的效果有时比较缓慢,人工繁殖技术较复杂,受自然条件限制较大。害虫的生物防治主要是保护和利用天敌、引进天敌以及进行人工繁殖与释放天敌控制害虫发生。自 20 世纪 70 年代以来,随着微生物农药、生化农药以及抗生素类农药等新型生物农药的研制与应用,人们把生物产品的开发与利用也纳入害虫生物防治工作之中。

(1)利用天敌昆虫。

利用天敌昆虫来防治害虫,称为以虫治虫。天敌昆虫主要有捕食性天敌昆虫和寄生性天敌昆虫 2 大类型。

①捕食性天敌昆虫。捕食性天敌昆虫在自然界中抑制害虫的作用和效果十分明显。例如,松干蚧花蝽(*Elatophilus nipponenses*)对抑制松干蚧的危害起着重要的作用;紫额巴食蚜蝇(*Bacch pulchriforn Austen*)对抑制在南方各省区危害很重的白兰台湾蚜(*Formosa phismicheliae T.*)有一定的作用。据初步观察,每头食蚜蝇每天能捕食蚜虫 107 头。

②寄生性天敌昆虫。寄生性天敌昆虫主要包括寄生蜂和寄生蝇,可寄生于害虫的卵、幼虫及蛹内或体上。凡被寄生的卵、幼虫或蛹,均因不能完成发育而死亡。有些寄生性昆虫在自然界的寄生率较高,对害虫起到很好的控制作用。

利用天敌昆虫来防治园林植物害虫,主要有以下 3 种途径。

①天敌昆虫的保护。

当地自然天敌昆虫种类繁多,是各种害虫种群数量重要的控制因素,因此,要善于保护利用。在方法实施上,要注意以下几点:

A.慎用农药。在防治工作中,要选择对害虫选择性强的农药品种,尽量少用广谱性的剧毒农药和残效期长的农药。选择适当的施药时期和方法或根据害虫发生的轻重,重点施药,缩小施药面积,尽量减少对天敌昆虫的伤害。

B. 保护越冬天敌。天敌昆虫常常由于冬天恶劣的环境条件而大量减少,因此采取措施使其安全越冬是非常必要的。例如,七星瓢虫、异色瓢虫、大红瓢虫、螳螂等的利用,都是在解决了安全越冬的问题后才发挥更大的作用。

C. 改善昆虫天敌的营养条件。一些寄生蜂、寄生蝇,在羽化后常需补充营养而取食花蜜,因而在种植园林植物时要注意考虑天敌昆虫蜜源植物的配置。有些地方如天敌食料缺乏时(如缺乏寄主卵),要注意补充田间寄主等,这些措施有利于天敌昆虫的繁衍。

②天敌昆虫的繁殖和释放。

在害虫发生前期,自然界的天敌昆虫数量少,对害虫的控制力很低时,可以在室内繁殖天敌昆虫,增加天敌昆虫的数量,特别在害虫发生之初,将其大量释放于林间,可取得较显著的防治效果。我国不少地方建立了生物防治站繁殖天敌昆虫,适时释放到林间消灭害虫。我国以虫治虫的工作也着重于此方面,如松毛虫赤眼蜂(*Trichogramma dendrolimi Matsrmura*)的广泛应用就是显著的例子。

天敌能否大量繁殖,决定于以下几个方面:第一,要有合适的、稳定的寄主来源或者能够提供天敌昆虫的人工或半人工的饲料食物,并且成本较低,容易管理;第二,天敌昆虫及其寄主都能在短期内大量繁殖,满足释放的需要;第三,在连续的大量繁殖过程中,天敌昆虫的生物学特性(寻找寄主的能力、对环境的抗逆性、遗传特性等)不会有重大的改变。

③天敌昆虫的引进。

我国引进天敌昆虫来防治害虫,已有80多年的历史。据资料记载,全世界成功的有250多例,其中防治蚜虫成功的例子最多,成功率占78%。在成功引进的天敌昆虫中,寄生性昆虫比捕食性昆虫多。目前,我国已与美国、加拿大、墨西哥、日本、朝鲜、澳大利亚、法国、德国、瑞典等10多个国家进行了这方面的交流,引进各类天敌昆虫100多种,有的已发挥了较好的控制害虫的作用。例如,丽蚜小蜂(*Encarsia formosa Gahan*)于1978年底从英国引进后,经过研究,解决了人工大量繁殖的关键技术,在北方一些省、市推广防治温室白粉虱,效果十分显著;广东省从日本引进花角蚜小蜂(*Cocobius azumai Tachikawa*)防治松突圆蚧,已初步肯定其对松突圆蚧具有很理想的控制潜能,应用前景非常乐观;湖北省防治吹绵蚧的大红瓢虫,1953年从浙江省引入,这种瓢虫之后又被四川、福建、广西壮族自治区等地引入,均获得成功;1955年,我国曾从苏联引入澳洲瓢虫(*Rodolia cardinalis*),先在广东繁殖释放,防治木麻黄的吹绵蚧,取得了良好的防治效果,后又引入四川防治柑橘吹绵蚧,防治效果也十分显著,50多年来,该虫对控制介壳虫的发生发挥了重要的作用。

(2)生物农药的应用。

生物农药作用方式特殊,防治对象比较专一且对人类和环境的潜在危害比化学农药要小,因此,特别适用于园林植物害虫的防治。

①微生物农药的应用。

以菌治虫,就是利用害虫的病原微生物来防治害虫。可引起昆虫致病的病原微生物主要有细菌、真菌、病毒、立克次氏体、线虫等。目前生产上应用较多的是病原细菌、病原真菌和病原病毒三类。

利用病原微生物防治害虫,具有繁殖快、用量少、不受园林植物生长阶段的限制、持效期长等优点。近年来作用范围日益扩大,是目前园林害虫防治中有推广应用价值的类型之一。

A.病原细菌。目前用来控制害虫的细菌主要有苏芸金杆菌(*Bacillusth uringiensis*)。苏芸金杆菌是一类杆状的、含有伴孢晶体的细菌,伴孢晶体可通过释放伴孢毒素破坏虫体细胞组织,导致害虫死亡。苏芸金杆菌对人、畜、植物、益虫、水生生物等无害,无残余毒性,有较好的稳定性,可与其他农药混用;对湿度要求不严格,在较高温度下发病率高,对鳞翅目幼虫有很好的防治效果。因此,其成为目前应用最广的生物农药。

B.病原真菌。能够引起昆虫致病的病原真菌很多,其中以白僵菌(*Beauveria bassiana*)最为普遍,在我国广东、福建、广西壮族自治区,普遍用白僵菌来防治马尾松毛虫(*Dendrolimus punctatus Walker*),取得了很好的防治效果。

大多数真菌可以在人工培养基上生长发育,便于大规模生产应用。但由于真菌孢子的萌发和菌丝生长发育对气候条件有比较严格的要求,因此昆虫真菌性病害的自然流行和人工应用常常受到外界条件的限制,应用得当才能收到较好的防治效果。

C.病原病毒。利用病毒防治害虫,其主要优点是专化性强,在自然情况下,某种病原病毒往往只寄生一种害虫,不存在污染与公害问题;在自然界中可长期保存,反复感染,有的还可遗传感染,从而造成害虫流行病。目前发现不少园林植物害虫,如在南方危害园林植物的槐尺蠖、丽绿刺蛾、榕树透翅毒蛾、竹斑蛾、棉古毒蛾、樟叶蜂、马尾松毛虫、大袋蛾等,均能在自然界中感染病毒,对这些害虫的猖獗发生起到了抑制作用。各类病毒制剂也正在研究推广之中,如上海使用大袋蛾核型多角体病毒防治大袋蛾效果很好。

②植物激素农药的应用。

植物激素农药是指那些经人工合成或从自然界的生物源中分离或派生出来的化合物,如昆虫信息素、昆虫生长调节剂等,主要来自于昆虫体内分泌的激素,包括昆虫的性外激素、昆虫的脱皮激素及保幼激素等内激素。在国外已有 100 多种昆虫激素商品用于害虫的预测预报及防治工作,我国已有近 30 种性激素用于梨小食心虫、白杨透翅蛾等昆虫的诱捕、迷向及引诱绝育。

现在在我国应用较广的昆虫生长调节剂有灭幼脲Ⅰ号、Ⅱ号、Ⅲ号等,对多种园林植物害虫如鳞翅目幼虫、鞘翅目叶甲类幼虫等具有很好的防治效果。

有一些由微生物新陈代谢过程中产生的活性物质,也具有较好的杀虫作用。例如,来自于浅灰链霉素抗性变种的杀蚜素,对蚜虫、红蜘蛛等有较好的毒杀作用,且对天敌无毒;来自于南昌链霉素的南昌霉素,对菜青虫、松毛虫的防治效果较好可防治 90% 以上的害虫。

(3)其他动物的利用。

我国有 1100 多种鸟类,其中捕食昆虫的约占半数,它们绝大多数以捕食害虫为主。目前以鸟治虫的主要措施是:保护鸟类,严禁在城市风景区、公园打鸟;人工招引以及人工驯化等。如在林区招引大山雀(*Parus major Linnaeus*)防治马尾松毛虫,招引率达 60%,对抑制骗松毛虫的发生有一定的效果。

蜘蛛、捕食螨、两栖动物及其他动物,对害虫也有一定的控制作用。例如,蜘蛛对于控制南方观赏茶树(金花茶、山茶)上的茶小绿叶蝉[(*Empoasca flavescens*(*Fabricius*)]起着重要的作用;而捕食螨对酢浆草岩螨[*Petrobia harti*(*Ewing*)]、柑橘红蜘蛛[*Panonychus citri*(*Mrgregor*)]等螨类也有较强的控制力。

5. 化学防治

化学防治是指用农药来防治害虫、病害、杂草等有害生物的方法。化学防治是害虫防治的主要措施,具有收效快、防治效果好、使用方法简单、受季节限制较小、适合于大面积使用等优点。但其也有明显的缺点,概括起来可称为"三 R 问题",即抗药性(Resistance)、再猖獗(Rampancy)及农药残留(Remnant)。由于长期对同一种害虫使用相同类型的农药,使得某些害虫产生不同程度的抗药性;由于用药不当杀死了害虫的天敌,从而造成害虫的再度猖獗;由于农药在环境中存在残留毒性,特别是毒性较大的农药,对环境易产生污染,破坏生态平衡。

(1)农药的基本知识。

①农药的分类。

农药基本
知识视频

农药的种类很多,按照不同的分类方式可分为不同的类型。

A. 按防治对象,农药可分为杀虫剂、杀菌剂、杀螨剂、杀线虫剂、杀鼠剂、除草剂等。

B. 按杀虫作用分类。根据杀虫剂对昆虫的毒性作用及其侵入害虫的途径不同,农药一般可分为以下几种。

a. 胃毒剂。药剂随着害虫取食植物一同进入害虫的消化系统,再通过消化吸收进入血腔中发挥杀虫作用。此类药剂大都兼有触杀作用,如敌百虫。

b. 触杀剂。药剂与虫体接触后,药剂通过昆虫的体壁进入虫体内,使害虫中毒死亡,如拟除虫菊酯类等杀虫剂。

c. 内吸剂。药剂容易被植物吸收,并可以输导到植株各部分,在害虫取食时使其中毒死亡。这类药剂适合于防治如蚜虫、蚧虫等刺吸式口器的害虫,如乐果、氧乐果、久效磷等。

d. 熏蒸剂。药剂由固体或液体转化为气体,通过昆虫呼吸系统进入虫体,使害虫中毒死亡,如氯化苦、磷化铝等。

e. 特异性杀虫剂。这类药剂对昆虫无直接毒害作用,而是通过拒食、驱避、不育等不同于常规的作用方式,导致昆虫死亡,如樟脑、风油精、灵香草等。

C. 按杀菌剂的性能,农药一般分为保护剂和治疗剂。

a. 保护剂。在植物感病前(或病原物侵入植物以前),喷洒在植物表面或植物所处的环境中,用来杀死或抑制植物体外的病原物,以保护植物免受侵染的药剂,称为保护剂。如波尔多液、石硫合剂、代森锰锌等。

b. 治疗剂。植物感病后(或病原物侵入植物后),使用药剂处理植物,以杀死或抑制植物体内的病原物,使植物恢复健康或减轻病害,这类药剂称为治疗剂。许多治疗剂同时还具有保护作用,如多菌灵、甲基托布津等。

D. 按化学组成,农药可分为无机农药、有机农药、植物性农药、微生物农药。

a.无机农药:用矿物原料经加工制造而成的农药,如砷素剂、氟素剂等。

b.有机农药:由有机物合成的农药,如有机磷杀虫剂、有机氯杀虫剂、有机氮杀虫剂等,是目前应用最多的杀虫剂。

c.植物性农药:用植物产品制造的农药,其中所含有的有效成分为天然有机物,如烟碱、鱼藤、除虫菊等。

d.微生物农药:用微生物或其代谢产物所制造的农药,如白僵菌、青虫菌、BT乳剂、杀蚜素等。目前广泛应用的拟除虫菊酯类农药就是模仿除虫菊而合成的。

(2)农药的剂型。

为了在防治时使用方便,生产上常将农药加工成不同剂型。

①粉剂。在原药中加入惰性填充剂(如黏土、高岭土、滑石粉等),经机械磨碎为粉状,成为不溶于水的药剂。适合于喷粉、撒粉、拌种或用来制成毒饵。粉剂不能用来喷雾,否则易产生药害。

②可湿性粉剂。在原药中加入一定量的湿润剂和填充剂,通过机械研磨或气流粉碎而成。可湿性粉剂适于用水稀释后作喷雾用。其残效期较粉剂持久,附着力也比粉剂强,但易于沉淀,应在使用前及时配制,并且注意搅拌,使药液浓度一致,以保证药效及避免药害。

③乳油。在原药中加入一定量的乳化剂和溶剂制成透明的油状剂型,称为乳油,如敌敌畏乳油、甲胺磷乳油等。乳油可溶于水,经过加水稀释后,可以用来喷雾。使用乳油防治害虫的效果一般比其他剂型好,触杀效果好,残效期长。

④颗粒剂。原药加载体(黏土、玉米芯等)制成颗粒状的药物,称为颗粒剂。颗粒剂残效期长,用药量少,主要用于土壤处理。

⑤烟剂。由原药加燃烧剂、氧化剂、消燃剂制成,可以燃烧。点燃后,原药受热气化上升到空气中,再遇冷而凝结成飘浮状的微粒,适用于防治高大林木的害虫或温室中害虫。

(3)农药的毒性。

农药的毒性是指农药对人、畜、鱼类等产生的毒害作用。毒性通常分为急性毒性与慢性毒性两种。急性毒性是指人、畜接触一定剂量的农药后,能在短期内引起急性病理反应的毒性,容易被人察觉。慢性毒性是指人、畜长期持续接触与吸入低于急性中毒剂量的农药后引起的慢性病理反应。慢性毒性还表现为对后代的影响,如产生致畸、致突变和致癌作用等。慢性毒性不易察觉,往往被忽视,因而比急性毒性更危险。

通常所说的农药的毒性,即指急性毒性,用致死中量(LD50)或致死中浓度(LC50)来表示。致死中量(LD50)是指被试验的动物一次口服某药剂后,产生急性中毒,有半数死亡时所需要的该药剂的量,单位为 mg/kg。致死中量数值越大,表示毒性越小;数值越小,则表示毒性越大。一种农药的毒性程度,常用毒力和药效作比较和估价指标。毒力是指药剂本身对生物直接作用的性质和程度,是在室内一定条件下测定的,是固定的。药效是指药剂在综合条件下,对田间有害生物的防治效果,受环境影响,其数值是不定的,一般用死亡率表示。毒力和药效相辅相成,毒力是药效的基础,药效是毒力在综合条件下的表现。一般来说,有药力才有药效,但有毒力不一定有药效。毒力与药效成正相关。

农药的毒性在我国按照原药对大白鼠产生急性毒性暂分为 3 级:

高毒,大白鼠口服致死中量(LD50)小于 50mg/kg;

中毒,大白鼠口服致死中量(LD50)为 50~500mg/kg;

低毒,大白鼠口服致死中量(LD50)大于 500mg/kg。

(4)农药的药害。

由于用药不当而造成农药对园林植物的毒害作用,称为药害。许多园林植物是娇嫩的花卉,用药不当时,极容易产生药害,因此用药时应当十分小心。

①药害表现。

植物遭受药害后,常在叶、花、果等部位出现变色、畸形、枯萎、焦灼等症状,严重者造成植株死亡。根据出现药害的速度,有急性药害和慢性药害之分。在施药后几小时,最多 1~2d 就会明显表现出药害症状的,称为急性药害;慢性药害则在施药后十几天、几十天,甚至几个月后才表现出来。

②药害产生的原因。

a.药剂因素。由于用药浓度过高或者农药的质量太差,常会引起药害的发生。

b.植物因素。处于开花期、幼苗期的植物,容易遭受药害;杏、梅、樱花等植物对敌敌畏、乐果等农药较其他树木更易产生药害。

c.气候因素。一般在高温、潮湿等恶劣的天气条件下用药,容易产生药害。

③如何防止药害的产生。

a.药剂因素。严格按照农药的"使用说明书"用药,控制用药浓度,不得任意加大使用浓度,不得随意混合使用农药。

b.植物因素。防治处于开花期、幼苗期的植物,应适当降低使用浓度;在杏、梅、樱花等蔷薇科植物上使用敌敌畏和乐果时,也要适当降低使用浓度。

c.气候因素。应选择在早上露水干后及 11 时前,或 15 时后用药,避免在中午前后高温或潮湿的恶劣天气下用药,以免产生药害。

(5)农药的使用方法。

①喷雾:是将乳油、水剂、可湿性粉剂,按所需的浓度加水稀释后,用喷雾器进行喷洒。其技术要点是,喷雾时,要求均匀周到,使植物表面充分湿润,但基本不滴水,即"欲滴未滴";喷雾的顺序为从上到下,从叶面到叶背;喷雾时要顺风或垂直于风向操作。严禁逆风喷雾,以免引起操作人员中毒。

在喷雾的类型中,有一种称为超低容量喷雾。该剂型可直接利用超低容量喷雾器对原药进行喷雾。这种喷雾法用药量少,不需加水稀释,操作简便,工效高,节省劳动成本,防治效果也好,特别适于水源缺乏的地区使用。

②拌种:是将农药、细土和种子按一定的比例混合在一起的用药方法,常用于防治地下害虫。

③毒饵:是将农药与饵料混合在一起的用药方法,常用来诱杀蝼蛄、蟋蟀、小地老虎等地下害虫。

④撒施:是将农药直接撒于种植区,或者将农药与细土混合后撒于种植区的施药方法。

⑤熏蒸:是将具熏蒸性农药置于密闭的容器或空间,以便毒杀害虫的用药方法,常用于调运种苗时,对其中的害虫进行毒杀或用来毒杀仓库害虫。

⑥注射法、打孔注射法:注射法是用注射机或兽用注射器将药剂注入树体内部,使其在树体内传导运输而杀死害虫,多用于防治天牛、木蠹蛾等害虫。打孔注射法是用打孔器或钻头等利器在树干基部钻一斜孔,钻孔的方向与树干约呈 40°的夹角,深约 5cm,然后注入内吸性药

剂,最后用泥封口。可防治食叶害虫、吸汁类害虫及蛀干害虫等。

对于一些树势衰弱的古树名木,也可以用挂吊瓶法注射营养液,以增强树势。

⑦刮皮涂环:距干基一定的高度,刮两个相错的半环,两半环相距约 10cm,半环的长度为 15cm 左右。将刮好的两个半环分别涂上药剂,以药液刚下流为止,最后外包塑料薄膜。应注意的是,刮环时,刮至树皮刚露白茬;选用内吸性药剂;外包的塑料薄膜要及时拆掉(约 1 周)。主要用于防治食叶害虫、吸汁害虫及蛀干害虫的初期阶段。

另外,有地下根施农药、喷粉、毒笔、毒绳、毒签等方法。

总之,农药的使用方法很多,具体可根据药剂本身的特性及害虫的特点灵活运用。

(6)农药的稀释与计算。

①药剂浓度表示法。目前我国在生产上常用的药剂浓度表示法有倍数法、百分浓度法(%)和摩尔浓度法(百万分浓度法)。

A.倍数法。倍数法是指药液(药粉)中稀释剂(水或填料)的用量为原药剂用量的多少倍或是药剂稀释多少倍的表示法,此种表示法在生产上最常用。

生产上往往忽略农药和水的比重的差异,即把农药的比重看作 1。稀释倍数越大,误差越小。生产上通常采用内比法和外比法 2 种配法。用于稀释 100 倍以下(含 100 倍)时用内比法,即稀释时要扣除原药剂所占的 1 份。如稀释 10 倍液,即用原药剂 1 份加水 9 份。用于稀释 100 倍以上时用外比法,计算稀释量时不扣除原药剂所占的 1 份。如稀释 1000 倍液,即可用原药剂 1 份加水 1000 份。

B.百分浓度法。百分浓度(%)是指 100 份药剂中含有多少份药剂的有效成分。百分浓度又分为重量百分浓度和容量百分浓度。固体与固体之间或固体与液体之间,常用重量百分浓度;液体与液体之间常用容量百分浓度。

C.百分百浓度法。百万分浓度(10^{-6})是指 100 万份药剂中含多少份药剂的有效成分。一般植物生长调节剂常用此浓度表示法。

②浓度之间的换算。

a.百分浓度与百万分浓度之间的换算:
$$百万分浓度(10^{-6})=百分浓度(不带\%)\times1000$$

b.倍数法与百分浓度之间的换算:
$$百分浓度(\%)=原药剂浓度(不带\%)/稀释倍数$$

③农药的稀释计算。

a.按有效成分计算。
$$原药剂的浓度\times原药剂的重量(容积)=稀释剂的浓度\times稀释剂的重量(容积)$$

(a)求稀释剂重量,计算稀释 100 倍以下(含 100 倍)时:
$$稀释剂重量=[原药剂重量\times(原药剂浓度-稀释药剂浓度)]/稀释药剂浓度$$

【例 2-1】　用 40%福美胂可湿性粉剂 10kg 配成 2%稀释液,需加水多少?

【解】　　　　　　　　$10\times(40\%-2\%)\div2\%=190(kg)$

(b)计算稀释 100 倍以上时:
$$稀释剂重量=原药剂重量\times原药剂浓度/稀释药剂浓度$$

【例 2-2】　用 100mL 80%敌敌畏乳油稀释成 0.05%浓度,需加水多少?

【解】　　　　　　　　$100\times80\%\div0.05\%=160(kg)$

（c）求用药量：

$$原药剂重量＝稀释药剂重量×稀释药剂浓度/原药剂浓度$$

【例 2-3】 要配置 0.5％氧乐果药液 1000mL，求 40％氧乐果乳油的用量。

【解】 $$1000×0.5％÷40％＝12.5(mL)$$

b.按稀释倍数计算。

$$稀释倍数＝稀释剂用量/原药剂用量$$

（a）计算稀释 100 倍以下（含 100 倍）时：

$$稀释药剂重量＝原药剂重量×稀释倍数－原药剂重量$$

【例 2-4】 用 40％氧乐果乳油 10mL 加水稀释成 50 倍药液，求稀释液重量。

【解】 $$10×50－10＝490(mL)$$

（b）计算稀释 100 倍以上时：

$$稀释药剂重量＝原药剂重量×稀释倍数$$

【例 2-5】 用 80％敌敌畏乳油 10mL 加水稀释成 1500 倍药液，求稀释液重量。

【解】 $$10×1500＝15000(mL)＝15L$$

c.多种药剂混合后的浓度计算。

设第一种药剂浓度为 N_1，重量为 W_1；第二种药剂浓度为 N_2，重量为 W_2……第 n 种药剂浓度为 N_n，重量为 W_n，则

$$混合药剂浓度（％）＝\sum N_n \cdot W_n / \sum W_n$$

计算中，浓度不带％。

【例 2-6】 将 12.5％福美脒可湿性粉剂 2kg 与 12.5％福美锌可湿性粉剂 4kg 及 25％福美双可湿性粉剂 4kg 混合在一起，求混合后药剂的浓度。

【解】 $$(12.5×2＋12.5×4＋25×4)/(2＋4＋4)＝17.5(％)$$

（7）农药的合理使用。

①正确选用农药。在了解农药的性能、防治对象及掌握害虫发生规律的基础上，正确选用农药的品种、浓度和用药量，避免盲目用药。一般选用高效、低毒、低残留的药剂。

②选择用药时机。用药时必须选择最有利的防治时机，既可以有效地防治害虫，又不杀伤害虫的天敌。例如，大多数食叶害虫初孵幼虫有群居危害的习性，而且此时的幼虫体壁薄，抗药力较弱，故防治效果较好；蛀干、蛀茎类害虫在蛀入后一般防治较困难，所以应在蛀入前用药；有些蚜虫在危害后期有卷叶的习性，对这类蚜虫应在卷叶前用药，以提高防治效果；而对具有世代重叠的害虫来说，则选择在发生高峰期进行防治。

无论是防治哪一种害虫，在用药前都应当首先调查天敌的情况。如果天敌的种群数量较大，足以控制害虫（如益/害大于或等于 1/5），就不必进行药剂防治；如果天敌的发育大多正处于幼龄期，应当考虑适当推迟用药时间。

③交替使用农药。在同一地区长期使用一种农药防治某一害虫，会导致药效明显下降，即该虫种对这种农药产生了抗药性。为了避免害虫产生抗药性，应当注意交替使用农药。

交替用药的原则是：在不同的年份（或季节），交替使用不同类型的农药。但不是每次都换药，频繁换药的结果，往往是加快害虫抗药性的产生。

④混合使用农药。正确混合使用农药不仅可以提高药效，还可以延缓害虫抗药性的产生，

同时防治多种害虫;反之,不仅会降低药效,还会加速害虫抗药性的产生。

正确混合使用农药的原则是:可以将不同类型的农药混合使用,如将有机磷类的敌敌畏与拟除虫菊酯类的溴氰菊酯混合使用,或将杀菌剂的多菌灵与杀虫剂的敌百虫混合使用。不能将属于同一类型农药中的不同品种混合使用,以免导致交互抗性的产生,如将有机磷类的敌敌畏与甲胺磷混合使用或将有机氮类的巴丹和杀虫双混合使用都是不正确的。严禁将易产生化学反应的农药混合使用。大多数的农药属于酸性物质,在碱性条件下会分解失效,因此一般不能与碱性化学物质混合使用,否则会降低药效。

● 知识扩展 ●

园林植物病虫害的防治方法很多,各种方法均有其优点和局限性,单靠其中一种措施往往不能达到目的,有的还会引起不良反应。联合国粮农组织有害生物综合治理专家组对综合治理(简称 IPM)做了如下定义:病虫害综合治理是一种方案,它能控制病虫的发生,它避免相互矛盾,尽量发挥有机的调和作用,保持经济允许水平之下的防治体系。

病虫害综合治理是对病虫害进行科学管理的体系。它从园林生态系的总体出发,根据病虫和环境之间的相互关系,充分发挥自然控制因素的作用,因地制宜、协调应用必要的措施,将病虫害的危害控制在经济损失水平之下,以获得最佳的经济效益、生态效益和社会效益,达到"经济、安全、简便、有效"的准则。

病虫害综合治理有如下原则。

(1)生态原则。

病虫害综合治理从园林生态系的总体出发,根据病虫和环境之间的相互关系,通过全面分析各个生态因子之间的相互关系,全面考虑生态平衡及防治效果之间的关系,综合解决病虫危害问题。

(2)控制原则。

在病虫害综合治理过程中,要充分发挥自然控制因素(如气候、天敌等)的作用,预防病虫的发生,将病虫害的危害控制在经济损失水平之下,不要求完全彻底地消灭病虫。

(3)综合原则。

在实施病虫害综合治理时,要协调运用多种防治措施,做到以植物检疫为前提、以园林技术防治为基础、以生物防治为主导、以化学防治为重点、以物理机械防治为辅助,以便有效地控制病虫的危害。

(4)客观原则。

在进行病虫害综合治理时,要考虑当时、当地的客观条件,采取切实可行的防治措施,如喷雾、喷粉、熏烟等,避免盲目操作所造成的不良影响。

(5)效益原则。

进行综合治理,目标是实现"三大效益",即经济效益、生态效益和社会效益。

进行病虫害综合治理的目标是以最少的人力、物力投入,控制病虫的危害,获得最大的经济效益;所采用措施必须有利于维护生态平衡,避免破坏生态平衡及造成环境污染;所采用的防治措施必须符合社会公德及伦理道德,避免对人、畜的健康造成损害。

测试训练

【知识测试】

1. 名词解释

(1) 生物防治：

(2) 植物检疫：

(3) 侵染性病害：

(4) 刺吸害虫：

2. 填空题

(1) 园林植物病虫害防治措施分为 _____、_____、_____、_____、_____。

(2) 园林植物病虫害综合防治的原则为 _____、_____、_____、_____、_____。

(3) 生物防治可分为 _____、_____、_____、_____。

(4) 农药制剂的名称由 _____、_____、_____ 3 部分构成。

(5) 园林上常用农药的加工剂型为 _____、_____、_____。

(6) 农药常用的使用方法有 _____、_____、_____、_____、_____、_____。

(7) 农药合理使用的原则为 _____、_____、_____、_____、_____。

(8) 常见的捕食性天敌昆虫有 _____、_____、_____、_____ 等；常见的寄生性天敌昆虫有 _____、_____、_____、_____ 等。

(9) 石硫合剂是由 _____、_____ 和 _____ 熬制成的红褐色碱性液体。

3. 选择题

(1) 赤眼蜂是(　　)的寄生蜂。

A. 成虫　　　　　　B. 卵　　　　　　C. 幼虫　　　　　　D. 蛹

(2) 大多数害虫的视觉神经对波长(　　)特别敏感。

A. 450～550nm 紫外线　　　　　　　　B. 330～400nm 紫外线

C. 550～600nm 紫外线　　　　　　　　D. 600～650nm 紫外线

(3) 利用害虫的(　　)性，在其所喜欢的食物中掺入适量的毒剂来诱杀害虫。

A. 趋光　　　　　　B. 趋湿　　　　　　C. 趋化　　　　　　D. 趋色

(4) 在树木的休眠期，通常采用石硫合剂防治病虫害，其使用浓度为(　　)。

A. 0.2～0.3 波美度　　　　　　　　　　B. 0.5～0.8 波美度

C. 3～5 波美度　　　　　　　　　　　　D. 6～8 波美度

(5) 1% 石灰半量式波尔多液，其中蓝矾、生石灰、水的用量之比为(　　)。

A. 1∶2∶100　　　　　　　　　　　　　B. 2∶1∶100

C. 1∶0.5∶100　　　　　　　　　　　　D. 0.5∶1∶100

(6) 下列病害，属于生理性病害的是(　　)。

A. 煤污病　　　　　　B. 白绢病　　　　　　C. 白粉病　　　　　　D. 黄化病

(7) 月季白粉病，叶上的白粉是(　　)。

A. 病症　　　　　　B. 性状　　　　　　C. 病状　　　　　　D. 病态

(8)幼虫期和成虫期对农药都比较敏感,尤其在(　　)阶段抗性最弱。

A.1 龄幼虫　　　　　　　　　　　　B.2 龄幼虫

C.3 龄幼虫　　　　　　　　　　　　D.成虫

4.问答题

(1)生理性病害由哪些因素引起?有何特点?

(2)侵染性病害的病原有哪些?

(3)咀嚼式口器与刺吸式口器的被害状有何不同?

(4)为什么说园林技术措施是治本的措施?

(5)使用农药的基本原则是什么?

(6)化学农药防治园林植物病虫害的优缺点是什么?

(7)阻止危险性病虫害传播,应强化哪些措施?

(8)在使用化学农药时,为什么要考虑农药的品种与剂型?

【技能训练】

实训 2.5.1　园林绿地常见病虫草害种类调查

1.实训目的

通过调查,了解当地园林绿地病虫草害的种类构成、危害程度及防治的基本情况,为制订切实可行的综合治理方案打下基础。同时通过病虫草害标本的采集、鉴定,进一步巩固、加深所学的知识。

2.实训材料及用具

病害标本采集箱、毒瓶、幼虫瓶、放大镜、枝剪、镊子、笔记本、铅笔及有关资料。

3.实训内容与方法

(1)现场调查。组织学生到园林绿地现场进行病虫草害的一般情况调查。通常观察记录的项目及内容如下。

①绿地状况调查:包括绿地类型(如公共绿地、居住区绿地、单位附属绿地、防护绿地、生产绿地、风景游览绿地、街道绿地等)、园林植物的主要种类(品种)、面积、长势、地势等内容。

②害虫情况调查:包括害虫类型(食叶害虫、刺吸害虫、蛀干害虫、地下害虫)、发生面积、危害程度、主要害虫种类等内容。

③病害情况调查:包括病害类型(锈病、白粉病、褐斑病、枯萎病等)、发生面积、危害程度、主要病害种类等内容。

④草害情况调查:包括杂草的类型、发生面积、危害程度、优势杂草种类等内容。

⑤防治情况调查:包括防治方法(化学防治或物理机械防治等)、杀虫剂或杀菌剂应用情况(包括使用的品种、浓度、次数、用药时间、防治效果等)等内容。此项内容须向园林绿地管理人员咨询并结合现场观察来进行。

现场调查时,应以学生为主体。可全班集体活动,也可分组进行。由任课教师带队,进行深入细致的调查、记载并采集标本。

(2)室内鉴定。对于被害特征明显、现场容易识别的病虫草种类可以当场鉴定确认。难以识别或新出现的病虫种类,则需带进实验室,在教师的指导下,查阅有关资料,完成进一步的调查鉴定工作。

4.作业

写出调查报告,并列表(表2-4)描述被调查绿地的病虫草害种类构成、寄主植物、危害程度及防治的基本情况。

表2-4　　　　　　　　　　　园林绿地常见病虫草害种类调查

病虫害名称	病虫害类型	寄主植物	危害程度	防治基本情况
美国白蛾	食叶害虫	悬铃木、紫荆、樱花、毛白杨	中	喷洒华戎一号,结合人工捕杀

注:①绿地名称:
　　②调查时间:　　年　月　日

实训 2.5.2　园林绿地常见病虫草害的综合治理

1.实训目的

通过园林绿地常见病虫草害综合治理方案的实施,学生能熟练掌握不同防治方法的实施条件、实施过程与注意事项,比较其优缺点,为以后根据生产实际制订最佳综合治理方案打下坚实的基础。

2.实训材料及用具

枝剪、手锯、防虫网、频振灯、黄色粘虫板、铲子、小锄、喷雾器、量杯、天平、水桶、皮尺、笔记本、铅笔等;各种常用生物农药(包括白僵菌、苏云金杆菌、斜纹夜蛾多角体病毒等)、化学农药(包括杀菌剂、杀虫剂、除草剂);各种捕食与寄生性天敌,如管氏肿腿蜂、周氏啮小蜂、赤眼蜂、丽蚜小蜂等。

3.实训内容与方法

(1)人工防治。组织学生到园林绿地现场,采用人工摘(剪)除卵块、虫苞、病虫枝,刮去病虫树皮,抹除介壳虫,以及利用小锄、铲子人工除草。此方案可结合劳动课进行。总结此方案的优缺点及适合状态。

(2)物理防治。通过防虫网、频振灯、黄色粘虫板等,以及各种剪草机剪除杂草等物理防治病虫草害方案的实施,观察、比较,总结出适于该方案的病虫草类型及适宜的实施季节。

(3)生物防治。通过释放各种捕食与寄生性天敌,如管氏肿腿蜂、周氏啮小蜂、赤眼蜂、丽蚜小蜂等防治害虫,或通过喷洒各种常用生物农药,如白僵菌、苏云金杆菌、斜纹夜蛾多角体病毒等防治害虫,总结此方案的优缺点及适合状态。

(4)化学防治。通过各种杀菌剂[如甲基托布津、百菌清、世高、福星(氟硅唑)、敌力脱、阿米西达等]、杀虫剂(乐斯本、吡虫啉、阿维菌素等)、除草剂(膘马、灭草灵、2,4-D丁酯、克阔乐、苯达松等)来防治相应的病虫草害,总结此方案的优缺点及适合状态。

4.作业

根据具体情况,写出不同实施方案下的阶段性总结,最后汇总。

任务 6　新植树木的养护管理

新植树木
的养护管理
视频

● 学习目标 ●

● 掌握新植树木成活期的养护管理方法,能够对新移植的园林树木进行精心养护,提高移栽成活率。
● 制订合理的园林树木移栽养护期管理方案。

● 内容提要 ●

　　新种植的树木,由于根部受到创伤,枝梢经过修剪,生存环境也发生了变化,因此,在定植后的一定时期内,需要进行精心养护,使树势尽快恢复并适应新的环境条件。

● 任务导入 ●

　　树木栽种后必须进行及时合理的养护管理才能成活。根据对一些新栽树木进行的调查,分析树木成活率低的原因,发现其主要是栽后养护管理不及时或管理不当造成的,所谓"三分种,七分养",养护是树木能否成活的关键因素之一。

2.6.1　地上部分保湿

1. 包干

　　用草绳、蒲包、苔藓等材料严密包裹树干和比较粗壮的分枝,上述包扎物具有一定的保湿性和保温性。经包干处理后,一可避免强光直射和干风吹袭,减少树干、树枝的水分蒸发;二可贮存一定量的水分,使枝干经常保持湿润;三可调节枝干温度,减少高温和低温对枝干的伤害,效果较好。一般针对不同地区、不同的树种及树木不同的生长时期,采用不同的方法,常见的包干保湿方法有稻草包干、塑料薄膜包干、遮阴网包干、麻袋包干、稻草与薄膜混合包干等。
　　(1)稻草包干。稻草是最常见的包干材料,成本低廉,容易获得,是包干保湿最传统的材料。稻草包干有两种处理方法,第一种是用稻草绳包干,即用浸湿的草绳从树干基部缠绕至顶部(图 2-39)。第二种是将稻草竖向排列在树干上,再用绳子捆绑好,但排列的稻草不能太薄,最好包裹 2 层以上。研究证明,采用上述两种方法对桂花、樟树、白玉兰等树种进行包干处理,第二种方法处理的树木成活率比第一种高。其原因是:采用第一种稻草绳包干,水分不易从枝顶部流到下部,水分散失速度较快,且草绳之间的空隙比第二种稻草包干更加容易造成水分的流失。

(2)塑料薄膜包干。大树移栽时,采用塑料薄膜包干(图 2-40)。塑料薄膜应选用最薄的保鲜膜,此种膜一般在 60d 内会自然风化。此法在树体休眠阶段效果较好。但塑料薄膜透气性差,不利于被包裹枝干的呼吸作用,因此在树体萌芽前应及时撤掉。尤其是高温季节;内部热量难以及时散发会引起高温,灼伤枝干、嫩芽或隐芽,对树体造成伤害。基部地面覆膜压土保湿调温效果明显,同样有利于成活。树干保湿也可在大树种植前进行,这样更为方便。此种方法的优点是既能保湿、保水,又可透气。

图 2-39　稻草绳包干

图 2-40　塑料薄膜包干

2. 喷水

树体地上部分(特别是叶面)因蒸腾作用而失水,故必须及时喷水保湿(图 2-41)。喷水要求细而均匀,喷及地上各个部位和周围空间,为树体提供湿润的小气候环境。喷水,可采用高压水枪喷雾,或将供水管安装在树冠上方,根据树冠大小安装一个或若干个细孔喷头进行喷雾,效果较好,但较费工、费料。

3. 遮阴

树木移植初期或高温干燥季节,要搭制阴棚遮阴(图 2-42),以降低棚内温度,减少树体的水分蒸发。尤其成行、成片种植,密度较大的区域,宜搭制大棚,既省材又方便管理;孤植树宜按株搭制。要求全冠遮阴,阴棚上方及四周与树冠保持 50cm 左右距离,以保证棚内有一定的空气流动空间,防止树冠日灼危害。遮阴度为 70% 左右,让树体接受一定的散射光,以保证树体光合作用的进行。之后视树木生长情况和季节变化,逐步去掉遮阴物。

图 2-41　新植大树树干喷水

图 2-42　遮阴

4. 喷施蒸腾抑制剂

大树移栽后 1 个月内,如果向树干喷施 1 次蒸腾抑制剂,有利于减少叶片失水,提高栽植成活率和促进树木的生长。在美国有地区已经证明,蒸腾抑制剂的使用对减少新栽常绿树的蒸腾十分有效。此外,也可以在树叶和树干上喷施各种蜡制剂,使大树所有的表面层结一层薄蜡,可以有效地减少蒸腾。

5. 输液

对栽后的大树采用树体内部给水的输液可以及时有效地解决水分供需矛盾,促其成活。具体方法为:在植株基部用木工钻由上向下成 45°角钻 3～5 个输液孔,深度达髓心。输液孔水平分布均匀,垂直分布交错。需要注意的是输液孔的数量和孔径应与树干粗细及输液器插头相匹配。输入树体的液体配制应以水为主,同时加入微量植物激素和矿质元素,每升水中溶入 ABT6 号生根粉 0.1g 和磷酸二氢钾 0.5g。输入的液体既可使植株恢复活力,又可激发树体内原生质的活力,从而促进生根萌芽,提高移栽成活率。将装有液体的瓶子(或塑料袋)悬挂在高处,并将树干注射器针头插入输液孔,拉直输液管,打开输液开关,让瓶内的水慢慢滴在树体上,并定期加水,既省工又节省投资,如图 2-43 所示。待液体输完后,拔掉针头,用棉花团塞住输液孔(再次输液时夹出棉塞即可)。输液次数及间隔时间视干旱程度、气温高低、树体大小和树木对水分的需求确定。一般 4 月份移栽后开始输液,9 月份植株完全脱离危险后结束输液,并用波尔多液涂封孔口。要注意的是,有冰冻的天气不宜输液,以免冻坏植株。

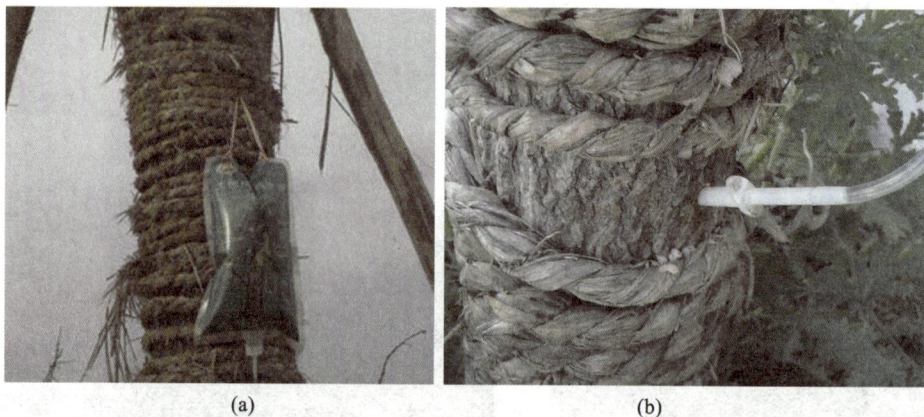

(a)   (b)

图 2-43 大树输液

● 2.6.2 促发新根

1. 控水

新移植大树,根系吸水功能减弱,对土壤水分需求量较小。因此,只要保持土壤适当湿润即可。土壤含水量过大,反而会影响土壤的透气性能,抑制根系的呼吸,对发根不利,严重的会导致烂根死亡。为此,第一,要严格控制土壤浇水量。移植时第一次浇透水,之后应视天气情况、土壤质地,检查分析,谨慎浇水。同时要慎防喷水时过多水滴进入根系区域。第二,要防止树池积水。种植时留下的浇水穴,在第一次浇透水后即应填平或略高于周围地面,以防下雨或浇水时积水。同时,在地势低洼易积水处,要开排水沟,保证雨天能及时排水。第三,要保持适宜的地下水位高度(一般要求 1.5m 以下)。在地下水位较高处,要做网沟排水,汛期水位上涨时,可在根系外围挖深井,用水泵将地下水排出,严防淹根。

2. 保护新芽

新芽萌发是新植大树进行生理活动的标志,是大树成活的希望。更重要的是,树体地上部分的萌发,对根系具有自然而有效的刺激作用,能促进根系的萌发。因此,在移植初期,特别是对移植时进行重修剪的树体所萌发的芽要加以保护,让其抽枝发叶,待树体成活后再行修剪整形。同时,在树体萌芽后,要特别加强喷水、遮阴、防病治虫等养护工作,保证嫩芽与嫩梢的正常生长。

3. 土壤通气

保持土壤良好的透气性能有利于根系萌发。为此,一方面,要做好中耕松土工作,以防土壤板结;另一方面,要经常检查土壤通气设施(通气管或竹笼)。发现通气设施堵塞或积水的,要及时清除,以保持良好的通气性能。

4. 补充营养

树木栽完后,发现地下根系恢复很慢,不能及时吸收足够的水分和养分以供给树木生长的需要,可适当浇灌生长素溶液,目前应用最多的是 3 号生根粉,目的是刺激树木早发新根,促进代谢平衡。在移栽树木的新根未形成和没有较强的吸收能力之前,不应施肥,最好等到第一个生长季结束以后进行。此外,还可以进行根外(叶面)追肥,在叶片长至正常叶片大小的一半时开始喷雾,每隔 10d 喷一次,重复 4～5 次效果较好。

2.6.3　树体保护

新移植大树,抗性减弱,易受自然灾害、病虫害、人为和禽畜危害,必须严加防范。

1. 支撑

大树的树体大,受大风的影响较严重,大树遭风袭后导致歪斜、倾倒,影响根系生长及美观。因此,定植完毕后必须及时进行树体固定,亦即设立支柱支撑,如图 2-44 所示。支柱要坚固,可以选用金属、木桩、钢筋混凝土等,一般正三角桩最利于树体稳定,交撑点以树体高 2/3 处为好,支柱立于土堰以外,深埋 30cm 以上,但注意支柱不要打在根上和损坏土球,将土夯实,支柱的方向一般均迎风。同时要求支架与树皮交接处用旧鞋底或草包等作为隔垫,以免磨伤树皮。另外考虑到美观,应与周围环境相协调。支柱立好后树木必须保持直立。一般在大树根系恢复良好时撤除支架。

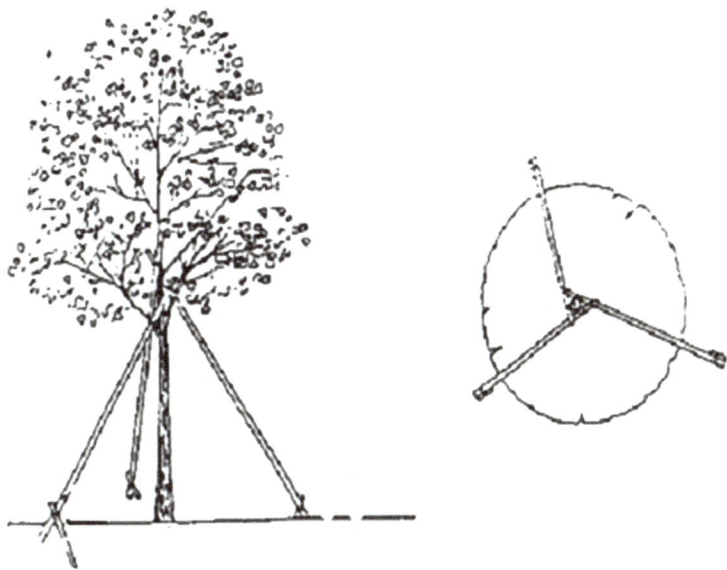

图 2-44　大树支撑

2. 施肥

施肥有利于恢复树势。大树移植初期,根系吸肥力低,宜采用根外追肥,一般半个月左右一次。用尿素、硫酸铵、磷酸二氢钾等速效性肥料配制成浓度为0.5%~1%的肥液,选早晚或阴天进行叶面喷洒,遇降雨应重喷一次。根系萌发后,可进行土壤施肥,要求薄肥勤施,慎防伤根。

3. 防冻

新移植大树易受低温危害,应做好防冻保温工作。防冻方法一般根据环境条件、季节、树种的不同而有所差异,如热带、亚热带树种北移需要注意以下两方面内容:一方面,在入秋后要控制氮肥,增施磷、钾肥,并逐步延长光照时间,提高光照强度,以提高树体及根系的木质化程度,提高自身的抗寒能力。另一方面,在入冬寒潮来临前,可采取覆土、地面覆盖、设立风障、搭制塑料大棚等方法加以保护。尤其对新植的雪松等抗寒性较差的大树,移栽当年更应格外注意防冻,以防前功尽弃。北方的林木特别是带冻土移栽的树木,必须注意根系保护,地面覆盖主要是减缓地表蒸发,防止土壤板结,以利通风透气。通常采用泥炭土、腐殖土或树叶、秸秆、锯末、地膜等对定植穴树盘进行土面保温,但最好的办法是采用"生草覆盖",亦即在移栽地种植豆科牧草类植物,在覆盖地面的同时,既改良了土壤,还可抑制杂草,一举多得。移栽后要在早春土壤解冻时,再及时把保温材料撤除,以利于土壤解冻,提高地温,促进根系生长。正常季节移栽的树木,要在封冻前浇足浇透封冻水,并及时进行干基培土(培土高度30~50cm)。立冬前用草绳将树干及大枝缠绕包裹,既保湿又保温;涂白也是树体的重要保护措施之一。9—10月进行干基涂白,能够延迟树木萌芽,涂白高度为1.0~1.2m。涂白剂的配制成分一般为:水10份、生石灰3份、石硫合剂0.5份、食盐0.5份,外加少许黏着剂,以便延长涂白期限。遇有冰雪天气,要及时扫除穴内积雪,特别寒冷时,还可采用覆盖草木灰等办法避寒。

4. 松土、除草

(1)松土。

因浇水、降雨及人类活动等影响,常使植物根旁泥土板结,影响树木的生长发育。因此,对新移栽的树木要及时进行松土,以改善土壤的物理性状,促进土壤与大气的气体交换。同时,松土也利于保墒。土壤水分是通过土壤毛细管蒸发到空气中,疏松土表时切断了土壤的毛细管,从而阻止了土壤中水分向空气散失,有利于树木新根的生长与发育。但在树木成活期间,要注意松土不能过深或过浅,过浅达不到松土应起的作用,过深则会伤及新根。合理的松土深度一般为6~7cm,松土时要把生长在表土层的浮根切断,使根系向下层土壤深扎,深根可以提高树木的抗旱、抗倒伏性能。

(2)除草。

有时树木基部附近会长出杂草藤蔓与树木争夺水分、养分和生存空间,应及时除掉,否则会严重影响树木生长。除草结合松土进行,一般每20~30d除1次,根据"除早、除小、除了"的原则进行。

松土、除草的方式与地势、土壤、树种、树木的不同生长阶段等条件有关。通常为了防止根系受到损伤,树根附近适当松得浅些,树根外围适当深些;树小时浅些,树大时深些;地势低宜浅,地势高宜深;砂土宜浅,黏土宜深;夏秋季可以浅些,冬季深些。

5. 复剪

新栽树木虽然已经过修剪,但经过挖掘、装卸和运输等操作,常常受到损伤或因为其他原因使部分芽不能正常萌发,导致树枯梢,应及时疏除或剪至嫩芽、幼枝以上。对于截顶或重剪栽植的树木,因留芽位置不准或剪口芽太弱,造成枯桩或发弱枝,则应进行复剪。修剪的大伤口应该平滑、干净、消毒防腐。对于那些发生萎蔫的树木,若用浇水、喷雾的方法仍不能使其恢复正常,应再加大修剪强度,甚至去顶或截干,以促进其成活。

6. 抹芽和除萌

大树移植一段时间以后,树干上会抽出许多嫩芽、嫩枝,在树干基部也会有萌芽产生,应定期进行抹芽和除萌,以减少养分消耗。为使树木茁壮生长,在春季萌发时,可用手随时摘除多余的嫩芽,这叫"剥芽"。在树木生长期间,对生长部位不得当的枝条也要剪除,使树冠能生长均匀和通风透光。如发现新栽树木有枯萎趋势,应立即采取强修剪措施予以抢救。对于行道树,在生长期间要随时修除影响架空电线、交通、建筑和其他公用设施的枝叶。树木落叶休眠后,对主枝上生长过密的细枝也要适当疏去,并剪掉枯枝、烂枝和有虫卵或损伤的枝条,一般情况下不宜重剪。修剪树木的工具必须锋利,使剪口平滑。通常较大树枝锯除后,最好在剪口上涂抹防腐涂剂。抹芽与留芽要分次进行,留芽要根据培养树冠的要求确定。

2.6.4　成活调查

新移栽树木是否成活是园林绿化的关键,是栽植效果的体现。新移栽树木的成活与生长调查时间最好在秋末以后进行。深秋或早春新栽的树木,在生长季初期,一般都能伸展枝叶,但是其中有些树木并不是真正的成活,而是一种"假活",是利用树干、根系及枝条内所贮存的水分和养分而发芽。一旦气温上升,蒸腾加剧,导致树体水分亏损,这些树木就会出现萎蔫现象,若不及时救护,就会在高温干旱期间死亡。因此,至少要经过第 1 年高温干旱的考验以后才能确定新移栽树木是否成活。

对新栽树木的成活与生长状况的调查方法是分地段对不同树种进行系统抽样或全部调查。如果所栽树木已经成活,则需要测定树木的新梢生长量,以确定其生长势的等级;对已经确定为死亡的树木要仔细观察,分析其地上部分与地下部分的状况,找出导致树木死亡的主要原因。其中可能有移栽树体本身的问题,主要表现为地上部分树木枝叶过多,地下部分根系不发达;还有可能是树木挖掘时的问题,如根系严重损伤、须根少、裸根移栽等;在运输中树体也可能出现严重的机械损伤;在栽植时由于坑径过小或坑浅等,树木根系不能舒展,甚至出现窝根,栽植过深、过浅或过松,根系不能与土壤充分接触;还有树木的反季节移栽等原因。调查之后,做好详细的记录,并评定栽植效果,分别统计各树种成活率及死亡的主要原因,写出调查报告,确定补植任务,提出进一步提高移栽成活率的措施与建议。

2.6.5　新植树木死亡的补救措施

1. 新植树木死亡的原因分析

(1)违背了适地适树的原则。

适地适树是植树的基本原则,有两方面含义:第一是树木要与种植地的土壤、气候条件相适应;第二是要与具体种植地的小环境(如工矿区污染地带、低洼或高燥、背风向阳、阴山、楼后等)相适应。如果忽视了树木生长的环境条件,将其种在不适宜的地方,则势必造成植树不见树的后果。当然,可以人为地创造适应某种树木生长的环境,但必须认识到受技术条件和经济条件的限制,这种创造是有限的。

(2)种植时期不适宜。

树木的种植,应选在其蒸腾量最小且有利于根系恢复水分平衡的时期,一般为秋季落叶后至春季萌芽前。若在生长季节种植,则应选择连续阴雨天或采取遮阴等相应的保护措施,否则不利于树木成活。

(3)苗龄过大或过小。

一般幼苗植株矮小,起掘方便,根部损伤率低,且营养生长旺盛,再生力强,移植及修剪后枝条易恢复。但过于幼小的植株易受外界损伤,抗逆性差,一时难以发挥绿化效果;壮龄树树体高大,移植操作困难,施工复杂,成本高,故除特殊情况外,一般不宜选用过多的壮龄树种植。实践证明,绿化植树,落叶乔木一般以粗5~10cm为宜,常绿乔木为1.5~3cm,花灌木2~4年生为好。但不要用小老苗和化肥苗,小老苗生活力弱,发育迟缓,化肥苗组织幼嫩,抗逆性差。

(4)挖掘苗木质量不好。

苗木选定之后,挖掘时,裸根苗的根幅直径应为干部胸径的8~10倍,规格较大的可为6~8倍。带土球苗土球的直径应为苗木高的1/4~1/3,花灌木根幅直径为冠径的1/3左右,并要保证保留范围内的根系及枝干不受损伤,否则将影响植树成活率。起苗前要注意起苗地是否过于干燥。在特别干燥的地块,有的苗虽然生长,但枝条已失水,移植不易成活。特别是小型又不耐寒的花灌木,最易出现这种情况。

(5)种植地土质不好。

如果种植地土质差,或多垃圾瓦砾,或有石灰等不利于植物生长的杂质,需彻底清除换土,并应适当加大树穴的规格。

(6)苗木栽植不及时。

苗木种植不及时,会造成根部失水,影响成活率。最好随起随种,需远距离运输的,应采取遮盖、喷水、根部蘸泥浆等措施。遇特殊情况不能及时种植的,要假植好。个别肉质根树种,可适当晾晒后再行栽植。

(7)栽植深度不适宜。

一般落叶乔木以超过原土印5~10cm为宜,常绿乔木以超过原土印3~5cm为宜,花灌木与原土印相平,不可过深。栽植过深,根部透气性差,易造成腐烂。

(8)填土不实。

填土时要将种植土分层填入踏实,有较大土块要拍碎后再填入坑内,防止因根系腾空吸不上水而影响成活。

(9)浇水不及时。

苗木种植后要及时浇水,并且要浇透,防止土壤倒吸苗木根系的水分,影响成活。一般种植后 24h 内浇一水,隔 3～5d 浇二水,再隔一周浇三水。每次浇水过后,要注意检查树木有无歪倒,种植土是否有裂缝,三水过后及时封坑。

(10)苗木带病虫害。

起苗前要注意检查其是否带有病虫害,带病虫的苗活力弱、抗性差,不易成活。

2. 解决措施

(1)充分考虑立地条件。

从设计上把关,城市绿化应首要考虑乡土树种,做到适地适树。其次应该结合本地气候,选择适宜本地生长的苗木,最好是选择苗圃里的苗木,一方面是这样的苗木已经培养好树形,在工程上可以直接应用;另一方面是圃苗根系发达,移栽、运输相对来说容易,有利于苗木成活。即使个别景观要求特殊苗木品种,也应该尽量营造适宜该苗木生长的小环境,如栽植雪松,则选择地势高燥、向阳的砂质壤土。这样才能表现苗木应有的绿化景观。

(2)选择适宜栽植时间。

早春气温已开始回升,苗木体内树液也开始流动,但树叶还没有生长,蒸发量较小,容易成活。此外,每年 7—8 月份,正值雨季,苗木虽已进行了大量生长,但此时有一短暂休眠,因空气湿度较高,此时进行移栽成活率较高。另外,如果工程进度受限制,不能在适宜季节栽植,务必选择傍晚或是阴雨天气栽植,尤其是大树栽植,以减少蒸腾量。

(3)提高移植技术。

①起挖、包装。在起挖前 1～2d,根据土壤干湿情况进行适当浇水,以防起苗时土壤过干引起土球松散。此外,主根不可以太短,同时尽可能地多带吸收根,以保证植株正常的水分吸收。起挖时遇到粗大根系可用手锯锯断,不可用锹斧硬砍,土球要用草绳或麻片包扎,务必包裹紧凑,防止散球。

②运输。尽量缩短运输时间;在运输过程中,加盖遮阴网及草帘,防暴晒,并定期喷水,保证苗木在运输途中的水分要求。尤其注意保护苗木树头,因为树头折断将使其观赏价值大打折扣。

③栽植。栽植时用吊车将树慢慢吊起,把树形好的一侧朝向主要观赏面。摆正树身,去除包装物,迅速填土,先填表土,同时可适当施入一些腐熟的有机肥、杀菌农药和生根剂,最后填底土,分层踏实。分层踏实时还要注意不要将土球踏碎,踏实深度为在树木原有深度以上 5～10cm。填满后要围绕树做一圆形的围堰,踏实,为浇水做好准备。栽后为防树身倾斜,影响根系生长再折断,应及时打好支撑,用 3 根木杆摆成等边或等角三角形支撑树身。最后剪掉损伤、折断的枝条,取下捆拢树冠的草绳,将现场清理干净。

(4)加强后期养护管理。

栽后当天浇一水,2～3d 浇二水,1 周后浇三水。浇水时,调整苗木保持竖直,如有歪斜,及时调正,扎根后不能随便摇树调整。每遍透水后如有塌陷应及时补填土,待 3 遍透水后再行封堰。为防止水分的散失,应从两个方面加以控制:一是采取搭建阴棚的技术措施来减弱蒸腾作用,并防止强烈的日晒;二是在夏季高温季节应该经常向树体喷水,一般每天要喷水 4～5 次,早晚各喷 1 次,中午高温前后喷 2～3 次,每次喷水以喷湿不滴水、不流水为度,以免造成根部积水,影响根系的呼吸和生长。冬天寒冷且风力大,每年冬天尤其是移植后第 1 个冬天,都要对苗木进行防寒措施:一是北方地区冬天干燥,要灌透水防干冻,避免和减轻产生生理干旱现象,苗木根部再一次覆土防寒;二是搭设风障。用无纺布搭设风障,风障要随时有专人负责巡视,如有歪斜、破损,及时补救,一直到第 2 年春天气温回升拆除。

知识扩展

1.新植树木秋冬养护管理要点

经过春、夏两季施工的园林绿化工程,为保证树木的成活率和园林绿化景观,必须做好秋季的养护管理工作。笔者根据养护工程工作经验,将秋、冬季养护管理要点总结如下。

(1)合理灌溉。秋季应使树木组织生长更充实,充分木质化,增强抗性,准备越冬。此时应控制灌水,以免引起徒长。但如果土壤过于干旱,可适量灌水,尤其新植树木根系不发达,吸水力差,以避免树木因过于缺水而萎蔫。

(2)增施基肥。秋季正值根系生长高峰,新植树木伤根容易愈合,并可发出新根。结合施基肥,如能再施入速效性化肥,以增加树体积累,提高细胞液浓度,从而增强树木的越冬性,并为来年生长和发育打好基础。增施有机肥可以提高土壤孔隙度,使土壤疏松,有利于土壤积雪保墒,防止冬、春土壤干旱,可提高地温,减少根系冻害。秋季施基肥,有机质腐烂分解的时间较充分,可提高矿质程度,来年春天可及时供给树木吸收和利用,促进根系生长。

(3)整形修剪。新植树木由于栽植时已进行过整形修剪,所以在秋季落叶后修剪应以整形为主,剪去萌蘖枝、徒长枝、交叉枝、并列枝及病虫枝。花开于当年新梢的灌木适合秋、冬季整形修剪,春季开花的灌木于第 2 年春季花后修剪老枝并保持理想树姿;乔木修剪主要为定枝,根据树木自身特性培养三叉九顶型树冠。注意抗寒力差的树木要在早春修剪,以免伤口受风伤害。按照"由基到梢,由内及外"的顺序来剪,即观察树冠的整体应整成何种形式,然后由主枝基部自内向外地逐渐向上修剪,这样就会避免错剪或漏剪,既能保证修剪的质量又可提高速度。

(4)病虫害防治。入秋以来,气温逐渐回落,各种苗木开始进入秋季二次生长阶段,同时又是病虫危害的高峰期,如美国白蛾及其他食叶害虫危害高峰期,大量取食叶片并转入结茧越冬,因此抓好秋季病虫害防治,减少来年虫口基数,确保阔叶树种叶片生长正常,冬芽形成饱满,极为重要。

(5)树木防寒越冬。对于不耐寒的新植树木必须做好防寒工作,雪松、竹子等要在周围设风障;法国梧桐、紫叶李、紫薇、木槿等要用草绳、彩条布包裹树干。

(6)浇足封冻水。11—12 月树木已经停止生长,为了使树木很好越冬,不会因为冬、春干旱而受害,此时应灌封冻水,大致在 11 月初进行。根据树木的大小修树穴(树穴直径为树干直径的 10 倍),用小水慢灌,以灌后水分渗入土壤 50～100cm(根系分布区为 10～100cm)为度,新植树木灌一次封冻水后封堰,既能满足树体本身对水分的需要,也可提高树木的抗寒能力。

(7)树干涂白。冬季树干涂白既可减少因冬季昼夜温差大引起的树干伤害,又可消灭在树皮缝隙中越冬的害虫,因此需对所有行道树和绿地内的树木进行涂白。涂白剂配制成分为生石灰 10 份、食盐 1 份、水 40 份、石硫合剂 1 份。

(8)加强巡视,做好保洁工作。对容易因积雪压折枝的树木组织养护人员打雪,及时检查行道树绑扎、立桩情况,发现松绑、摇桩等情况时立即整改。绿地内应干净、整洁,既体现园林景观美化城市的功能,也是体现市容市貌的重要内容。杂草、落叶不仅是某些病虫害的越冬场所,而且在干燥多风的冬季易发生火灾,清除杂草、落叶,既可消灭病虫源,也消除了火灾隐患。

2.新栽苗木"假活"现象的原因及应对措施

苗木栽植后,有时会出现"假活"现象,即表现为地上部分发叶抽梢,地下部分不长根,最终叶梢枯死,整株新植苗木死亡。造成苗木新植后"假活"的原因有以下几点。

(1)苗木质量差。苗木细弱,断根伤根多,根系少,上部发叶抽梢后,根系不能及时供给所需的水分和养分,导致叶梢死亡。因此在栽植时,要选用优质健壮大苗,起苗时尽量少伤根、断根。对需外运的苗木,起苗后一定要用草绳将根系包扎好,防止失水太多,不利成活。

(2)栽植过早或过晚。苗木栽植过早,枝梢未老熟,叶片未落,树体内养分积累少,气温较高,蒸发量大,失水快,栽后未定根就发叶抽梢,未到枝梢老熟气温又日渐降低,苗木因缺乏养分及低温危害而死亡。苗木栽植过晚,栽后很快发叶抽梢,树体内的水分和养分用完后还未定根,没有水分和养分来补充,致使树苗萎蔫。应选择在苗木最佳时期栽植才能保证其成活。

(3)移栽质量差。苗木新植时,造成曲根、窝根或根系架空,或因栽植穴挖得太小,新栽苗木根系与土壤接触不良,因而难以定根,无法从土壤中吸收水分和养分,导致暂时发叶抽梢后因无法补充水分和养分而死亡。因此,需按规范开挖栽植穴,栽时要注意提苗踏土,确保根系与土壤紧密接触。

(4)栽植过深。苗木栽植过深,根系生长分布层的氧气少,影响其呼吸作用和吸收功能的发挥,不能及时给发叶抽梢后的苗木提供水分和养分。在栽植时应注意栽植的深浅,不能过深,也不能太浅。

(5)茎干损伤。苗木皮层受到机械损伤,其输导组织供给营养的通路会被切断,栽时虽然青枝绿叶,但不久即出现"假活"现象。因此,栽前不要选干皮和根系严重损伤的苗木,栽后应防止人、畜损伤苗木。

(6)干旱缺水或积水烂根。长时间干旱会导致苗木萎蔫,而低洼之地常因下雨积水使苗木根系腐烂,移栽苗木难以成活。苗木栽植后要浇透定根水,干旱时及时浇灌,最好覆盖地膜以提高保湿能力。而在低洼积水地段移栽苗木,一定要开好排水沟。

测试训练

【知识测试】

1.填空题

(1)常见的包干保湿方法有_____、_____、_____、_____等。

(2)新栽树木,一般乔木必须连续灌水_____年,灌木以_____年为宜。

(3)涂白也是树体的重要保护措施之一。_____月进行干基涂白,能够延迟树木萌芽。涂白高度为_____m。涂白剂的配制成分一般为水_____份、生石灰_____份、石硫合剂_____份、食盐_____份。外加少许_____,以便延长涂白期限。

2.问答题

(1)怎样解决死亡树木的补植问题?

(2)提高新移栽树木根系土壤的通气性的措施有哪些?

(3)对新移栽的树木进行树干包扎的作用是什么?

【技能训练】

实训 2.6 新植树木移栽保活措施调查

1.实训目的

了解园林绿地树木移栽的各种保活措施,对当地绿地树木移栽常见保活措施进行调查。

2.实训材料及用具

当地新移栽的各种园林绿化树种、记录本。

3.实训内容与方法

(1)调查对象确定。当地新移栽的各种园林绿化树种,可以是杨树、栾树、银杏、悬铃木、槐树等常见乔木树种,也可以是丁香、锦带、忍冬、绣线菊等灌木树种。

(2)地点选择。可以郊区为主、市区为辅,也可以市区为主、郊区为辅。

(3)小组分区用目测踏查法对新移栽绿地树木保活措施进行调查统计。

①地上部分措施调查:包括包干、支撑固定、保护新芽、涂白、遮阴、输液等。

②根系恢复和保护措施调查:包括树盘的土面保温、人工透气管、生根粉、排水沟等。

4.作业

写调查报告。

任务 7 园林绿地各种灾害及防治

● 学习目标 ●

● 掌握各种自然灾害、市政工程施工、酸雨、煤气以及土壤侵入体、地面铺装等对园林植物造成的危害和防治措施。

● 能够正确识别园林植物的主要灾害类型。

● 根据当地的主要灾害类型,制订适合当地特点的防治措施。

● 内容提要 ●

园林植物栽植后,需要进行良好的养护管理才能保证园林植物成活和健康的生长发育。而在实际养护中,各种灾害的发生尤其以自然灾害、市政工程施工等危害比较严重。

任务导入

　　由于自然环境的复杂性,植物在生长发育过程中会经常遭受各种自然灾害的威胁,在植物的气象灾害中,又可以分为低温危害、高温危害、风害、旱灾、涝灾、冰雹、雪灾、雨凇(雾凇)、雷击伤害等几类。本节主要内容是低温危害、高温危害、风害、雪灾、雨凇(雾凇)、雷击伤害等几类常见自然灾害的防治方法与措施。

2.7.1　低温危害

1. 低温危害的常见类型

　　(1)冻害,指气温在 0℃ 以下时,植物组织内部结冰导致的伤害。常见的症状表现有局部溃疡(植物组织局部坏死)、冻裂(受冻后树皮和木质部发生纵裂)和冻拔(又称冻举,是指温度降至 0℃ 以下时,土壤冻结并与根系连为一体后,由于土壤中的水分结冰、体积膨大而把土壤与根系一起抬高,解冻时土壤因重力作用而下沉,导致苗木根系在原处裸露在外,好似被人为拔出一样)3 种。

　　(2)冻旱,又称干化,是指在寒冷地区,虽然土壤含有充足的水分,但由于低温导致土壤结冻,植物根系很难从土壤吸水,而植物的地上部分又在进行蒸腾作用,最终因水分平衡被严重破坏而导致细胞死亡,进而枝条干枯甚至植株死亡。

　　(3)寒害,又称冷害,是指 0℃ 以上的低温对植物的伤害。这种伤害多发生于原产于热带或亚热带的喜温树种。尤其是当这些喜温树种向北方或高海拔地区引种时,避免寒害的发生是生产管理的一项基本任务。

　　(4)霜害。生长季里由于急剧降温,水气凝结成霜使幼嫩部分受冻称为霜害。由于冬、春季寒潮的侵袭,我国除台湾与海南的部分地区外,均会出现 0℃ 以下的低温,对植物的生长不利。

　　早春萌芽时受晚霜危害,植物嫩芽和嫩枝变褐色,鳞片松散而枯死在枝上。花期受冻,由于雌蕊最不耐寒,轻者可将雌蕊冻死,但花朵能照常开放;稍重的霜害可将雄蕊冻死;再重时花瓣受冻变枯、脱落。幼果受冻轻时幼胚变褐,果实仍保持绿色,之后慢慢脱落;受冻重时则全果变成褐色,并很快脱落。

2. 影响植物低温危害的因素

　　影响植物冻害发生的因素很复杂。从内因来说,与树种、品种、树龄、生长势及当年枝条的成熟度及休眠均有密切关系;从外因来说,与气象、地势、坡向、水体、土壤、栽培管理等因素分不开。因此,当发生冻害时应通过多方面观察与分析,找出主要矛盾后提出解决办法。

　　(1)抗冻(寒)性与树种、品种的关系。不同的树种或品种,其抗冻能力不一样,如樟子松比油松抗冻,油松比马尾松抗冻。同是梨属的秋子梨比白梨和沙梨抗冻。一般原产于北方的树种(品种)比原产于南方的树种(品种)抗冻能力强,原产于高山(高海拔)的树种(品种)比原产于平坝(低海拔)的于抗冻能力强。

（2）抗冻性（寒）与组织和器官的关系。同一树种不同器官,同一枝条不同组织,对低温的忍耐力不同。叶芽形成层耐寒力强,新梢、根颈、花芽抗寒力弱,髓部抗寒力最弱。抗寒力弱的器官和组织,对低温特别敏感。

（3）抗冻性（寒）与枝条成熟度的关系。枝条愈成熟其抗冻力愈强。枝条充分成熟的标志主要是木质化程度高,含水量降低,细胞液浓度增加,积累淀粉多。在低温来临之前还不能停止生长的植物或枝条,都容易遭受冻害。

（4）抗冻性（寒）与枝条休眠的关系。一般处在休眠状态的植株抗寒力强,植株休眠愈深,抗寒力愈强。

（5）低温来临的状况与低温危害的发生有很大关系。当低温到来的时期早且突然时,如果没有采取防寒措施,很容易发生冻害;此外,植物受低温影响后,如果温度急剧回升,则比缓慢回升受害严重。

（6）栽培管理方式与低温危害发生的关系。同一品种的实生苗比嫁接苗耐寒,因为实生苗根系发达,根深抗寒力强,同时实生苗可塑性强,适应性就强。砧木耐寒性差异很大,桃树在北方以山桃为砧木,在南方以毛桃为砧木,因为山桃比毛桃抗寒。

同一个品种结果多的比结果少的容易发生低温危害,因为结果多消耗大量的养分,所以容易受冻。施肥不足的比肥料施得很足的抗冻（寒）性差,因为施肥不足,植株长得不充实,营养积累少,抗寒力就低。植物遭受病虫危害时容易发生低温危害,而且病虫危害越严重,低温危害也就越严重。

（7）其他因素的作用,主要包括土壤、地势、坡向、小气候等方面。如在同样的条件下,生长在浅土层的植物比生长在厚土层的受害严重,因为土层厚,扎根深,根系发达,吸收的养分和水分多,植株健壮;水体对低温危害的发生也有影响,如在同一地区位于水源较近的植物比离水源远的受害轻,因为水的热容量大,白天水体吸收大量热,到晚上周围空气温度比水温低时,水体又向外放出热量,因而使周围空气温度升高。

另外,一般说来,纬度越高,无霜期越短。在同一纬度上,我国西部大陆性气候明显,无霜期较东部短。小地形与无霜期也有密切关系,一般坡地较洼地、南坡较北坡、近大水面的较无大水面的地区无霜期长,受霜冻威胁较轻。

3. 低温危害的防治方法

（1）栽培措施。

①因地制宜,选栽抗寒力强的树种、品种和砧木,这是防止低温危害最经济、最有效的措施。

②加强栽培管理,提高植物抗寒性。实践经验表明,植物春季加强肥水供应,合理应用排灌和施肥技术,可以促进新梢生长和叶片增大,提高光合效能,增加营养物质的积累,保证树体健壮。后期控制灌水,及时排涝,适量施用磷肥、钾肥,勤锄深耕,可促使枝条及早充实,有利于组织成熟,从而能更好地抵御寒冷。此外,夏季适期摘心,促进枝条成熟;冬季修剪,减少冬季蒸腾面积;人工落叶等均对预防冻害有良好的效果。同时,在整个生长期必须加强对病虫害的防治。

③受冻后恢复生长。在树体管理上,对受冻害树体要晚剪或轻剪,给予枝条一定的恢复时

期;对明显受冻枯死部分及时剪除,以利伤口愈合;对一时看不准受冻部位的,不要急于修剪,待春天发芽后再做决定;对受冻造成的伤口要及时治疗,并结合防治病虫害和保叶工作;对根颈受冻植物要及时桥接或根接;树皮受冻后成块脱离木质部的要及时补救。

(2)其他措施。

①灌冻水。南方进入严寒季,特别遇旱冻年份,灌水使土壤湿度增加,使植物维持体内水分代谢平衡,增强树体抗寒能力。

②根颈部培土。植物根颈部对低温袭击最为敏感,冬季宜在根颈部培土,培土高度以30~50cm为宜,防止冻伤树颈部及根系,同时能减少土壤的水分蒸发。

③扣筐或扣盆。对一些植株比较矮小的珍贵露地花卉,可以采用扣筐、扣盆的方法防止低温危害。用大筐或大花盆将整个植株扣住,外边堆土或抹泥,不留一点缝隙,给植物创造比较温暖、潮湿的小气候条件,以保安全越冬。这种方法不会损坏原来的树形。

④架设风障。为减低寒冷、干燥的冷风吹袭造成植物枝条的伤害,可以在风向上方架设风障。可用草帘、芦席等作为挡风材料,风障高度要超过树高,用木棍、竹竿等支撑牢固,以防大风吹倒。

⑤枝干涂白或喷白。对树身涂白或喷白,可以减弱温差骤变的危害,还可以杀死一些越冬病虫害(图2-45)。涂白、喷白材料常用石灰加石硫合剂,为黏着牢固,可适量加盐。

⑥卷干与包草。新栽植物、冬季湿冷地不耐寒的植物可用草绳一道接一道地卷干或用稻草包主干和部分主枝来防寒,也可采用宽度为10~15cm的塑料薄膜条卷干防冻。

图 2-45　树干涂白

2.7.2　高温危害

高温危害是指植物在异常高温的影响下所受到的伤害。它实际上是在太阳强烈照射下,植物所发生的一种热害,以仲夏和初秋最为常见。

1. 高温危害的类型

高温对植物的危害,一方面表现为组织和器官的直接伤害——日灼类伤害;另一方面表现为呼吸加速和水分平衡失调的间接伤害——代谢干扰。

(1)日灼。

夏秋季由于气温高,水分不足,蒸腾作用减弱,致使树体温度难以调节,造成枝干的皮层组织或其他器官表面的局部温度过高,导致皮层组织或器官溃伤、干枯。严重时引起局部组织死亡,枝干表面被破坏,出现横裂,导致负载能力下降,并出现表皮脱落、日灼部位干裂,甚至整个枝条死亡。如果发生在果实表面,先是出现水烫状斑块,而后扩大造成果皮、甚至果实开裂或干枯(图 2-46)。

图 2-46 树干涂白

(2)灼环、颈烧。

灼环,又称干切。由于太阳的强烈照射,土壤表面温度增高,当地表温度不易向深层土壤传导时,过高的地表温度灼伤幼苗或幼树的根颈形成层,即在根颈处形成一个宽几毫米的环带,称为灼环。严重时高温可杀死输导组织和形成层,使幼苗倒伏以致死亡。一般柏科植物在土壤温度为 40℃ 时就开始受害。

幼苗最易发生根颈的灼伤且多发生于茎的南向,表现为茎的溃伤或芽的死亡。

(3)皮烧。

由于植物受强烈的太阳辐射,温度过高引起形成层和树皮组织局部死亡。树皮灼伤与植物的种类、年龄及其位置有关。皮烧多发生在树皮光滑的薄皮成年树上,特别是耐阴树种,受害树皮呈斑状死亡或片状脱落,给病菌侵入创造了有利条件,从而影响植物的生长发育。严重时,树叶干枯、凋落,甚至造成植株死亡。

(4)嫩叶、嫩梢烧焦变褐(又称为"叶焦")。

由于叶片在强烈光照下的高温影响,叶脉之间或叶缘变成浅褐色或深褐色或形成星散分布的褪色区、褐色区,其边缘很不规则,一些枝条上的叶片差不多都表现出相似的症状。在多数叶片褪色时,整个树冠表现出一种灼伤的干枯景象。

(5)饥饿和失水干化。

植物在达到临界高温以后,光合作用开始迅速降低,呼吸作用继续增加,消耗了本来可以用于生长的大量碳水化合物,使生长减弱。高温引起蒸腾速率的提高,也间接降低了植物的生长且加重了对植物的伤害。干热风的袭击和干旱期的延长,使植物蒸腾失水过多,根系吸水量减少,造成叶片萎蔫,气孔关闭,光合速率进一步降低。当叶子或嫩梢干化到临界水平时,可能导致叶片或新梢枯死或全树死亡。

2. 高温危害的防治方法

根据高温对植物伤害的规律,可采取以下措施。

(1)栽培措施。

①选择耐高温、抗性强的树种或品种栽植。

②在植物移栽前加强抗性锻炼,如逐步疏开树冠和遮阴树,以便逐渐适应强光和高温环境。

③移栽时尽量保留比较完整的根系,使土壤与根系密切接触,以便顺利吸水。

④加强树冠的科学管理。在整形修剪中,可适当降低主干高度,多留辅养枝,避免枝、干的光秃和裸露。在需要截顶或重剪的情况下,应分 2～3 年进行,避免一次透光太多,否则应采取相应的防护措施。在需要提高主干高度时,应有计划地保留一些弱小枝条自我遮阴,之后再分批疏除。必要时还可给树冠喷水或抗蒸腾剂。

(2)常用防治方法。

①树干涂白。树干涂白可以反射阳光,缓和树皮温度的剧变,对减轻日灼和冻害有明显的作用。涂白多在秋末冬初进行,有的地区也在夏季进行。涂白剂的配制成分为水 72%,生石灰 22%,石硫合剂和食盐各 3%,将其混合均匀即可涂刷。

②树干缚草、涂泥及培土等也可防止日灼。

③搭建阴棚。

④喷水降温。

2.7.3　风害

1. 造成风害的原因

(1)树种特性与风害的关系。根系浅、树体高干、枝叶密集、枝干脆弱的树种(如刺槐、加杨等),抗风力弱;相反,根系深、树体矮小、枝叶稀疏、枝干坚韧的树种(如垂柳、乌桕等),则抗风性较强。从枝干结构分析,一般髓心大、机械组织不发达、生长又很迅速而枝叶茂密的树种,风害较重。此外,一些易受蛀干害虫危害的树种,其枝干易发生风折,健康的植物一般是不易发生风折的。

(2)环境条件与风害的关系。如果风向与街道平行,风力汇集成为风口,风压增加,街道行道树的风害会随之加大;局部绿地因地势低凹,排水不畅,使雨后绿地积水,造成雨后土壤松软,风害也会显著增加;风害还受绿地土壤质地的影响,如绿地偏沙,或为煤渣土、石砾土等疏松薄土,抗风性差;如为壤土,或偏黏土等紧实厚土,则抗风性强。

(3)人为经营措施与风害的关系。从苗木质量看,苗木移栽时,特别是移栽大树,如果根盘挖得小,则因树身大,易遭风害,所以大树移栽时一定要立支柱。在风大地区,栽植大苗也应立支柱,以免树身被吹歪。移栽时一定要按规定起苗,起苗的根盘不可小于规定尺寸。从栽植方式看,凡是植株行距适度,根系能自由扩展的,抗风力强;如植株行距过密,根系发育不好,再加上养护管理跟不上,则风害显著增加。从栽植技术看,在多风地区栽植坑应适当加大,如果小坑栽植,树会因根系不舒展而发育不好,重心不稳,易遭风害。

2. 风害防治的主要措施

(1)选择抗风树种或品种。

(2)改善植物的生存环境,如对低凹积水的地方及时排水,把疏松薄土改造为紧实厚土等。

(3)采取科学合理的经营措施,主要包括选苗(树)要合格、起苗要规范、植株行距要适当、栽植时做到坑大根深等几个方面。

(4)合理修枝,使树冠透风。

(5)立支柱。

(6)及时扶正和精心养护风倒植物。

● 2.7.4 雪害和冰挂(雾凇、雨凇)

一般的积雪对植物没有明显的危害,但常常会因为树冠上积雪过多压裂或压断枝条,同时因融雪期的时融时冻交替变化,冷却不均易引起冻害(图 2-47)。在多雪地区,应在雪前对植物大枝设立支撑,枝条过密的还应进行疏剪;在雪后及时将被雪压倒的枝条提起扶正,震落积雪或采用其他有效措施防止雪害。

超冷却的降水(如冻雨)在树体表面形成的玻璃状冰晶为雨凇,大气中的水汽在低温条件下在树体表面形成的玻璃状冰晶则为雾凇,一般把二者统称为冰挂或树挂(图 2-48)。对耐寒树种而言,冰挂是一种奇特的自然景观,但对不耐寒的树种来说,就是一种自然灾害。防止雨凇和雾凇危害最常用的方法就是设支柱支撑,以及在发生雨凇或雾凇后及时用竹竿打击震落枝叶上的冰挂。

图 2-47　植物雪害

图 2-48　冰挂(树挂)

2.7.5　雷击伤害

1. 雷击伤害的症状及其影响因素

（1）症状。植物遭受雷击伤害以后，木质部可能完全破碎或烧毁，树皮可能被烧伤或剥落；内部组织可能被严重灼伤而无外部症状，部分或全部根系可能致死（图 2-49）。常绿树，特别是云杉、铁杉等上部枝干可能全部死亡，而较低部分不受影响。在群状配置的植物中，直接遭雷击伤害者的周围植株及其附近的禾草类和其他植被也可能死亡。

在通常情况下，超过 1370℃ 的"热闪电"将使整棵树燃起火焰，而"冷闪电"则以 3200km/s 的速度冲击植物，使之炸裂。有时两种类型的闪电都不会损害植物的外貌，但数月以后，由于根系和内部组织被烧伤而造成整棵植物的死亡。

图 2-49　植物的雷击伤害

（2）影响因素。植物遭受雷击伤害的次数、类型和程度差异极大。它不但受雷击伤害类型的影响，而且与树种及其含水量有关。

树体高大，在空旷地孤立生长的植物，生长在湿润土壤中或沿水体附近生长的植物，最易遭受雷击伤害。在乔木树种中，有些植物，如水青冈、桦木和七叶树，几乎不遭雷击伤害；而银杏、皂荚、榆树、槭树、栎树、松树、杨树、云杉和美国鹅掌楸等较易遭雷击伤害。植物对雷击伤害敏感性差异大的原因尚不太清楚，但有些研究成果认为与植物的组织结构及其内含物有关，如水青冈和桦木等，油脂含量高，是电的不良导体，几乎不遭雷击伤害；而白蜡、槭树和栎树等，淀粉含量高，是电荷的良好导体，较易遭受雷击伤害。

2. 雷击伤害的防治方法

（1）预防雷击伤害的方法。生长在易遭雷击伤害位置的植物和高大珍稀古树，以及具有特殊价值的植物，应安装避雷器以消除雷击伤害的危险。

安装在植物上的避雷器必须采用柔韧的电缆，并要考虑树干与枝条的摇摆，以及随植物生长的可调性。垂直导体应沿树干进行固定，导线接地端应连接在几个辐射排列的导体上，这些导体水平埋置在地下，并延伸到根区以外，再分别连接在垂直打入地下长约 2.4m 的地线杆上。之后每隔几年检查一次避雷系统，并将上端延伸至新梢以上，进行某些必要的调整。

（2）雷击伤害植物的养护。对于遭受雷击伤害的植物应进行适当的处理和挽救，但在处理之前，必须进行仔细的检查，分析其是否有恢复的可能，否则就没有进行挽救的必要。有些植物尽管没有外部症状，但内部组织或地下部分已经受到严重损伤，不及时处理就会很快死亡。对外部损害不大或具有特殊价值的植物应立即采取措施进行救助。主要包括以下几个方面：

①撕裂或翘起的边材应及时钉牢，并用麻布等物覆盖，促进其愈合和生长。

②劈裂的大枝应及时复位加固并进行合理的修剪，对伤口进行及时适当的处理，撕裂的树皮也要及时清理和补救。

③在植物根区施用速效肥料，促进植物尽快恢复生长。

● 2.7.6 洪水过后对苗木进行补救

1. 排除积水

水涝对树木的伤害程度与浸水的时间成正比关系。对林场、果园、苗圃、片林等处积水，立即采取有效措施，组织群众迅速排除，尽量减少苗木的浸泡时间。及时采取松土、晾根等措施，改善土壤通透性，最大限度地避免因长期积水导致树木大面积死亡。如果苗木长期处于水浸状态，土壤中含水量过高，缺少氧气，树木根系不能进行正常呼吸，必然导致根系腐烂而死亡。可以采用挖排水沟和机械排水等办法。排水时对受涝程度不太严重的苗木可人工排水，大面积受涝或受涝程度较重的则用水泵等设备排水。

2. 迅速扶正

植株经过水淹和风吹，根系受到损伤，容易倒伏，排水后必须及时扶正、培直。对已经倒伏的树木，凡是胸径在 10cm 以下的幼树，立即组织群众进行扶正。对已经倒伏严重的大树，视情况进行处理，最大限度地其成活。对确实已经无法扶正的大树，立即进行清理，待秋冬时再进行补植。及时清理植株表面的淤泥，以利进行光合作用，促进植株生长。另外，要进行适当遮阴，一是可以避免强光照射，防止地表升温过高，二是可以有效减少树体水分蒸发。

3. 中耕松土

土壤积水后板结是引起缺氧烂根的主要原因。如果苗木水淹时间超过 36h，又在阳光下暴晒 2～3d 后,土地会出现严重板结。排水后待表土略干(以不黏铁锹为宜),要及时进行中耕。中耕的目的是加速土壤水分蒸发,增加土壤的透气性,有利于恢复树势,防止沤根。

4. 增施速效肥

作物经过水淹,土壤养分大量流失,加上根系吸收能力衰弱,及时追肥对恢复植株生长有利。在植株恢复生长前,以叶面喷肥为主,可根据实际情况选择一些市面上常见的叶面肥。植株恢复生长后,再进行根部施肥,增施磷、钾肥及微量元素,增强植株抗逆能力。

5. 注意防晒

暴雨过后,常有突晴天气,为防止苗木水分大量蒸发,可对苗木适当遮阳,尤其是对不耐涝的苗木,如碧桃、珍珠梅、榆叶梅等花灌木。

6. 修剪补植

在积水消退后,还应尽快清除积存在树木周围的杂草、落叶、杂物等漂浮物,清理绿地内的倒伏、死亡植株,对绿地内乔木、灌木进行一次全面的扶正修剪,恢复其景观。因为受涝树木根系已经受损,影响了其对水分的吸收,此时需要对树木进行修剪,减少树体水分的消耗。

对损失较大的苗圃,涝害过后可在死苗处采用小苗带土移栽方法进行补苗,选择在阴天或傍晚进行。受涝苗木根系会受到不同程度的损伤,吸收功能降低,此时不需要追肥,否则会加速苗木死亡,可用 0.1％尿素水加 0.2％磷酸二氢钾液,在开始恢复生长时进行叶面喷肥,促进其生长。

7. 防治病虫害

涝灾过后,苗床或盆土温度高、湿度大,再加上植株生长衰弱,抗逆性降低,林木极易感染溃疡病、腐烂病、黑斑病等病害。因此,积水排出之后要及时对树木普喷一遍杀菌剂。要及时进行调查和防治,控制病虫害蔓延。药剂防治的时间为每隔 3d 喷一次、连喷 3 次。还可以选择高效、低毒的对口农药防治;施药后遇下雨天气,还要再次补喷药,防治病害一般用药2～3次。

知识扩展

自然灾害的发展趋势

园林植物的生长环境大都是在人口高度集中的城市,从大环境来看,随着全球温室效应的加剧,在气温逐年增高的同时,多年不遇的极端天气也在逐渐增多,从而导致我国因极端天气而引起的自然灾害频频发生。如 2006 年夏季,在重庆和四川遭遇百年一遇的罕见大旱时,位于南北交叉地域的淮河却发生了难得一见的特大洪灾;在 2006 年夏季刚遭受罕见旱灾的重庆,在 2007 年夏季又遭遇了百年未遇的强风暴雨;2008 年初出现了从未有过的南方大面积冰雪灾害,如此等等,不一而足。在这些频频发生的自然灾害中,主要生长于城市环境的园林树木不仅不能幸免于难,反而因特殊的城市小环境特点而受害更重。

另外,从城市小环境来看,除了城市环境不可避免的热岛效应(也就是因城市产生的热量多而又散热差,从而使其气温比周围普通环境明显增高的现象)外,还有非常重要的一点就是由于我国的城市化进程起步很晚而速度太快,以至于在城市规划、建设、管理等诸多方面都严重滞后,尤其在城市绿化的基础设施方面更是薄弱。最常见的问题主要有种植土壤多为建筑垃圾填埋而成,种植土壤没有排灌水设施,树木根部经常受到污水浸泡或垃圾覆盖,对园林树木只重栽不重管,等等。

综上所述,在自然大环境不断恶化的情况下,如果再不对城市小环境进行改良,势必会让园林树木生活在"水深火热"的恶劣环境中,这种环境所造成的自然灾害的严重程度可想而知。

● 测试训练 ●

【知识测试】

1.名词解释

(1)冻害:

(2)寒害:

2.填空题

(1)受高温危害的园林植物外部表现为_____、_____、_____。

(2)同一植物处于不同的物候期,耐高温的能力有所不同,_____最强,_____最弱。

2.问答题

(1)冻害危害的类型有哪些? 各有什么特点?

(2)抗低温伤害的主要预防措施有哪些?

(3)简述树干涂白剂的配方及配制方法。

【技能训练】

实训 2.7 园林树木常见自然灾害的防治

1.实训目的

通过本次实训,学生可以了解园林树木自然灾害的常见种类,基本熟悉它们的发生规律,初步掌握它们的防治方法。

2.实训材料及用具

(1)材料。

常见园林树木及移植后的大树,稻草、草帘、草绳、遮阳网,细铁丝或塑料绳、水泥柱或木柱(木杆),石灰、水和食盐等。

(2)用具。

铁锹、枝剪、拉枝钩、紧线器、避雷设施等。

3.实训内容与方法

(1)调查当地园林绿地树木常见的灾害类型。

(2)植物防寒越冬措施。

①保护树干。

a.覆盖。在11月中下旬土地封冻以前,将枝干柔软、树身不高的灌木压倒覆土,或者先盖一层干树叶,再覆 40~50cm 的细砂,防止抽条。

　　b.卷干。用稻草或草帘将树干包卷起来,或直接用直径 2cm 以上的草绳将树干一圈接一圈地缠绕,直至分枝点或要求的高度。

　　c.涂白。将石灰、水与食盐配成涂白剂涂刷树干。一般每 500g 石灰加 400g 水,为了增加石灰的附着力和维持其长久性,再加食盐 10g,搅拌均匀即可使用。涂白时要求涂刷均匀,高度一致。

　　②防风设施的使用。

　　园林植物防风常用的设施为风障。

　　a.在园林植物北侧挖障沟,将芦苇或竹竿、旧农膜、草帘、玉米秸、高粱秆等架材紧贴障沟南壁插匀。

　　b.填土踩实。

　　c.在距地面 1.8m 左右处扎一个横杆,成篱笆形式。风障挡风密度不够可在风障下部挡以稻草或其他挡风物质,风障可同时设几排,距离以不相互挡光为准。

　　4.作业

　　提交调研结果,填写实习报告。

任务 8　古树名木的养护与管理

● 学习目标 ●

- 理解古树名木的概念以及研究与保护的意义。
- 掌握古树名木衰老的原因及相应的复壮与养护技术。
- 能够结合现场准确地诊断古树名木衰老或生长不良的原因。
- 根据古树名木的实际,制订切实可行的复壮与养护管理措施,并正确实施。

● 内容提要 ●

　　古树名木是城市绿化、美化的一个重要组成部分,是一种不可再生的自然和历史文化遗产,具有重要的科学、历史和观赏价值。有些树木还是地区风土民情、民间文化的载体和表象,是活的文物,它与人类历史文化的发展和自然界历史变迁有关,是历史的见证,对其实施有效的保护具有现实意义。因此,古树对于考证历史,研究园林史、植物进化、树木生态学和生物气象学等都有很高的价值。

● 任务导入 ●

保护古树名木的措施可分为技术措施和管理措施。技术措施包括日常管理、综合养护、更新复壮等,管理措施包括古树名木的调查摸底、档案建设、立法、宣传教育等。

● 2.8.1 古树名木概述

1.古树名木的含义

古树名木一般是指在人类历史进程中保存下来的年代久远或具有重要科研、历史、文化价值的树木。古树一般指树龄在百年以上的大树;名木是指国内外稀有的以及具有历史价值、纪念意义及重要科研价值的树木。

《中国农业百科全书》对古树名木的内涵界定为:"树龄在百年以上的大树,具有历史、文化、科学或社会意义的木本植物。"

古树名木有的以姿态奇特、观赏价值极高而闻名,如黄山的"迎客松"、泰山的"卧龙松"、北京市天坛公园的"九龙柏"等;有的以历史事件而闻名,如北京市景山公园崇祯皇帝上吊的槐树(现已无存);有的以奇闻轶事而闻名,如北京市孔庙的古侧柏,传说其枝条曾将明代奸相严嵩的帽子打掉,故后人称之为"除奸柏",等等。

古树名木是活的文物,历史的见证,是我国古代历史文化和经济发展的一部分,也是风景旅游资源的重要组成部分,具有极高的科研、生态、观赏和科普价值。因此,要做好古树名木的保护工作,加强养护管理,使古树名木更新复壮,焕发生机,延长寿命,为祖国古老灿烂的文化和壮丽山河增添光彩。

2.保护古树名木的意义

中国古树名木种类之多,树龄之长,分布之广,数量之大,均为世界罕见。它对于研究古代历史文化,古园林史,古植物、古地理、古水文等都有很高的科学价值。

(1)古树名木是历史的见证。

许多古树名木经历过朝代的更替,具有较高的树龄。例如我国传说中的周柏、秦松、汉槐、隋梅、唐杏(银杏)、唐樟等。山东莒县浮莱山"银杏王"和山西太原晋柯"周柏"已有3000年以上高龄;台湾阿里山红松(台湾扁柏)树龄也在2700年左右;北京颐和园东宫门内有两排古柏,八国联军火烧颐和园时曾被烧烤,靠近建筑物的一面从此没有树皮。

(2)古树名木为文化艺术增添光彩。

它们是历代文人咏诗作画的题材,往往伴有优美的传说和奇妙的故事。例如"扬州八怪"中的李绍,曾有名画《五大夫松》,是泰山名木的艺术再现。此外,泰山的"望人松",成了画家笔下的水墨丹青。此类为古树名木而作的诗画,为数极多,都是我国文化艺术宝库中的珍品。

(3)古树名木是名胜古迹的佳景。

树木是组成景观的重要因素,而古树名木更以其苍劲古雅吸引着中外游客。如北京市中山公园来今雨轩西侧的"槐柏合抱",香山公园的"白松堂",戒台寺的"九龙松",泰山后石坞的"天烛松""姊妹松",苏州光福寺的"清""奇""古""怪"4 株古圆柏等,它们把祖国的山河装点得更加美丽多娇。

(4)古树对于研究树木生理具有特殊意义。

人们无法用跟踪的方法去研究长寿树木从生到死的生理过程,而不同年龄的古树可以同时存在,能把树木生长、发育在时间上的顺序,以空间上的排列形式展现出来,使人们能以处于不同年龄阶段的树木作为研究对象,从中发现该树种从生到死的总规律,有利于科学研究工作。

(5)古树对于树种规划有较大的参考价值。

古树多属乡土树种,保存至今的古树,可证明其对当地气候和土壤条件有很高的适应性。故调查本地栽培及郊区野生树种,尤其是古树名木,可作为制订树种规划的依据。

(6)古树是研究自然史的重要资料。

古树复杂的年轮结构,蕴含着古水文、古地理、古植被的变迁史。

2.8.2　古树名木基本管理方法

对古树名木进行管理,主要包括对古树名木的调查摸底、档案建设和日常管理三方面。

1. 调查摸底

调查摸底就是对责任区域内的古树名木状况进行调查和分析,以便做到心中有数和有的放矢。调查内容主要包括树种、树龄、树高、冠幅、胸径、生长势、病虫害、立地条件(土壤、气候等情况)、株数、分布以及对观赏和研究的价值、养护现状等,同时应搜集有关古树名木的历史及诗、画、图片及神话传说等其他资料。在详细调查的基础上分析它们各自的重要性和生长发育现状,并据此进行相应的等级划分,以便在日常管理时分级管理、突出重点。

2. 档案建设

为了管理工作的连续性和稳定性,古树名木的档案建设必不可少。档案内容不仅应该包括所有的调查内容和分析结果,更重要的是要根据古树名木的动态变化及时更新。为了便于储存和更新,最好采用电子档案方式,但要注意备份和保存的安全性。

3. 日常管理

日常管理主要包括广泛宣传、严格执法和生长环境保护三方面。

(1)广泛宣传。

为了培养和强化广大公民自觉保护古树名木的思想意识,对保护古树名木的作用与意义、毁坏古树名木的谴责与惩罚等相关内容要进行广泛宣传。宣传的形式应因地制宜、多种多样,最常见的是给每株古树或名木悬挂宣传牌,在宣传牌上简要注明该树的种类、年龄、作用、主要分布、保护价值以及保护古树名木的相关法律法规。

（2）严格执法。

尽管古树名木的保护以预防为主，但有时还是防不胜防。为了惩前毖后或亡羊补牢，一旦有损坏古树名木的事件发生就要及时制止并严格执法，对责任人（单位）要从快从严公开处理，并把处理结果作为典型事例来对广大公民进行宣传教育。

（3）生长环境保护。

古树名木在一定的生境下已经生活了许多年，有些古树甚至达成百上千年，说明它们十分适应其历史的生态环境，特别是土壤环境。因此，对其生长环境的保护就是对它们最好的保护。具体措施主要有：严禁在古树名木旁挖土、取石；尽可能不要移植古树；不得向树根周围洒泼生活、工业污水；在树盘范围设置围栏；给生长在高处、空旷地或树体庞大的古树名木安设避雷装置；在古树名木附近施工时，应提前采取措施保护树体和根系，以防机械损伤。

● 2.8.3　古树名木的养护复壮

1.古树名木生长状况的诊断

由于古树名木种类、年龄以及生长环境的多样性，必然导致它们生长状况的多样性。为了在古树名木的养护复壮工作中能做到对症下药和有的放矢，就必须对它们的生长状况进行全面而准确的分析和诊断。

（1）古树名木常见症状分析。

①古树名木叶部常见症状分析表（表2-5）。

表2-5　　　　　　　　　　　古树名木叶部常见症状分析表

序号	症状表现	主要原因（可以是一个原因引起，也可能由几个因素共同引起）
1	叶卷曲	A.除草剂、2,4-D 和苯氧基化学药剂的危害——造成叶扭曲症状； B.蚜虫危害——有些蚜虫可造成严重的杯状叶或扭曲状叶； C.低温危害——春天突然降温所致； D.瘿螨科昆虫的危害——可造成类似 2,4-D 危害的叶卷曲症状； E.白粉病——幼叶上的霉菌导致叶卷曲，可在受害叶片上找到白色或灰色的菌丝
2	叶萎蔫	A.土壤缺水——应检查根区土壤含水量； B.土壤水分过剩——土壤板结和排水不良的常见现象； C.煤气管道渗漏——树木叶片突然发生萎蔫，随后叶色变褐，是煤气渗漏缺氧的典型症状； D.凋萎病——荷兰榆病、黄萎病和类似的维管疾病都可造成叶萎蔫； E.输热管道中的热泄漏——叶片萎蔫、变褐
3	异常落叶（所有叶子，特别是幼叶脱落）	A.营养不足——通常是发育不良的叶子先落； B.虫害——寻找正在落叶时的鳞翅目幼虫，如舞毒蛾或毒蛾等； C.病害——初期炭疽病的典型症状

序号	症状表现	主要原因（可以是一个原因引起，也可能由几个因素共同引起）
4	内膛叶脱落（老叶先落）	土壤通气、排水不良——多发生在水分过多的黏重土壤上
5	叶成脉络状	咀嚼式害虫危害，如叶甲、梨蛞蝓及其他类似昆虫的危害
6	叶部隧道	潜叶害虫的危害，多发生在丁香、榆、桦、桤木和柑橘类叶片上
7	叶瘤	主要是某些胡蜂和摇蚊造成的虫瘿
8	叶缘褐色	A. 树木缺水——多发生于浅根性的树木上； B. 土壤含盐量高——造成生理干旱； C. 土壤营养缺乏——主要是缺钾，多发生在砂质壤土上； D. 药害——主要是炎热天喷施乳化浓缩液； E. 栽植伤根——多发生在春末裸根栽植后； F. 其他根系损伤——鼠害、化学物质、深挖或其他机械损伤
9	叶部绿色转黄	A. 土壤含氮量低——多发生于草坪或强灌溉的砂质壤土上； B. 土壤过湿——溶氧量低或土壤氧气少，营养吸收量少； C. 栽植过深——土壤缺氧
10	叶黄脉绿	A. 微量元素不足——缺乏有效铁、锌或锰的供应； B. 干旱——土壤干旱； C. 土壤消毒剂，如莠去津及其他类似化学物质存在的初期征兆
11	出现褐色、黑色、红色或黄色斑块	A. 昆虫卵块——检查判断是否是植物的一部分； B. 真菌孢子体——叶斑病； C. 药灼伤——一般在叶片上表面呈现不规则的斑点
12	呈现浅灰色、"盐和胡椒"状或点状外貌	A. 叶螨危害——在温热气象条件下较为常见； B. 大气污染——臭氧危害可造成与叶螨取食相似的伤害
13	出现白斑、银白色斑或粉状物	A. 霉病——检查表面菌丝和小黑点孢子体； B. 大气污染物——检查叶表细胞的损害情况，没有菌丝； C. 蓟马——这种微小昆虫取食期间，叶细胞失去内含物而呈现银灰色

②古树名木干常见症状分析表（表 2-6）。

表 2-6　　　　　　　　　**古树名木枝干常见症状分析表**

序号	症状表现	主要原因（可以是一个原因引起，也可能由几个因素共同引起）
1	梢端枯死	A. 低温——早霜或晚霜及寒潮袭击都可造成新梢枯死； B. 机械损伤——剪草机擦伤，其他机械撞伤以及不合理的修剪留桩等； C. 蛀虫——可在枯梢以下寻找蛀孔和排出物； D. 喷药危害——类似于冻害的症状； E. 土壤可溶盐浓度过高——地表可看到白色的盐霜皮； F. 赤枯型病害——可能是由细菌和某些真菌引起的溃疡

序号	症状表现	主要原因(可以是一个原因引起,也可能由几个因素共同引起)
2	环状剥皮	A. 啮齿类动物——冬季老鼠或田鼠啃食树皮; B. 机械损伤——主要是剪草机和其他机械的损伤; C. 虫害——某些害虫,如小枝环刻甲虫等,差不多可去掉整圈树皮
3	树皮脱落	A. 剧烈变温——主要是冻害和日灼,多发生在幼树和薄皮树南侧或西侧; B. 雨季疯长——肥力太高,造成不正常的形成层活动; C. 闪电——能造成树皮撕裂或部分脱落; D. 某些树种的树皮可自然脱落,如二球悬铃木、沙枣等
4	下部枝条死亡	A. 过度遮阴——内膛枝也会发生这种情况; B. 病害——主要是溃疡病
5	枝条断落或枯死	A. 小枝环剥害虫——常见于白蜡,桧属树木也可偶尔发生; B. 蛀茎虫——松类树木相当普遍; C. 雹灾——常绿树因雹灾造成的顶枯可能要在数周或数月后才表现出来; D. 自然脱落——主要是铁杉、杨树、柳树、水杉、池杉等树种有此特性
6	枝干上出现白色、棉花状球团	A. 水蜡虫——室内植株比较普遍,白蜡枝条及山楂小枝也可能有; B. 蚜虫、棉蚜虫——常见于枝条下侧; C. 介壳虫——主要是绵蚧类危害
7	树皮变色	A. 日灼——多发生于幼树、新栽树木的南侧和西侧; B. 火烤伤也可导致树皮变色; C. 病害——囊壳孢属和类似的病原有机体可造成皮枯和死亡; D. 缺乏有效的根系——在新栽树木中很普遍
8	枝干肿大	A. 虫瘿——蚜虫、胡蜂和摇蚊等均可使茎形成不同的(有时为圆锥形)瘤状物; B. 锈病——圆柏、山楂锈病和松锈病形成的肿瘤; C. 其他癌肿——根癌,多发生于乔木、灌木的根和干基,以三角叶杨、柳、卫矛和蔷薇类树种居多
9	枝干上有排出锯屑的孔洞	蛀干害虫和小蠹虫等
10	枝干上有琥珀或分泌物	火烧病和真菌溃疡病。有些病原有机体的分泌物主要发生在孢子释放期,在空气湿度较大的情况下最为严重

(2)古树名木诊断中应注意的问题。

①一般环境分析。在对古树名木进行具体诊断之前,必须首先弄清树种、年龄和养护状况。然后仔细观察其周围的环境,看看相邻的同种或异种树木是否健康,在树木异常症状出现之前有没有进行过其他处理(包括施肥、修剪、用药、浇水等),附近有无施工痕迹或环境污染等。

②生长速度比较。经常检查古树名木的生长速度,将现在的生长速度与过去的生长历史相比较,有时就可较为直观地初步判断该树木的基本状况。

③树木干基或内部的损伤与异常。应先从土壤或树体内部找原因,如土壤紧实度、土壤污

染物和树体维管系统疾病等。

④树木顶梢和外部的损伤或异常。首先应从树木生长的环境找原因,如大气污染、施药伤害和寒害等。除此之外的原因还包括某些除草剂的伤害、营养失调及某些昆虫的危害等。

⑤昆虫的影响。昆虫的存在不一定就是造成伤害的原因,应弄清是什么昆虫,其危害症状如何,是否可达到所观察的危害程度。

⑥注意病虫害的诊断。看不到病虫的征兆并不能排除病虫危害的可能性,因为一种害虫可能留下取食的特征后,迁移到另外的植株或变为另一种虫态(卵、蛹),一种病原有机体可能还没有发育到充分显示其孢子体或其他明显症状的阶段。

⑦植株只有一侧受到伤害,可能是有毒雾滴的漂移或对根系的部分伤害,有时由于树体的木材部分扭旋生长,一侧根系吸收的水分和其他物质可能供给另一侧。

2. 古树名木的综合养护与复壮方法

(1)改善地下环境。

根系的养护复壮是古树名木养护复壮的关键,改善地下环境就是为了创造根系生长的适宜条件,增加土壤营养,促进根系的再生与复壮,提高其吸收、合成和输导功能,为地上部分的生长与复壮打下良好的基础。

①开沟埋条。在土壤板结、通透性差的地方,可以采用开沟埋条的方法增强土壤的通透性,也可起到截根再生复壮的作用。

开沟方式和树木开沟施肥时基本一致,只是深度要求为 60～80cm,而且最好能通过地下径流向外排水。沟挖好后先回填 10cm 厚的松土,将树枝(最好是阔叶树的)打包成直径为20～40cm 的松散枝捆,铺在沟底,再回填松碎土壤,振动踩实,必要时还可在回填土壤中拌入适量的饼肥、厩肥、磷肥、尿素及其他微量元素等。经过开沟埋条处理之后,不但改善了土壤的通透性,而且增加了土壤营养,为古树名木根系复壮创造了良好的条件。

②设置复壮沟—通气—渗水系统。城市及公园中严重衰弱的古树名木,地下环境复杂,有各种管线和砖石,土壤贫瘠,营养面积小,内渍(有些是污水)严重,必须用挖复壮沟、铺通气管和砌渗水井的方法增加土壤的通透性,使积水通过管道、渗井排出或用水泵抽出。

A. 复壮沟的挖掘与处理。复壮沟的位置应在古树名木树冠投影外侧,沟深 80～100cm,宽 80～100cm,长度和形状因地形而定。回填处理时从地表往下纵向分层,表层为 10cm 厚的素土,第二层为 20cm 厚的复壮基质,第三层为厚约 10cm 的树枝,第四层又是 20cm 厚的复壮基质,第五层是 10cm 厚的树枝,第六层为 10～20cm 厚的粗砂或陶粒或两者的混合物。

复壮基质多用松、栎、榭的落叶(60%腐熟落叶＋40%半腐熟落叶混合),再加少量氮、磷、硼、锰等营养元素配制而成。这种基质含有丰富的多种矿质元素,可以促进古树根系生长。同时有机物逐年分解与土粒胶合成团粒结构,从而改善了土壤的物理性状,促进微生物活动,将土壤中固定的多种元素逐年释放出来。当然,复壮基质的配方应视古树及其土壤的具体需要而定。

埋入的树枝多为紫穗槐、杨树等阔叶树种的枝条,截成 40cm 的枝段后埋入沟内,树枝之间以及树枝与土壤之间形成大空隙。古树的根系可以在枝间穿行生长。复壮沟内的枝条也可分两层铺设,每层 10cm。

B. 通气管道的安置。通气管道多用金属、陶瓦或塑料制品,管径为 10cm,管长 80～

100cm,管壁打孔,外围包棕片等疏松透水物质,以防堵塞。每棵树 2～4 根,垂直埋设,下端与复壮沟内的枝层相连,上部开口加上带孔的盖,既便于开启通气、施肥、灌水,又不会堵塞。

C.渗水井的构筑。设置在复壮沟的一端或中间,深 1.3～1.7m,直径 1.2m 的竖井,四周用砖垒砌而成,但井壁和下部都不用水泥勾缝,以便能使周围多余水分向内渗漏。井口周围抹水泥,上面加铁盖。井底要向下埋设 80～100cm 长的渗漏管,有条件的地方最好让渗漏管直接连通城市的地下排水管道。雨季水大时,如不能尽快渗走,可用水泵抽出。

③进行透气铺装或种植地被。为了解决古树名木表层土壤的通气问题,常在树下、林地人流密集的地方加铺透气砖,透气砖的材料和形状可根据需要设计。在人流少的地方,种植豆科植物,如苜蓿、白三叶、紫云英等地被植物,除了改善土壤肥力外还可改善景观效果。

④土壤改良。古树数百年甚至上千年生长在同一个地方,这里有限的土壤养分经过古树长期的吸收后已经变得非常贫乏,常使古树出现缺素症状;加上人为踩实,通气排水不良,对根系生长极为不利,从而造成古树生长的日益衰退。因此,改良古树生长的土壤条件是古树养护与复壮的重要环节之一,这项工作一般可以分为松土和换土两种方式。

A.松土。在树冠投影范围内进行 40cm 以上的深耕松土。不能深耕的,要查看根系走向,通过松土结合客土覆盖保护根系。对土壤板结严重的,结合耕锄,埋入适量有机肥或聚苯乙烯发泡颗粒(直径 1～4cm 为宜)。

B.换土。在树冠投影范围内深挖 0.5m(随时把暴露出来的根系用浸湿的草袋子盖上),将原来的旧土取走 1/3～1/2,剩余部分与砂土、腐叶土、大粪(也可用其他有机肥)、锯末、少量化肥均匀混合后填埋其上。

⑤施用生长调节剂。给古树根部及叶面施用一定浓度的植物生长调节剂,如 6-苄基腺嘌呤(6-BA)、激动素(KT)、玉米素(ZT)、赤霉素(GA3)及 2,4-D 等,有延缓衰老的作用。但具体使用浓度和方式须逐渐摸清、谨慎小心,否则会劳而无功,甚至适得其反。

(2)加强地上保护。

①古树围栏及外露根脚的保护。为了防止游人踩踏,使古树根系生长正常和保护树体,在过往人多的地方,古树周围应设围栏保护。露出地面的根脚应用腐殖土覆盖或在地表加设护板,以免造成新的伤害。同时要注意防治环境污染,还古树一个清洁的环境。

②病虫害的防治。古树衰老,抗病虫能力差,容易招虫致病。如不及时防治,病虫危害又会使古树生长更加衰弱,从而形成恶性循环,加速古树的衰老死亡。

古树名木的病虫害防治和一般树木大体相同,只是更强调预防的重要性、防治的及时性和方法的安全性。

③病虫枯死枝的清理与更新修剪。古树的病虫枯死枝,应在树液停止流动季节抓紧清理后烧毁,以减少病虫滋生条件,并美化树体。对具潜伏芽、易生不定芽且寿命长的树种(如槐树、银杏等),当树冠外围枝条衰老枯梢时,可以用回缩修剪进行更新。有些树种根颈处具潜伏芽和易生不定芽,树木死亡之后仍然能萌蘗生长者,可将树干锯除更新,但对有观赏价值的枝干,则应保留,并喷防水剂等进行保护。

④树体喷水。对古树名木进行树体喷水,除了起到普通喷灌的作用外,还能对沉降到古树名木树体表面的粉尘和其他有害颗粒进行及时冲洗。同时,可以根据古树名木的具体需要,在所喷水分中加入适量的营养物质、生长调节剂或防病治虫的药剂。

⑤树洞的修补与填充。古树的主干常因年久腐朽形成空洞,其树洞的修补与填充方法与

普通树木完全相同，只是树洞更大，修补与填充难度更高、要求更严。

⑥支撑加固。古树由于年代久远，树体衰老，主干常有中空，主枝也常有死亡，加上枝条下垂，树冠失去平衡，树体容易倾斜，因而需要进行支撑加固来稳定树体，使其保持平衡。

古树的人工支撑方法和大树移植的树体支撑没什么区别。树体加固应用螺栓和螺钉，切不可用金属套箍，以免造成韧皮部缢伤而加速古树的衰弱与死亡。

⑦靠接(或桥接)小树。靠接(或桥接)小树复壮遭受严重病虫、冻伤、机械损伤的古树名木，具有激发生理活性、诱发新叶、帮助复壮等作用。

在需要靠接(或桥接)的古树名木周围均匀栽植 2～3 株同种幼树，待幼树生长旺盛后，将幼树枝条靠接(或桥接)在古树名木枝干上，涂上保护剂，用绳子扎紧，愈合后，在一定程度上增加了古树名木体内的水分和营养供应，对恢复古树名木生长势有较好效果。

⑧树体输液。对于生长极度衰退的古树名木，可用活力素(或其他类似药剂)进行输液，也可以自行用适量激素和磷、钾元素配制成营养液来输液。输液时，用铁钻在根颈、主干、中心干和骨干枝上，纵向每隔 1m 左右交错钻一个向下与主干呈 45°左右夹角的输液孔，深度可达髓心。孔径与输液用的针头(或插头)大小一致，孔数视树木大小和衰弱程度而定，但分布要均匀。

常用的树体输液方法有三种，一是注射器注射，将注射器(一般用大号的兽医注射器)针头插入输液孔，让配制液慢慢注入孔中；二是喷雾器压输，在喷雾器中装上配制液，将喷管头上安装的锥形空心插头插入输液孔，拉动手柄打气加压，待配制液输满孔口后拔出插头即可；三是挂瓶点滴，将装满配制液的瓶子倒挂在孔口上方，把外套塑料管的棉芯线两头分别插入瓶口和孔底，使配制液缓慢地通过棉芯线流入输液孔中，再输至树体全身。不管采用哪一种输液方法，输液结束后都应该对输液孔进行严格的消毒和封闭处理，以避免病虫从此处侵入。

附件 1　古树名木档案卡(兼作调查表)

植株编号：　　　　　　　　　调查时间：　　　　　　　　　调查责任人：

分布位置：		同树种株数：	
分类情况	树种名称(中文名和拉丁名)	所在科名(中文名和拉丁名)	所在属名(中文名和拉丁名)
生长与养护状况	生长势(强、中、弱)	病虫状况(有无、名称、程度)	养护水平(好、中、差)
立地条件	土壤(质地、养分、酸碱性)	水分(积水、适当、干旱)	光照(强、中、弱)
主要参数	树龄(年)　　树高(m)	冠幅(m)	胸径(cm)
观赏价值			
研究价值			
其他			

附件 2　古树名木宣传牌

树种名称：	所在科名：

树龄(年)：　　　　树高(m)：　　　　冠幅(m)：　　　　胸径(cm)：

主要作用：

主要分布：

保护价值：

相关法律法规：

责任单位(电话)：　　　　　　　　责任人(电话)：

● **知识扩展** ●

1. 树体的支撑

对于树体结构脆弱,枝干重量失去平衡及遭受伤害致使树体结构破坏,强度严重削弱的树木,一定要进行人工支撑,以减少树木的损伤,延长树木的寿命。

(1)人工支撑的类型与方法。

虽然树木的支架与牵索是一种古老的园林实践活动,但是在支撑加固材料与方法上的改进还是近年来的事。以前使用的铁箍、铁杆和铁链支撑的方法,既昂贵又不美观,不但效率低而且常常对树木造成危害。特别是铁箍加固,会严重妨碍树液的正常流动,对形成层的活动造成极大的损害,甚至造成新的腐朽。现代的树木支撑技术可分为两种主要类型,即柔韧支撑和刚硬支撑(图 2-50)。

图 2-50　树体的柔韧支撑和刚硬支撑
1—嵌环与挂钩连接;2—螺纹杆加固;3—埋头螺栓加固

①柔韧支撑。

柔韧支撑又称软支撑,是除连接部件用硬质材料外,其他均用金属缆绳进行支撑,以加固树体的方法。柔韧支撑多用于吊起下垂低落、摩擦屋顶、撞击烟囱或有害于其他物体的枝条、易被强风或冰雹等折断的珍稀树木的枝条,以及用以加强弱分枝的强度等。这种方法可允许支撑枝条有一定自由摆动范围。根据缆绳排列方式可分为单引法、围箍法、毂辐法和三角法等(图 2-51)。

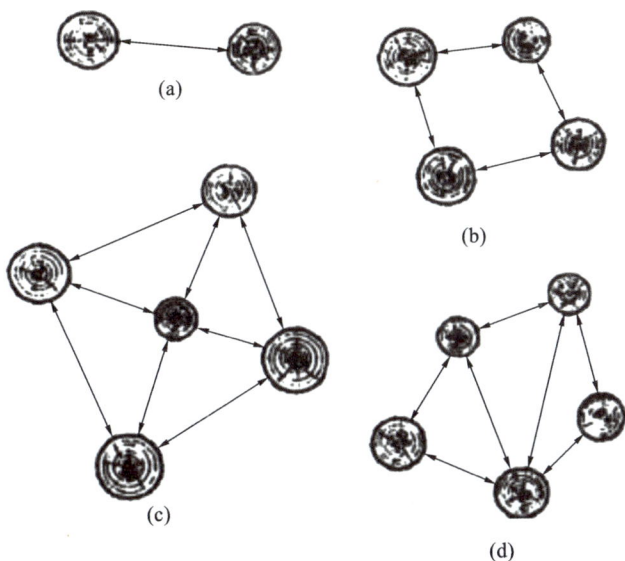

图 2-51 树体的柔韧支撑
(a)单引法;(b)围箍法;(c)辏辐法;(d)三角法

②刚硬支撑。

刚硬支撑,又称硬支撑,是用硬质材料,如螺栓、螺帽等加固弱分枝、劈裂枝、开裂树干和树洞的方法。硬支撑常在树体较低部位进行,操作比较简单。硬支撑是为了使固定部分牢固地结合在一起,各自没有什么移动的余地。这种支撑既可是预防性的,又可是治疗性的。对弱枝的支撑属预防(保护)性的,对劈裂部分的复位固定属治疗性的。

有些古树的年龄常超过数百年甚至数千年,只剩下过去形成、现在已不完整的部分外壳支撑着树冠或只剩下残余的树冠,在这种情况下,采用树洞加固与填充的方法基本无效。由于树干中空、内腔全部暴露,病原菌也没有适宜的环境条件滋生危害,但要保持树冠的稳定却十分困难;还有些树木,树体严重倾斜或某些大枝伸展过远,树体严重失去平衡,极易翻倒或造成大枝的断裂,在这些情况下,不能通过树体上部的大枝支撑加固恢复各部分的力学平衡,必须进行直立支撑才能解决问题。

(2)支撑材料。

用于支撑加固的材料有钢索、紧线器、螺栓、螺钩或金属杆等。用于直立支撑的材料应有较高的强度,因为它不但要承受大枝甚至整个树冠的重量,而且要抵御树下行人活动的影响,稍有失误就会触发意外事故,一般可用金属管、水泥柱或木柱等。木柱不耐久,水泥柱虽耐久但过于笨重,支撑很不方便;钢管是最好的支撑材料,若涂抹防锈剂并稍加装饰,不但持久,而且能协调与周围环境的关系。现在,许多地方采用不锈钢管材作为支撑材料,既美观,又坚固。

2.新方法的开发与应用

在其他领域已经成功应用的一些新方法或新技术,也可以嫁接到古树名木的养护管理工作中,如利用电子触摸屏进行古树名木的档案查阅和保护宣传;运用电子眼监视及自动成像对比,发现异常马上报警的自动监控系统;对古树名木进行测土施肥;运用原子吸收分光光度法、元素分析法、荧光分析法等化学分析方法来判断树体的营养状况等。

● 测试训练 ●

【知识测试】

1. 名词解释

(1) 古树：

(2) 名木：

(3) 复壮沟：

2. 填空题

(1) 调查古树名木时，所涉及的指标大致有 _____、_____、_____、_____、_____、_____、_____、_____、_____、_____、_____、_____ 等。

(2) 古树复壮的养护措施包括 _____、_____。

3. 简答题

(1) 研究保护古树名木有何意义？

(2) 古树诊断时应注意哪几个问题？

(3) 古树衰老的原因有哪些？

(4) 古树养护的基本原则是什么？

(5) 古树综合复壮的措施方法有哪些？

【技能训练】

实训 2.8 园林树木的伤口处理与树洞修补

1. 实训目的

学会园林树木树洞修补的基本技术，初步掌握园林树木伤口的常规处理方法。

2. 实训材料及用具

(1) 材料。

① 树木材料：出现伤口或树洞的园林树木植株。

② 用于园林树木伤口处理的材料：橡胶袋或塑料袋、苔藓、塑料薄膜、沥青涂料、麻布、金属丝网、2%～5%硫酸铜溶液（5度石硫合剂溶液或 1%～3%高锰酸钾溶液）、棉花（毛巾或海绵）、紫胶清漆、固体沥青、松节油（石油）、接蜡、羊毛脂、松香、天然树胶、亚麻仁油、丙酮等。

③ 用于园林树木树洞修补的材料：平头钉、用木馏油或沥青涂抹过的木条、建筑河沙、建筑石砾、水泥、硬材锯末（细刨花或木屑）、油漆、聚氨酯塑料、弹性环氧胶（浆）、油灰（装修业俗称腻子）、木板或金属板等。

(2) 用具。

不同长度的镊子、油漆刷、螺栓、螺钉、管钳等五金工具，钢锯、风钻、铁凿、铁镐、铁锹、大铁锅。

3. 实训内容与方法

(1) 园林树木的伤口处理。

树木的伤口与人类一样，有些面积小、深度浅的伤口只要稍作处理，甚至于不做任何处理都能逐渐地自行愈合,但那些面积较大或深度较深的伤口就必须要进行规范处理才能愈合。并且,为了不影响园林树木的正常生长和观赏价值,原则上对园林树木的伤口都应该进行相应的处理。完整的伤口处理主要包括伤口修整、消毒、涂敷和涂敷后的检查四个环节。在生产实践中,可根据树木伤口以及管理条件的具体情况自行选用相应环节。

①伤口修整。

②伤口消毒。

③伤口涂敷。

④伤口涂敷后的检查。

(2)园林树木的树洞修补。

尽管树木上的有些树洞对树木的生长发育没什么影响,但为了不影响园林树木的观赏价值,原则上对园林树木的树洞都应该进行相应的修补。完整的树洞修补主要包括树洞的清理、整形、加固、消毒、填充和封闭六个环节。在生产实践中,可根据具体需要自行选用相应环节。

①树洞清理。

②树洞整形。

③树洞加固。

树洞的清理和整形,可能使树木某些部位的结构严重削弱,为了保持树洞边缘的刚性和使以后的填充材料更加牢固,应对某些树洞进行适当的支撑与加固。生产上常用的加固方法主要有螺栓加固和螺钉加固两种(图 2-52)。

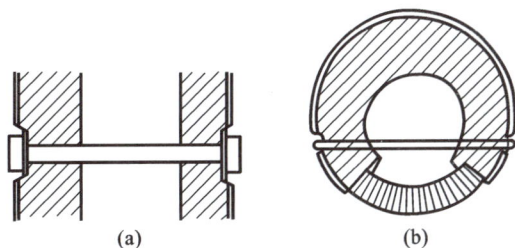

图 2-52　螺栓加固与螺钉加固示意图

(a)单螺栓加固(示理头孔);(b)螺钉加固与假填充

(引自:郭学望.园林树木栽培养护学.北京:中国林业出版社,2005.)

a.螺栓加固。在树洞两边的适当位置钻孔,螺栓加固在树洞两壁的适当位置钻孔,在孔中插入相应长度和粗度的螺栓,在出口端套上垫圈后,拧紧螺帽,将两边洞壁联结牢固。操作时要注意钻孔的位置至少离伤口健康皮层和形成皮层带 5cm;垫圈和螺帽必须完全进入埋头孔内,其深度应足以使形成的愈合组织覆盖其表面;所有的钻孔都应消毒并用树木涂料覆盖。

b.螺钉加固。按上述方法用螺钉代替螺栓,不但可以提供较强的支撑力,而且可以省去垫圈和螺帽,其安装方法因螺钉的粗细不同而有所区别。

螺丝直径小于 0.5cm 时,一般可以直接用螺钉丝刀把螺钉旋入树体进行固定,但两端不得露头;螺钉直径大于 0.5cm 时,应该选用比螺钉直径小 0.2cm 左右的钻头,在适当位置钻一穿过相对两侧洞壁的孔,在开钻处向木质部绞大孔洞,深度应刚好使螺丝头低于形成层,然后用管钳等五金工具把相应长度的螺钉(螺钉过长时可用钢锯锯掉过长部分)拧入钻孔。

如果是平行于长轴的长树洞,除在树洞中部加固外,还应在树洞上、下两个方向上安装多个螺栓或螺钉来进行加固,这样可最大限度地减小枝干断裂的可能性(图2-53)。

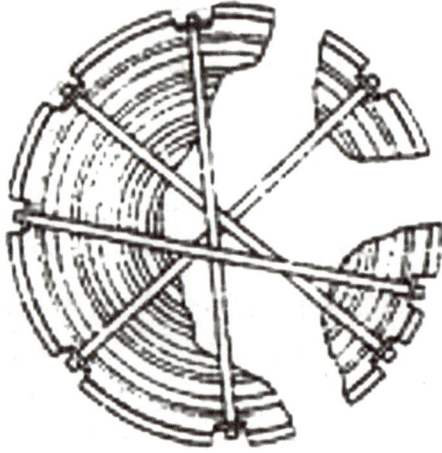

图 2-53　不同高度多螺栓加固纵向透视图

(引自:郭学望.园林树木栽培养护学.北京:中国林业出版社,2005.)

④消毒与涂漆。

树洞处理的最后一道重要工序是消毒和涂漆。消毒是对树洞内表的所有木质部涂抹树木消毒液(同伤口消毒剂)。消毒之后,所有外露木质部都要涂漆,原先涂抹过紫胶漆的皮层和边材部分也要涂漆。

⑤树洞的填充。

a.填充前的树洞处理。除前面所做的树洞清理、整形、消毒和涂漆的工作外,为了使填充物更好地与树体连接,可在树洞内壁均匀地横向钉一些平头钉(图2-54),树洞较大时还可纵向钉上用木馏油或沥青涂抹过的木条。

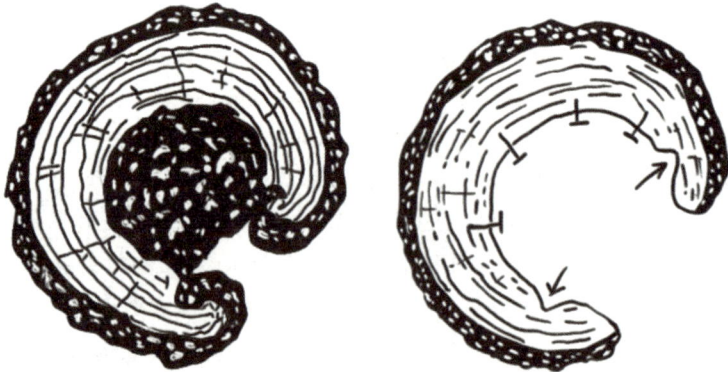

图 2-54　清除腐朽部分后在洞壁上横钉平头钉

(引自:郭学望.园林树木栽培养护学.北京:中国林业出版社,2005.)

　　b.填充材料及其填充方法。优良的填充材料应具有不易分解、在温度激烈变化期间不碎、夏天高温不熔化的持久性;能经受树木摇摆和扭曲的柔韧性;可以充满树洞的每一空隙,形成与树洞一致轮廓的可塑性;不吸潮、保持相邻木质部不过湿的防水性等特点。

　　目前生产上常用的填充材料主要有水泥砂浆、沥青混合物、聚氨酯塑料、弹性环氧胶(浆)混合物。

　　⑥树洞洞口的封闭。除开放式树洞外,其余树洞都应该进行适当的封闭,以提高观赏效果和增强树体的机械支撑性能。

　　4.作业

　　提交实训报告。

模块3　园林绿地常见植物的养护管理

任务1　常绿乔木类树种的养护管理

● 学习目标 ●

- 掌握常见常绿乔木的土、肥、水管理措施。
- 掌握常见常绿乔木的整形修剪技术。
- 掌握常见常绿乔木病虫害的识别和防治方法。

● 内容提要 ●

常绿乔木的树身高大，由根部发生独立的主干、树干和树冠有明显区分。常绿乔木是一种终年具有绿叶且株型较大的植物，这种乔木的叶寿命是两三年或更长，并且每年都有新叶长出，在新叶长出的时候也有部分旧叶脱落，因为是陆续更新，所以终年都能保持常绿。这种乔木由于具有四季常青的特性，因此常被用来作为绿化的首选植物，由于它们常年保持绿色，其美化和观赏价值更高。

5分钟看完模块3

● 任务导入 ●

园林绿地常见常绿乔木有香樟、女贞、小叶榕、广玉兰、雪松、棕榈、桂花、乐昌含笑、红千层等。

3.1.1　香樟

樟树多喜光,稍耐阴,喜温暖湿润气候,耐寒性不强,对土壤要求不严,较耐水湿,但当移植时要注意保持土壤湿度,水涝容易导致烂根缺氧而死;但不耐干旱、瘠薄和盐碱土。主根发达,深根性,能抗风;萌芽力强,耐修剪;生长速度中等,树形巨大如伞,能遮阴避凉;存活期长,可以生长为成百上千年的参天古木。

1. 水分管理

香樟除定植时要浇大量的定根水外,大体上休眠期和生长期也要浇大量的水。休眠期浇水在秋冬和早春进行。早春浇水,不但有利新梢和叶片的生长,更能促使香樟健壮生长,树势增强。生长期浇水,应根据树木生长情况、土质好坏和天气状况控制浇水次数,旱则浇,不旱不浇,浇则浇透,浇水后及时松土保墒。在夏季多雨季节,应注意树穴附近排水防涝。

2. 施肥管理

应施酸性肥料,基肥为主,追肥为辅。施肥可与秋末冬初土壤深翻熟化或扩穴深翻时配合进行,回填土时掺和所需适量酸性肥料,把肥料施在距根系集中分布层稍深、稍远的地方,一般沿栽植穴外 $20\sim40cm$,深至根系下层。这利于根系向纵深扩展,形成强大根系,扩大吸收面积,提高树木长势。每年施 1 次基肥,施后及时浇透水,松土保墒。回填土掺和适量砂土、腐叶土、大粪和少量硫酸亚铁、磷酸二氢钾及复合肥。追肥一般在生长期进行,叶面喷施 $1\%\sim2\%$ 的硫酸亚铁和磷酸二氢钾配制液,既可以给叶面补铁,又可以提高香樟的抗逆性。叶面喷肥在生长期以 1 个月进行 1 次为宜。

3. 整形修剪

香樟栽植后待新枝萌发后,进行整形修剪,剪除弱枝、保留粗壮枝、培育新枝,对于树干上萌发的不定芽要即时抹除。

4. 病虫害防治

香樟的主要病害为溃疡病,防治方法是及时清除死亡植株,并用多菌灵或敌百虫 $20\sim30$ 倍液进行全株涂抹,一星期内连续用药 $3\sim4$ 次。虫害一般为樟巢螟,可用 25% 灭幼脲 3 号 40mL 和 92% 杀虫单 30g,兑水 50kg 喷粗雾进行药物防治,喷药要在傍晚进行,并尽量淋透虫巢。在日常养护中,发现有危害情况,应及时对症处理,防止病虫害对香樟生长的影响,降低树势。

● 3.1.2 女贞

女贞耐寒性好,耐水湿,喜温暖湿润气候,喜光耐阴。为深根性树种,须根发达,生长快,萌芽力强,耐修剪,但不耐瘠薄。对大气污染的抗性较强,对二氧化硫、氯气、氟化氢及铅蒸气均有较强抗性,也能忍受较高的粉尘、烟尘污染。对土壤要求不严,以砂质壤土或黏质壤土栽培为宜,在红、黄壤土中也能生长。生长于海拔 2900m 以下的疏、密林中。

1. 水分管理

女贞不耐干旱,栽植时要浇好头三水,三水过后可每 25d 浇一次透水,每次浇水后及时松土保墒,夏季雨天应及时排除种植穴内的积水,以防止水大烂根。秋末初冬应浇好防冻水,第三年起,可视土壤的墒情来确定是否浇水和浇水量,以保持土壤大半墒状态为好。

2. 施肥管理

女贞喜肥,在栽培过程中要注意施肥,即使是成龄的大规格大叶女贞,也不应忽视施肥。充足的肥料,可使植株长势旺盛,抗病虫害能力强。给女贞施肥,是在栽植时施入经腐熟发酵的圈肥作基肥,5 月中旬施入一些氮肥,7 月上旬再施入一些磷、钾肥,入冬前结合浇水施用一些半腐熟的圈肥,此次肥可以浅施;第二年,可于 6 月中下旬施一次氮、磷、钾复合肥,秋末再施一次圈肥即可;第三年起主要以秋末施农家肥为主。

3. 整形修剪

在生长季节,随时调整树形,及时将生长势强于主干的枝条全部剪除或向下压低,或剪除一部分枝梢,以保持树势的平衡。及时修剪树冠内的细弱枝、病虫枝、交叉枝、并生枝等,抹除树干上的不定芽和去除树干基部的萌蘖枝,以减少不必要的营养消耗,保持树冠的通透性,减少病虫害的发生,逐步养成优美的树形。作为绿篱或绿墙栽培的苗木,要根据新枝萌生情况,一年内进行 2～3 次的整齐截头修剪,以及细弱过密枝修剪,增加绿墙、绿篱的枝叶密度。

4. 病虫害防治

危害女贞的病害主要有锈病,主要危害叶片,可在花木发病初期喷 0.2～0.3 波美度石硫合剂防治;虫害有天牛幼虫危害树干,可用棉球蘸 5 倍 90% 敌百虫液塞进虫孔毒杀。

● 3.1.3 小叶榕

小叶榕适应性强,喜疏松肥沃的酸性土,在瘠薄的砂质土中也能生长,在碱土中叶片黄化。不耐旱,较耐水湿,短时间水涝不会烂根。在干燥的气候条件下生长不良,在潮湿的空气中能发生大气生根,使观赏价值大大提高。喜阳光充足、温暖湿润气候,不耐寒,除华南地区外多作盆栽。对土壤要求不严,在微酸和微碱性土中均能生长,怕烈日暴晒。

1. 土壤管理

土壤一般要求是疏松透气偏酸的黑石粉泥、河沙、建筑用石粉、煤渣等,而且这些培养土较易取得。培养土采用疏松、通水性好的腐叶土,通常的比例为园土：腐殖土：砂为 2∶2∶1。

2. 浇水管理

淋上定根水后放置于阴凉背风处养护,地植的用遮盖物遮阴。浇水可根据天气状况而定,保持培养土湿润而不渍水,渍水过多易造成根部发黑坏死。成活后的榕树长期渍水,易造成只长根不长枝干。三伏天两三天不浇水,树不会枯死,但一浇水,叶子就会青枯脱落,影响生长。因此,浇水管理要见干见湿。浇水不当对榕树伤害很大。不要经常浇水,浇必浇透。浇水过多,会引起根系腐烂,使其落叶。

3. 施肥管理

榕树不喜肥,所以榕树施肥要薄肥勤施,但是也要注意,榕树施肥的次数不可过多。榕树施肥也要根据季节而定,较冷或者较热的环境应停止施肥或少施肥。最好不要在雨季施肥,这样不利于肥效的吸收。

4. 整形修剪

首先,应剪除不需要的交叉枝、重叠枝、对生枝及枯枝、病枝等,平时还要随时剪去徒长枝,以保持树形美观。剪去这些老枝、枯枝后,留下细软、枝剪去部分叶片,塑造出新的理想的主干和枝条。

其次,修剪时应注意保留粗枝,以从小叶榕基根部长出的粗枝为单位,逐一修剪,对于每根粗枝上长出的枝条则是除去必要保留的,其余部分剪除。也可以说,让留下的粗枝均衡分布,多余的幼枝条则全部剪除。修剪后的枝最初呈"光头状",但慢慢会萌生出新芽,新芽不断抽枝展叶,便能形成丰满美丽的华盖——树冠。

最后,修剪的部位应选择在小叶榕植株的基根部。如在树丛中部修剪,会在剪口处萌生出向四面伸展的枝条,令树姿凌乱且不易控制树冠的高度。将老枝回缩至基部,才能促使基部萌生出更多的新枝。老枝若不剪除,过于粗壮的老枝会使植株失去应有的柔美风姿,新枝也难以抽生。对于生长势弱的植株,则应减少剪枝量,以免过度修剪。

5. 病虫害防治

(1)榕木虱的防治方法。

物理防治方法:修剪树枝结合修枝,对虫害严重的小叶榕(树冠外部 40% 以上的叶片被若虫分泌的白色蜡絮包裹)树枝进行适当修剪,将修剪下来的树枝全部送到城外空地焚烧掩埋。以后每发现上述情况的小叶榕,均采取同样的方法处理。

化学防治方法:由于榕木虱若虫有分泌的白色蜡絮严密包裹保护,同时若虫在白色的蜡絮内吸食树木的汁液,因此榕木虱化学防治应使用能被植物叶片吸收的内吸性化学药剂,可用 2.5% 大康乳油,10% 吡虫啉可湿性粉剂,40% 氧乐果乳油。若虫害较严重,使用药液浓度均为

800 倍左右。为了防止榕木虱产生抗药性,每次用 1 种农药,3 种农药交替使用,每次防治时均对小叶榕的所有叶面进行药液喷洒;在气候条件适合,同时虫害较严重时每 15～20d 防治 1 次。

注干法防治:在小叶榕树的树干部用机动打孔注药机以 45°角钻出一个小拇指粗的小孔,深度为 4～20cm(根据榕树的胸径计算),然后将输液瓶的嘴部插入小孔中。在配制药物时,先要测量榕树的胸径,然后按 1∶1 的比例配制药水,即 0.1m 胸径的榕树,配用 10mL 药物。一般输液 1 个多小时,树上榕木虱就会被全部洗白。用注干法施用 30% 敌敌畏、氧乐果乳油和用环割法施用 40% 氧乐果乳油 10 倍液,药后 10d 防治效果分别为 75.56% 和 59.24%。

(2)烂皮病防治方法:用刮除法刮除腐烂病皮,涂多菌灵等药剂消毒。

(3)云斑天牛防治方法:喷杀螟松或磷胺等药剂杀灭云斑天牛成虫。

● 3.1.4 广玉兰

广玉兰生长喜光,而幼时稍耐阴。喜温湿气候,有一定抗寒能力。适生于干燥、肥沃、湿润与排水良好的微酸性或中性土壤中,在碱性土壤种植易发生黄化,忌积水、排水不良。对烟尘及二氧化硫气体有较强抗性,病虫害少。根系深广,抗风力强。特别是播种苗树干挺拔,树势雄伟,适应性强。

1. 土壤管理

广玉兰喜肥沃、湿润、排水良好的微酸性土壤,但也能在轻度盐碱土(pH 值为 8.2,含盐量 0.2%)中正常生长,肉质根,怕积水,种植地势要高,在低洼处种植容易烂根而导致死亡;广玉兰栽种地的土壤通透性也要好,在黏土中种植则生长不良,在砂质壤土和黄沙土中生长最好,土壤通透性一定要好,肥力一定要足,要能供给植株足够的养分,土壤内也不能有砖头、瓦片、石灰等杂质。

2. 浇水管理

广玉兰根为肉质根,极易失水,因此在挖运、广玉兰大树栽植后应用草绳裹干 1.5～2m,以减少水分蒸发;干旱时可向草绳喷洒水以保持湿润的环境,以免失水过多而影响成活。广玉兰移栽后,第一次浇定根水要及时,并且要浇足、浇透,这样可使根系与土壤充分接触而有利于大树成活。若移植后降水过多,还需开排水槽,以免根部积水,导致广玉兰烂根死亡。

3. 施肥管理

广玉兰不喜肥,所以施肥要薄肥勤施,但是要注意,施肥次数不可过多;施肥也需要根据季节而定,较冷或较热的环境应停止施肥或少施肥;最好不要在雨季施肥,这样不利于肥效的吸收。施肥应该以氮、磷、钾肥为主,但是氮肥不可以过多,否则会造成枝叶徒长,破坏整体造型,最好使用复合肥。

4. 整形修剪

修枝摘叶,可减少水分蒸发,缓解受伤根系供水压力;摘叶以摘光枝条叶片量的 1/3 为宜,否则会降低蒸腾拉力,造成根系吸水困难。修枝应修掉内膛枝、重叠枝和病虫枝,并力求保持树形的完整。

5. 病虫害防治

(1)炭疽病防治方法:可用 50％多菌灵可湿性粉剂 500 倍液喷洒。

(2)介壳虫防治。

广玉兰易遭介壳虫危害,其中盾介壳虫危害比较严重,有时枝杆上面形成密密麻麻的一层。介壳虫除了吸取树液外,还会造成煤污病,使树势生长不良。防治方法是:在介壳虫孵化期,若虫尚未分泌蜡质时,可用啶虫脒和毒死蜱结合防治,也可加入菊酯类杀虫剂喷杀。

3.1.5　雪松

雪松在气候温和凉润、土层深厚、排水良好的酸性土壤上生长旺盛。喜阳光充足,也稍耐阴,可在酸性土、微碱性土、海拔 1300～3300m 地带生长。北部暖温带落叶阔叶林区,南部暖带落叶阔叶林区,中亚热带常绿、落叶阔叶林和常绿阔叶混交林区均有分布。雪松喜年降水量 600～1000mL 的暖温带至中亚热带气候,在中国长江中下游一带生长最好。

1. 土壤管理

雪松适生于土层深厚,土壤肥沃、疏松,地势高燥、排水良好的砂质壤土,要求 pH 值为 6.5～7.5,不耐水湿。因此,移植雪松必须采取工程措施,改善立地条件,如抬高地面,铺设隔盐层,安装通气管,施用改碱肥料,做淋水层,做地下排水系统等。

2. 浇水管理

雪松耐旱不耐涝,当土壤中水分含量达到 80％以上时,雪松就会发生缺氧现象,水分越多,时间越长,雪松缺氧现象就会更加严重,以致雪松松针发黄,甚至导致死亡。因此,夏天多雨时,雪松苗圃要及时注意防水排涝,在夏天雨季来临之前就要开挖好排水渠道设施,梅雨季节及时排水,以免雪松苗木受涝害,从而影响雪松的生长速度和质量。对于夏季高温少雨的天气,由于空气蒸发量较大,对于长期干旱的雪松苗圃要注意及时灌溉。雪松苗圃要做到多次浇灌,不要一次浇水过多,否则会影响雪松的生长。

3. 施肥管理

雪松宜用发酵腐熟的人粪肥和饼肥,家庭用肥以饼肥为主。施肥时间以 4—5 月为宜,施肥水不宜过浓,次数不宜过多,每年施肥 2～3 次即可。

4. 整形修剪

雪松的修剪可在冬季休眠期进行,剪除重叠枝、交叉枝、枯枝和徒长枝。雪松针叶在短枝顶端成簇生长,在生长期间,可随时对过长枝进行短截修剪,并对侧枝上直生小枝进行摘心,使其萌发更多的短枝和簇生针叶,使云片厚度增加,以保持一定的树形。

5. 病虫害防治

(1)灰霉病:灰霉病主要危害雪松的当年生嫩梢及两年生小枝。

防治方法:雪松宜种植在排水良好、通风透光的地方,种植时不宜过密。对病死枯梢应及时剪除并销毁。发病期可喷 65％代森锌可湿性粉剂 500 倍液、45％代森铵水剂 1000 倍液、50％苯来特可湿性粉剂 1000 倍液、70％甲基托布津可湿性粉剂 1500 倍液等。

(2)叶枯病。

防治方法:在子囊孢子成熟后飞散期间,喷 1：2：200 倍量式波尔多液,0.3～0.5 波美度石硫合剂或 25％可温性多菌灵 400～500 倍液,或 65％可湿性代森特 8 倍液防治 2～3 次,每次间隔 10～15d。

● 3.1.6　棕榈

棕榈喜温暖湿润气候,喜光。耐寒性极强,稍耐阴。适生于排水良好、湿润肥沃的中性、石灰性或微酸性土壤中,耐轻盐碱,也耐一定的干旱与水湿。抗大气污染能力强。易风倒,生长慢。

1. 土壤管理

大多数棕榈植物喜欢富含腐殖质的酸性土壤,特别是原产于热带雨林地区的棕榈植物园。如表土为砂质壤土,底土有一层结构疏松的黏土最为理想。

2. 浇水管理

在棕榈为幼株时或刚移栽未成活时需要较细心的管理与照料,成熟后可逐渐转为粗放管理。一般在苗木移栽时应淋足定根水,在苗木生长发育过程中应经常保持场地土壤湿润,干旱时每天淋水一次。

3. 施肥管理

一般而言,地栽棕榈植物生产使用颗粒肥,小苗、刚移栽的苗,每株用肥 0.2～0.45kg,对于间隔在 20cm 及 20cm 以上的王棕或者椰子每株施肥 2.3kg 以上。颗粒肥料在土壤中按 7.3kg/$100m^2$ 的冠幅面积施用,每年施 4 次,或者按 4.9kg/$100m^2$ 的冠幅面积施用,每年施 6 次。在降雨量少的区域或者阳离子交换量较高的土壤中,肥料的用量和施肥频率可适当地减少。肥料应均匀地撒施在棕榈植物的树冠影射范围内,而避免集中的条施使肥料聚集出现烧根,同时某些地方却无肥可利用。使用滴灌系统的,肥料应条施在滴管附近。

4. 整形修剪

棕榈树形为自然式的棕榈形,顶芽生长优势极强,生长旺盛,可形成高大通直的树干。8年生高约 1.5m 以前可让其自然生长,及时除去枯黄的老叶、下垂叶片即可,以后除及时剪除枯黄的老片、下垂叶片外,可一年剥其棕 2 次(第一次 3—4 月,第二次 9—10 月),每次剥 5～6 片,做到"三伏不剥,三九不剥,不伤干,不'露白'剥棕",可防伤口受冻。

5. 低温的预防

棕榈树可采用茎干包裹法和薰烟法预防低温。前者是用稻草、草绳等包裹茎干,以保护生长点;后者是以稻草、枝条等积聚成堆再覆土,然后将草堆点燃,要火小烟大才能取得较好效果。如遇霜雪天气,早晨要及时用清水将附着在植物上的霜雪冲洗干净。

6. 病虫害防治

由真菌引起的病害,主要有茎基病、炭疽病、灰斑病、眼斑病、叶斑病,可用代森锰锌、百菌清、苯菌灵防治;线虫可通过在叶片喷洒涕灭威防治;金龟子幼虫可用呋喃丹防治,成虫可用有机磷钉虫剂防治,也可采用集中诱杀的办法;象鼻虫可用刺杀或封杀的办法;铁甲虫可用氧乐果或甲胺磷自上而下喷施至心叶处;介壳虫可用有机磷进行防治,量少时用手抹去即可。在棕榈植物的种植养护过程中,也可用呋喃丹装包挂在心叶处,防治蛀干害虫;并可灌入一些护根的药物促进根系的生长;在入冬时可在叶片上喷施波尔多液进行杀菌。

● 3.1.7　桂花

桂花喜温暖环境,宜在土层深厚,排水良好,肥沃、富含腐殖质的偏酸性砂质壤土中生长。不耐干旱瘠薄,在浅薄、板结、贫瘠的土壤上,生长特别缓慢,枝叶稀少,叶片瘦小,叶色黄化,不开花或很少开花,甚至有周期性的枯顶现象,严重时桂花整株死亡。桂花喜阳光,但有一定的耐阴能力。

1. 土壤管理

桂花对土壤的要求不太严,除碱性土和低洼地或过于黏重、排水不畅的土壤外,一般均可生长,但以土层深厚、疏松肥沃、排水良好的微酸性砂质壤土更加适宜。中秋前后飘香,对氯气、二氧化硫有较强抗性。

2. 浇水管理

桂花树浇水要适时,要掌握"二少一多",即新梢发生前少浇,阴雨天少浇,夏、秋干旱天气需多浇。平时浇水以经常保持盆土 50% 左右含水量为宜。特别是秋季开花时如果盆土过湿,容易引起落花。

3. 施肥管理

桂花树在地栽前,树穴内应先掺入草木灰及有机肥料,栽后浇一次透水。新枝发出前保持土壤湿润,切勿浇肥水。一般春季施一次氮肥,夏季施一次磷、钾肥,使花繁叶茂,入冬前施一次越冬有机肥,以腐熟的饼肥、厩肥为主。忌浓肥,尤其忌人粪尿。

桂花修剪
技术视频

4. 整形修剪

因树而定。根据树姿将大框架定好,将其他萌蘖条、过密枝、徒长枝、交叉枝、病弱枝去除,使通风透光。对树势上强下弱者,可将上部枝条短截 1/3,使整体树势强健,同时在修剪口涂抹愈伤防腐膜保护伤口。

5. 病虫害防治

(1)褐斑病防治。

首先要减少侵染来源,秋季彻底清除病落叶;其次加强栽培管理,选择肥沃、排水良好的土壤或基质栽植桂花;增施有机肥及钾肥;栽植密度要适宜,以便通风透光,降低叶面湿度,减少病害的发生。

(2)枯斑病防治。

发病初期喷洒 1:2:200 的波尔多液,以后可喷 50% 多菌灵可湿性粉剂 1000 倍液或 50% 苯来特可湿性粉剂 1000～1500 倍液。

● 3.1.8　乐昌含笑

乐昌含笑喜温暖湿润的气候,生长适宜温度为 15～32℃,能抗 41℃ 的高温,亦能耐寒。喜光,但苗期喜偏阴。喜土层深厚、疏松、肥沃、排水良好的酸性至微碱性土壤。能耐地下水位较高的环境,在过于干燥的土壤中生长不良。在江浙一带种植,在冬末初春移栽成活率最高,适应性好。

1. 土壤管理

乐昌含笑喜湿润的土壤,生长季节土壤要求有足够的水分,但不能出现积水,如积水过多受涝,容易烂根或引起病虫害;以土层深厚、肥沃疏松的微酸性砂质土为最好。

2. 浇水管理

要保证树木正常生长的水分需求,移植初期不但要进行根部浇灌,而且要对树干和树冠进行喷洒,从多层次为树木补充水分。植后管理视天气条件而定,干旱时人工浇水保湿,但不能长时间让树穴土壤水分饱和,以免烂根。针对名贵树种、或未经团根处理、或修剪较轻、或较大树种、或春夏季风大炎热等情况时,为降低树木的蒸发量,应在树冠周围搭阴棚或挂草帘以达到遮阴和增加湿度的目的;在条件允许的情况下,在树木四周竖立高杆悬挂雾状微型喷头,定期开启,以营建一个空气湿度适宜的小环境。

3. 施肥管理

乐昌含笑喜肥,多用腐熟饼肥、骨粉、鸡鸭粪和鱼肚肠等沤肥掺水施用,在生长季节(4—9月)每隔 15d 左右施一次肥,开花期和 10 月份以后停止施肥。若发现叶色不明亮浓绿,可施一次矾肥水。

4. 整形修剪

定植培大时,应对根系和枝叶进行适当的修剪。木兰科植物愈伤组织形成比较缓慢,定植时间应在 3 月叶芽萌动以前,而不宜在秋冬季节。为了减少水分的蒸腾,保持地上部分与地下部分的水分平衡,提高移植成活率,必须对枝叶进行较强的修剪。首先,应保留主干的顶端优势,因侧枝较多,需从主干上剪除所有侧枝的 1/2,剪口要平整,有利于树形的生长。

5. 病虫害防治

乐昌含笑病害主要有根腐病和茎腐病,虫害主要有黄、扁刺蛾,介壳虫等。防治根腐病、茎腐病要注意排涝,幼苗期喷施多菌灵 1g/L 溶液或根腐灵 1g/L 溶液效果好。防治黄、扁刺蛾:在初龄幼虫期喷 80% 敌敌畏 1000 倍液或敌杀死 300 倍液,或 40% 氧乐果 1000 倍液,均可达到较好的防治效果。防治介壳虫,可用 800～1000 倍的 50% 马拉硫磷乳油,或 100 倍的 80% 敌敌畏乳油喷涂树干、枝干。同时注意保护和利用红点唇瓢虫、红缘瓢虫等天敌。

● 测试训练 ●

【知识测试】

1. 选择题

(1)下列植物中是常绿乔木的是(　　)。

A. 复羽叶栾树　　　B. 榉树　　　　　C. 枫杨　　　　　　D. 樟树

(2)下列植物中花小而芬芳,花期在 9—10 月的是(　　)。

A. 金桂　　　　　　B. 垂丝海棠　　　C. 合欢　　　　　　D. 广玉兰

(3)下列植物中是罗汉松科植物的是(　　)。

A. 雪松　　　　　　B. 黑松　　　　　C. 罗汉松　　　　　D. 竹柏

(4)下列植物中对二氧化硫抗性较弱的是(　　)。

A. 雪松　　　　　　B. 棕榈　　　　　C. 天竺桂　　　　　D. 无患子

(5)下列植物中是常绿针叶树种的是(　　)。

A. 红果冬青　　　　B. 黑松　　　　　C. 落羽杉　　　　　D. 池杉

(6)下列植物中是落叶针叶树种的是(　　)。

A. 罗汉松　　　　　B. 黑松　　　　　C. 池杉　　　　　　D. 竹柏　　　　　E. 水杉

(7)下列植物中不耐盐碱土质的是(　　)。

A. 樟树　　　　　　B. 黑松　　　　　C. 刺槐　　　　　　D. 重阳木

2.判断题

(1)白玉兰别名荷花玉兰。（　　）

(2)桂花中的银桂一般2～3个月开一次花。（　　）

(3)竹柏的种托大于种子,成熟呈红色,加上绿色的种子,好似光头的和尚穿着红色僧袍。

（　　）

(4)金合欢和合欢同为豆科落叶树种,但不属于同一个属的植物。（　　）

(5)马褂木也是木兰科植物,叶子形似马褂,故称马褂木。（　　）

(6)西府海棠枝条直立,垂丝海棠枝条开张。（　　）

(7)红梅开花在早春,先开花后长叶。（　　）

(8)棕榈、加拿利海枣、苏铁同为棕榈科植物,其中棕榈最为耐寒。（　　）

(9)枫杨和垂柳都耐水湿,但并不都是杨柳科植物。（　　）

(10)金钱松果实金黄如铜钱,故称金钱松。（　　）

【技能训练】

实训3.1　行道树与庭荫树的整形修剪

1.实训目的

掌握行道树与庭荫树的整形方式、修剪技法及伤口处理方法。

2.实训材料及用具

行道树2种、庭荫树2种、保护剂、枝剪、电工刀、手锯、油锯、梯子或升降车、绳索、安全带、工作服、安全帽等。

3.实训内容与方法

(1)确定修剪方案。根据行道树、庭荫树整形修剪的特点和要求,观察修剪树木的树体结构,分析树势是否平衡,确定修剪方案。

(2)做好安全防范措施。对树体高大的树木进行修剪时,首先要做好安全防护措施,最好使用升降车,使用梯子时要架稳。需要几个人同时修剪一棵树时,要有一个人专门负责指挥,以便协调配合工作。

(3)截干。为促进行道树或庭荫树的更新复壮,有时对干茎或粗大的主枝、骨干枝等进行断截。在截除粗大的侧生枝干时,应先用锯在粗枝基部的下方,由下向上锯入1/3～2/5,然后自上方在基部略前方处从上向下锯下,如此可以避免劈裂,最后用利刀将伤口自枝条基部切削平滑,并涂上保护剂。

(4)疏枝。如果因为枝条多,特别是大枝多造成生长势强,则要进行疏除大枝。将无用的大枝先锯掉,再剪中等枝条和小枝,将枯枝、徒长枝、病虫枝、内膛枝等自枝条的基部剪除,保证树体通风透光,生长旺盛。

(5)抹芽。夏季对行道树主干上萌发的引芽进行抹除,可以使行道树主干通直,不保留干下蘖芽,以免阻碍交通;同时可以减少不必要的营养消耗,保证行道树的苗壮生长。

(6)清理现场。将修剪下来的枝条进行清理并用车运走,集中进行处理。

4.作业

(1)绘制行道树和庭荫树的整形树形。

(2)完成实习报告,记录整形修剪的过程和技术要点。

任务 2　落叶乔木类树种的养护管理

● **学习目标** ●

- ● 掌握常见落叶乔木的土、肥、水管理措施。
- ● 掌握常见落叶乔木的整形修剪技术。
- ● 掌握常见落叶乔木病虫害的识别和防治方法。

● **内容提要** ●

　　落叶乔木是指每年秋冬季节或干旱季节树叶全部脱落的乔木,一般指温带的落叶乔木,如山楂、梨、苹果、梧桐等。落叶乔木树叶存在期短,一年内叶子便会全数脱落,全部老叶脱落后便进入休眠期。一般绝大多数的落叶树都处于温带气候条件下,夏天繁茂、冬天落叶,少数树种可以带着枯叶而越冬。落叶可以使植物减少蒸腾、度过寒冷或干旱季节,这一习性是植物在长期进化过程中形成的。落叶是由短日照引起的,其内部生长素减少,脱落酸增加,产生离层,从而形成落叶。

● **任务导入** ●

　　园林绿地常见的落叶乔木有水杉、银杏、垂柳、法国梧桐、白玉兰、榉树、朴树、栾树、悬铃木、合欢等。

● 3.2.1　水杉

　　水杉性喜阳光,较耐寒,不耐阴;适应性强,在土层深厚、肥沃、湿润的酸性土壤中生长最好;能耐 40℃高温和 −30℃严寒,不耐干旱贫瘠。

1. 水分管理

水杉种植完毕,应立即浇水,5d 后浇第二遍水,7d 后浇第三遍水,之后视土壤干湿程度浇水,使土壤经常保持湿润状态。水杉喜湿,怕涝,在栽培养护中应严格掌握这一原则,这也是保证其成活率的重要举措。进入正常管理程序后,早春的返青水、初冬的防冻水是不可缺少的。

2. 施肥管理

水杉除在栽植时施用基肥外,每年都应进行追肥,肥料充足使植物生长旺盛。水杉施肥,每年可进行 3 次,5 月中旬施一次氮肥,可提高植株生长量,扩大营养面积;8 月施一次磷、钾肥,可提高新生枝条的木质化程度;入冬前结合浇水施一次腐熟发酵的肥,可以提高土壤的活性,而且可有效提高地温。

3. 整形修剪

水杉树干挺直,树冠幼年期为尖塔形,大树为圆锥形。小枝下垂,枝条层层舒展。整形方式为自然直干形。成形苗木在移植或出圃时,应带泥球。一般采用疏枝和短截的方法。剪除病虫枝、重叠枝、内腔枝和扰乱树形的枝条。胸径 3cm 以下的苗木可不带土球,裸根移植时注意保护根盘完整。修剪量可适当增加,但必须保护顶梢。

4. 病虫害防治

水杉的主要病害有猝倒病(立枯病)、茎腐病,通常在苗期和幼树期发病率较高,通过喷洒广谱性抗(杀)菌剂即可防治。虫害主要为大袋蛾,通常成片林在干旱季节(7—8 月)大发生时,能在几天内将树叶吃光,严重影响林木生长。防治方法是可以人工摘除幼虫(连袋),集中烧毁;或用目前市场上广谱性杀虫剂 800～1000 倍液喷杀幼虫即可。

3.2.2 银杏

银杏属落叶乔木,雌雄异株。属深根性树种,抗风力强,对大气污染有一定抵抗性,阳光、水分充足,土层深厚,均能正常生长。喜光,耐干旱,不耐水涝,适应范围广,抗干旱性较强,耐寒性强,对土壤的适应性亦强,在酸性土、中性土、钙性土中均能生长。银杏生长较慢,有"公公种树,孙子收果"的说法。

1. 土、水、肥管理

银杏种植时宜浅栽,可以与原土痕保持平衡。银杏根系发达,要求土壤含氧量高于 6％,所以在夏季,保持主要吸收根周围的土质疏松,是保证银杏根系保持高度活性的重要条件之一。

银杏使用渗灌浇水技术。渗灌浇水可以使根系直接吸收水分,吸收快,利用率高,不仅可以节约用水量,渗灌管还可以作为通气管,增加银杏土壤透气性,利于生根发芽。

银杏喜湿润但又怕积水,实践表明,河堤砂质壤土上生长的银杏树在流水上浸泡 7d 以内,不会造成致命危害,但浸水时间超过 10d,即使是流水,也会导致银杏根系死亡。所以,暴雨以后一定要做好开沟排水工作。

有条件的地区可以施饼肥,因为银杏对饼肥的适应性较强,果实膨大前期追施,可使果实迅速增长而不会脱落。入夏后,追施氮肥要谨慎,根据植株长势而定,一般以 0.3%～0.5% 尿素溶液叶面喷施或用 1%～2% 尿素液地面浇施。

2. 整形修剪

将过密枝、枯死枝及病虫枝修剪即可,但要保护中央顶梢。银杏容易移植成活,裸根移植即可。银杏枝条萌芽力很弱,老枝、大枝更弱,种植银杏大树及大规模苗木,修剪时原则上应做到轻剪及疏枝。

3. 病虫害防治

(1)干枯病。

为增强树势,减少病原,刮皮杀菌,可用甲基托布津或 10% 碱水涂刷伤口,也可刮下染病树皮集中烧毁。

(2)茎腐病。

银杏茎腐病预防的重点是土壤处理和苗木消毒,使用有机肥料要充分腐熟。培育健壮苗木,提高苗木的抗病力,适时灌溉和松土除草,松土除草时切勿碰伤苗木茎干。严格控制水分,防止湿度过大,苗木过密。冬季要严防冻害发生,提高苗木抵抗力。发现死苗及时拔除并集中烧毁,避免蔓延。银杏得病后用 50% 多菌灵可湿性粉剂 200～300 倍液喷洒,每隔一个星期喷一次,共喷 2～3 次。

(3)大蚕蛾、樟蚕。

目前报道较多的银杏病虫害主要是大蚕蛾、樟蚕。其防治方法是:①农药防治,5 月下旬至 6 月上旬喷洒 90% 敌百虫原药,50% 敌敌畏乳油或马拉硫磷乳油 1000 倍液,毒杀幼虫;喷射 2.5% 敌杀死 3000～5000 倍液或青虫菌 6 号 1500 倍液或 1250 倍液。②人工防治:6、7 月间摘茧蛹烧毁;5、6 龄幼虫在中午炎热下树时,于树基部捕杀;11 月至次年 4 月搜刮卵块烧毁。

● 3.2.3　垂柳

垂柳适应性强,树形优美,多作庭园绿化树种。对二氧化硫、氯气等抗性弱,受害后有落叶和枯梢现象,不宜栽植于大气污染地区。

垂柳喜光,喜温暖湿润气候及潮湿深厚的酸性及中性土壤。较耐寒,特耐水湿,但亦能生于土层深厚的高燥地区。萌芽力强,根系发达。生长迅速,生长 15 年树高达 13m,胸径 24cm。寿命较短,生长 30 年后渐趋衰老。

1. 水分管理

垂柳生长需大量的水分,生长季节如果雨天较多,土壤含水量在 20% 以上,就不需要浇水;如果天气大旱,可适当浇水。

2. 施肥

每年施肥 2 次,前期 3—5 月间应以施氮肥为主,磷、钾肥为辅,以利于树体萌芽和下垂枝条快速生长。后期 6—8 月间应以施磷、钾肥为主,氮肥为辅,以利于枝条发育充实和增强冬季抗寒能力。施肥量可根据树龄确定。

3. 整形修剪

垂柳修剪方法比较简单。栽植当年,对主干 3m 以下的部分要反复抹去萌芽,每隔 20d 左右抹 1 次,一共抹 4~5 次;而对树干 3m 以上的分枝一般缓放不短截。次年修剪时,可再多选主枝 2~4 个,要求主枝在中心干周围分布均匀,相邻主枝间距 25~35cm。每个主枝可选留平生和背下生侧枝 3~5 个,背上枝全部疏除。疏枝不要留短桩。主枝可在 3~3.5m 处短截,侧枝在 60~90cm 处短截。下垂的枝条要全部缓放,不过下垂枝稀少时应轻破头,促分下垂小枝。第 3 年和第 4 年的基本修剪法同第 2 年,应把多缓放、少疏枝和轻短截结合起来,调整大小枝条布局,继续完善树形。同时,春季应剪除树上干枯枝和主干基部萌生枝、根蘖枝。

4. 病虫害防治

垂柳病虫害较少,易发生的主要有白粉病、紫纹羽病、金花虫、青杨天牛等,应做到及时防治,做好这一点对树体快速成形也非常重要。防治白粉病,可喷 25% 三唑酮 1500 倍液或 70% 甲基硫菌灵 1000 倍液;防治根部紫纹羽病,可用 20% 石灰水等灌根;防治树上金花虫和青杨天牛,可喷 80% 敌敌畏 800~1000 倍液或 48% 毒死蜱 2500 倍液等。

3.2.4　法国梧桐

法国梧桐为落叶乔木,树皮呈片状剥落。嫩枝和叶常被星状茸毛。单叶,互生,掌状脉;掌状分裂,托叶鞘状,早落。单性花,雌雄同株,头状花序球形。根据其头状果序的个数,法国梧桐分为一球悬铃木法国梧桐、二球悬铃木法国梧桐和三球悬铃木法国梧桐。

1. 土壤管理

对新植的树浇水后,应立即封根培土,不宜太厚,原则上不露根,不超过 5cm。在入冬前根部培土,主要起保湿、保温、防冻作用,保证其安全越冬。进入 3 月份,在春季浇水前及时清除根部封土。封土长期堆置,必然会抑制植物根系的呼吸,造成根颈部的腐烂,影响生长发育。封土要求疏松的土壤,块状的土由于空隙大,起不到防护作用。

2. 浇水管理

新栽植的法国梧桐小苗要浇一次保活水,加速法国梧桐根系与土壤的联系。5、6 月气温升高,植物生长日益旺盛。在北方一些地区容易出现早春干旱和风多雨少的现象,为了促进树木萌芽、开花、新梢生长和提高坐果率,必须及时满足法国梧桐对水分的需要。7、8 月天气炎热干燥,是多数树木的新梢迅速生长期。北方各地地面蒸发量大。此时新种树木必须经常浇水,灌水量应达到灌饱灌足,切忌表土打湿而底土仍然干燥。山东如愿法国梧桐基地提醒一般已达花龄的乔木,大多应该浇水渗透到 80～100cm 深处。适宜的灌水量一般以达到土壤最大持水量的 60%～80% 为准。

3. 施肥管理

法国梧桐应进行根外追肥。根外追肥是在苗木生长期将速效肥料的溶液,直接喷洒在苗木叶子上,让肥液逐渐渗入叶内合成苗木生长急需的营养物质。一般幼叶较老叶,叶背较叶面吸水快,吸收率也高。所以,实行喷布时一定要把叶背喷匀。常用的叶面肥有尿素、磷酸二氢钾等,使用时要严格掌握浓度,以免灼伤叶片。最好定在阴天或 10 时以前和 16 时以后喷施,以免气温高使溶液很快浓缩,影响喷肥效果或造成药害。

4. 整形修剪

悬铃木具有通直的主干,枝条开展,通常用阔大的自然形树冠。作行道树时,整形方式一般采用杯状形,若上方无架空线也可采用开心形;作庭荫树时,采用自然直干形或多主枝形。整形修剪,在第 2 年的冬季定干,树高 3～3.5m 处剪去梢部,将分枝点以下主干上的侧枝剪去。第 3 年待苗木萌芽后选留 3～5 个处在分支点附近、生长粗壮的枝条作主枝,其余分批剪去。冬季对主枝留 50～80cm 短截,剪口芽留在侧面,尽量使其处于同一水平面上,翌春萌发后各选留 2 个 3 级侧枝斜向生长,即形成"三股六叉十二枝"的造型,经 3～4 年培育的大苗,胸径达 7～8cm,已初具杯状形冠形,符合行道树标准,可出圃。杯状形行道树栽植后,4～5 年内应继续进行修剪,方法与苗期相同,直至树冠具备 4～5 级侧枝时为止。

5. 病虫害防治

危害法国梧桐的主要病虫害为天牛、红蜘蛛、美国白蛾、霉斑病、干流胶病、枯萎病等。防治星天牛,如果面积少可用捕捉方法,一般在 5 月左右开始,在成虫活动盛期,用 80% 敌敌畏乳油或 40% 乐果乳油等,掺和适量水和黄泥,搅成稀糊状,涂刷在树干基部或距地 30～60cm 以下的树干上,可毒杀在树干上爬行及咬破树皮产卵的成虫和初孵幼虫,还可在成虫产卵盛期用涂白剂涂刷在树干基部,防止成虫产卵。利用包装化肥等的编织袋,洗净后裁成宽 20～30cm 的长条,在星天牛产卵前,在易产卵的主干部位,用裁好的编织条缠绕 2～3 圈,每圈之间连接处不留缝隙,然后用麻绳捆扎,防治效果甚好。通过包扎阻隔,星天牛只能将卵产在编织袋上,其后天牛卵就会失水死亡。

法国梧桐干流胶病,在春季法国梧桐展叶前可喷洒 3～5 波美度的石硫合剂或 40% 福美胂可湿性粉剂 400～500 倍液,每周一次,连喷四周,能起到很好的作用。

● 3.2.5　白玉兰

白玉兰性喜光,较耐寒,可露地越冬。爱高燥,忌低湿,栽植地渍水易烂根。喜肥沃、排水良好而带微酸性的砂质壤土（pH 值为 5～6），在弱碱性的土壤（pH 值为 7～8）上亦可生长。在气温较高的南方，12 月至翌年 1 月即可开花。适生于土层深厚的微酸性或中性土壤，不耐盐碱，土壤贫瘠时生长不良，畏涝忌湿。对二氧化硫、氯和氟化氢等有毒气体有较强的抗性。寿命长，可达千年以上。喜光，稍耐阴，颇耐寒。生长速度缓慢。

1. 土壤管理

白玉兰喜肥沃、湿润、排水良好的微酸性土壤，但也能在轻度盐碱土（pH 值为 8.2，含盐量为 0.2%）中正常生长；白玉兰是肉质根，怕积水，种植地势要高，在低洼处种植容易烂根而导致死亡；玉兰栽种地的土壤通透性也要好，在黏土中种植则生长不良，在砂质壤土和黄沙土中生长最好。

2. 浇水管理

白玉兰应适时浇水。白玉兰是肉质根，既需水又怕积水，因而，在初夏到晚秋之季，每天要浇一次水，保持土壤湿润，但在炎热的三伏天，早晚各浇一次水并在叶片和花盆地上喷水，增大空气湿度。采用自来水浇白玉兰，要注意防止土壤碱化，如发现叶片黄化就要施硫酸亚铁水或采用 0.7%～0.8% 酸醋水浇根，也可用 0.3%～0.4% 醋酸液喷叶片，效果也很好。在春季多雨季节花盆内不能积水，否则会烂根。

3. 施肥管理

补足养分是花期管理的重要一环，白玉兰花是喜肥花卉，因为它花期长，开花多。为此，要及时定期补足养分，才能开花多、花朵大、花色艳、花气香。在花期的 5—10 月每 5～7d 都要施一次以磷、钾为主的有机液肥，无腐熟的饼肥水。施肥的原则是薄肥勤施，也可采取先淡一点后浓一点的方法，千万不能施深肥，否则会烧根。同时，每 7～10d 进行一次根外施肥，采用 0.5% 植物生长素和 0.3% 磷酸二氢钾进行叶片喷施。

4. 整形修剪

白玉兰应适时修剪，在白玉兰花谢后与叶芽萌动前进行。因玉兰枝条的愈伤能力差，只需剪去过密枝、徒长枝、交叉枝、干枯枝、病虫枝，培养合理树形，使姿态优美。修剪口需及时涂抹愈伤防腐膜，保护伤口愈合组织生长，防腐烂病菌侵染。

5. 病虫害防治

（1）虫害。

白玉兰常见病虫害有炭疽病、叶斑病、红蜡蚧、吹绵蚧、红蜘蛛、大蓑蛾、天牛等，一旦发现可用药物喷杀。但有天牛蛀枝干及根茎部，有时可将树致死；如发现有锯末屑虫粪，就应寻找虫孔，用棉球蘸敌敌畏原液塞进虫孔，再用泥封口，即可熏杀。

（1）炭疽病防治方法：加强水、肥管理，增强树势，提高抗病能力；及时清除病叶，秋末将落叶清除并集中进行烧毁；如有发病可用 75% 百菌清可湿性颗粒 800 倍液或 70% 炭疽福美 500 倍液进行喷雾，每 10d 一次，连续喷 3～4 次可有效控制病情。

（2）病害。

黄化病是一种生理性病害,主要因土壤过黏、pH 值超标、铁元素供应不足而引起,可以用 0.2%硫酸亚铁溶液来灌根,也可用 0.1%硫酸亚铁溶液进行叶片喷雾;对多施用农家肥叶片灼伤病防治方法是增加浇水次数,保持土壤湿润;多施有机肥,增强树势,提高植株的抗性;对树体进行涂白或缠干。

● 测试训练 ●

【知识测试】

（1）下列植物中是落叶乔木的是（   ）。

A.桂花　　　　　B.石楠　　　　　C.黄连木　　　　D.喜树

（2）下列植物中是木兰科植物的是（   ）。

A.白玉兰　　　　B.红花木莲　　　C.杜英　　　　　D.乐昌含笑　　　　E.枇杷

（3）下列植物中先开花后长叶的是（   ）。

A.广玉兰　　　　B.白玉兰　　　　C.枇杷　　　　　D.早樱

（4）干旱地区移植 300mm 胸径落叶乔木的管理措施,错误的是（   ）。

A.用浸水草绳从树干基部缠绕至主干顶部

B.移植后应连续浇 3 次水,不干不浇,浇则浇透

C.用 3 根直径 50mm 竹竿固定树干

D.保水剂和回填土掺匀填入树坑

E.1 个月后施农家肥

（5）落叶乔木在冬天来临时把叶片脱掉,这是一种（   ）。

A.适应性　　　　B.应激性　　　　C.生殖行为　　　D.生长现象

【技能训练】

实训 3.2　落叶乔木的整形修剪

1.实训目的

掌握落叶乔木的整形方式、修剪技法及伤口处理方法。

2.实训材料及用具

当地落叶乔木 2～3 种、保护剂、枝剪、电工刀、手锯、油锯、梯子或升降车、绳索、安全带、工作服、安全帽等。

3.实训内容与方法

（1）了解落叶树的树体结构。

（2）确定修剪方式。

落叶乔木的整形修剪应根据其主轴情况、苗木大小以及景观苗木具体功能来确定。

①因主轴明显程度确定整形修剪方式。对主轴明显的苗木,应尽量保持主轴的顶芽,若顶芽或主轴受损,则应挑选在中央领导枝上生长角度比较直立的侧芽代替,培养成新的主轴。而对主轴不明显的苗木进行整形修剪,则应选择在上部中心比较直立的枝条作为领导枝,以尽早形成高大的树身和丰满的树冠。凡不利于以上情况的枝条,如竞争枝、并生枝、病虫枝等都要修剪掉。

②因苗木大小确定整形修剪方式。对于较小的落叶乔木,苗木主干高度为 1.0～1.2m,对其修剪较轻。对于中等大小的苗木,其主干高度约为 1.8m,顶梢继续长到 2.2～2.3m 时,去梢促其分枝。对于较大的乔木苗木,主干高 1.8～2.4m,一般采用中央领导干树形,中央干不去梢,其他枝条可通过短截形成平衡的主枝。

③因功能确定整形修剪方式。行道树通常采用自然式或混合式,如果有特殊要求,则采用人工整形。以悬铃木为例,如受空中电线等设施的限制,常修剪成杯状形,以其主干高度要求不影响车辆和行人通过为准,多为 2.5～4m。对于庭荫树,孤植苗木的树冠要尽可能大些,以树冠占树高的 2/3 以上为好,以不小于 1/2 为宜。若是自然式整形,每年或隔年将病虫枝、枯枝及扰乱树形的枝条剪除,对老枝进行短截,对基部萌发的萌蘖以及主干上不定芽萌发的枝均需剪去,以增强苗木生长势。对于观花、观果类,也能采用杯状形、自然开心形等。

(3)清理现场。将修剪下来的枝条进行清理,用车运走,集中进行处理。

4.作业

(1)绘制落叶树的整形树形。

(2)完成实习报告,记录整形修剪的过程和技术要点。

任务 3   花灌木类树种的养护管理

● 学习目标 ●

- 掌握常见花灌木的土、肥、水管理措施。
- 掌握常见花灌木的整形修剪技术。
- 掌握常见花灌木病虫害的识别和防治方法。

● 内容提要 ●

灌木是指那些没有明显的主干、呈丛生状态且比较矮小的树木,一般可分为观花、观果、观枝干等几类,通常为多年生阔叶植物,也有一些针叶植物是灌木,如刺柏。如果越冬时地面部分枯死,但根部仍然存活,第二年继续萌生新枝,则称为"半灌木"。如一些蒿类植物,也是多年生木本植物,但冬季枯死。由于灌木是木本植物,根系较深,因此较草本植物耐旱,抗病虫害,管理任务较小。栽植后前期浇水、喷水,保证成活后,后期基本可以粗放管理,苗木荫蔽后杂草也难以生长。进入正常管理后,即使在旺盛生长季节修剪次数每月仅 1～2 次,修剪次数相对要少。运用密集栽植法栽植的小灌木,具有一劳永逸的功效,其显露在外表面的枝叶量有限,养分充足,且根系深远,故最佳效果明显、持久。

任务导入

以观花为主的灌木类植物,其造型多样,能营造出五彩景色,被视为园林景观的重要组成部分。灌木类适合于湖滨、溪流、道路两侧和公园布置,以及小庭院点缀和盆栽观赏,还常用于切花和制作盆景。修剪是促进花灌木健康生长的关键措施之一,只有正确地修剪才能使其繁花不断。常见花灌木有蜡梅、碧桃、樱花、木芙蓉、紫荆、玫瑰、杜鹃、月季、紫薇、茶花、红枫、栀子等。

3.3.1　蜡梅

蜡梅性喜阳光,能耐阴、耐寒、耐旱,忌渍水。蜡梅花在霜雪寒天傲然开放,花黄似蜡,浓香扑鼻,是冬季观赏主要花木。蜡梅怕风,较耐寒,在不低于 $-15℃$ 时能安全越冬,北京以南地区可露地栽培;花期遇 $-10℃$ 低温,花朵受冻害。好生于土层深厚、肥沃、疏松、排水良好的微酸性砂质壤土中,在盐碱地上生长不良。耐旱性较强,怕涝,故不宜在低洼地栽培。树体生长势强,分枝旺盛,根茎部易生萌蘖。耐修剪,易整形。先花后叶,花期为 11 月至翌年 3 月,7—8 月成熟。

1. 蜡梅的肥水管理

施充分腐熟的有机肥,及时补充开花消耗的养分,促进展叶。生长季节每 10～15d 浇 1 次腐熟的饼肥水,促发新梢并多形成花芽,7—8 月正是花芽分化期和新根旺盛生长期,第 2 次追施有机肥、磷肥、钾肥和微肥。秋季追施第 3 次肥。每次施肥后都要及时浇水、松土,保持土壤疏松,以利于根系发育。蜡梅耐旱、怕涝,水大会引起烂根、落叶、花芽减少。雨季应注意排水,平时浇水要适量,不干不浇,浇则浇透,维持半墒较合适。

2. 整形修剪

蜡梅为大灌木,每年要根据树冠形状修剪,一般有两种冠形,即实生苗的丛生型和嫁接苗的单干型。丛生型树冠分枝多,开花量大,通风透光性差,以疏枝整形为主;单干型开花量少,通风透光性好,树姿美丽,修剪时注意保持树冠的原有特点。

(1)整形。

①乔木状树形。在幼苗期选留一枝粗壮的枝条不进行摘心,培养成主干。当主干达到预期的高度后再行摘心,促使分枝。当分枝长到 25cm 后再次摘心,使其形成树冠,随时剪除基部萌发的枝条。

②丛状树形或盆栽。幼苗期即行摘心,促其分枝。冠丛形成后,在休眠期对壮枝剪去嫩梢,对弱枝留基部 2～3 个芽进行短截,同时清除冠丛内膛细枝、病枯枝、乱形枝。对当年的新

枝在 6 月上中旬进行一次摘心。园艺造型一般在萌芽时动刀折整枝干,使之形成基本骨架。至 5—6 月份可用手扭折新枝。基本定型后,还要经常修剪,保持既定形式。

（2）修剪。

生长季抹芽、摘心。蜡梅叶芽萌发 5cm 左右时,抹除密集、内向、贴近地面的多余嫩芽。在 5—6 月旺盛生长期,当主枝长 40cm 以上,侧枝 30cm 以上时进行摘心,促生分枝。在雨季,及时剪去杂枝、无用枝、乱形枝、遮光枝。

①花前修剪。在落叶后花芽膨大前,对长枝在花芽上多留一对叶芽,剪去上部无花芽部分,疏去枯枝、病虫枝、过弱枝及密集、徒长的无花枝和不作更新用的根蘖。要小心操作,避免碰掉花芽。

②花后补剪。疏去衰老枝、枯枝、过密枝及徒长枝等,回缩衰弱的主枝或枝组。对过高、过长、过强的主枝,可在较大的中庸斜生枝处回缩,以弱枝带头,控制枝高、枝长和枝势。短截一年生枝,主枝延长枝剪留 30～40cm,其他较强的枝留 10～20cm,弱枝留一对芽或疏除。花谢后及时摘去残花。

3. 病虫害防治

（1）病害防治。

蜡梅在常规栽培过程中,夏季高温高湿易发生褐斑病、叶斑病等细菌病害,可喷洒多菌灵 500 倍液予以防治。另外,要加强日常管理,做好预防工作。

（2）虫害防治。

侵害蜡梅的有害动物有螨类、食叶和蛀干类虫类。对蛀干类害虫可用综合防治方法,即 7 月初孵幼虫抗药力差,可在树干蛀孔处注射 90% 敌百虫 1000 倍液,毒杀幼虫。虫口密度低的蜡梅,用毒签塞虫孔。9 月为成虫羽化盛期,用灯光诱杀成虫。

● 3.3.2　碧桃

碧桃喜温暖,好阳光,要求通风良好的环境。碧桃喜欢土壤湿润、排水良好的生长地,最忌低洼积水,如果土壤 3d 积水不渗,就会造成落叶,积水时间一长,会造成缺氧死亡。现全国各地广泛栽培碧桃。碧桃的适应性很强,它能耐 −23～25℃ 的低温,少数品种能在 −35℃ 的低温下越冬。有一种雪桃,在东北寒冷地区也能栽培,果实小雪后成熟。观赏性高的品种耐寒力稍差,生长最适温度为 20～25℃。

1. 土壤管理

碧桃喜肥沃且通透性好、呈中性或微碱性的砂质壤土,在黏重土或重盐碱地栽植,不仅植株不能开花,而且树势不旺,病虫害严重。

2. 浇水管理

碧桃耐旱,怕水湿,一般除早春及秋末各浇一次开冻水及封冻水外,其他季节不用浇水。

但在夏季高温天气,如遇连续干旱,适当浇水是非常必要的。雨天还应做好排水工作,以防水大烂根导致植株死亡。

3. 施肥管理

碧桃喜肥,但不宜过多,可用腐熟发酵的牛马粪作基肥,每年入冬前施一些芝麻酱渣,6—7月如施用 1~2 次速效磷、钾肥,可促进花芽分化。

4. 整形修剪

碧桃一般在花后修剪。结合整形将病虫枝、下垂枝、内膛枝、枯死枝、细弱枝、徒长枝剪掉,还要对已开过花的枝条进行短截,只留基部的 2~3 个芽。这些枝条长到 30cm 时应及时摘心,促进腋芽饱满,以利花芽分化。

5. 病虫害防治

(1)缩叶病防治。

①药剂防治。一般掌握在花瓣露红时,喷洒一次 2~3 波美度的石硫合剂或 1∶1∶100 波尔多液,基本可以防止缩叶病发生。也可喷布 45% 晶体石硫合剂 30 倍液,70% 甲硫菌灵可湿性粉剂 1000 倍液等。注意用药要周到细致,碧桃发芽后,一般不可再喷药。②加强管理。在病叶初见而未形成白粉状物之前,及时摘除病叶,集中烧毁,可减少当年的越冬菌源。

(2)流胶病。

早春发芽前将流胶病部位组织刮除,涂伤口涂抹剂。

● 3.3.3　樱花

樱花喜光,喜深厚肥沃、排水良好的土壤,不耐盐碱。喜空气湿度大的环境,但忌积水低洼地带。有一定耐寒能力,根系较浅。对烟尘等有害气体抗性较弱。

1. 土壤、浇水管理

樱花在含腐殖质较多的砂质壤土和黏质壤土中都能很好地生长。樱花性喜阳光,喜欢温暖湿润的气候环境,对土壤的要求不严,以深厚肥沃的砂质壤土生长最好;根系浅,忌积水低洼地。对有害气体及海潮风的抵抗力均较弱。有一定的耐寒和耐旱力,但对烟及风抗力弱。

2. 施肥管理

不同树龄的樱花树,施肥要求是不同的。幼年樱花树处于营养生长期,树冠会迅速扩大,这期间应增施氮肥,适量施用磷、钾肥;成年樱花树则要控氮、增磷、补钾;衰弱的樱花树,应适量配施氮、磷、钾肥。无论在哪个时期,都应多施有机肥。

3.整形修剪

修剪主要是剪去枯萎枝、徒长枝、重叠枝及病虫枝。另外,一般大樱花树干上长出许多枝条时,应保留若干生长势强的枝条,其余全部从基部剪掉,以利通风透光。修剪后的枝条要及时用药物消毒伤口,防止雨淋后病菌侵入,导致腐烂。樱花经太阳长时期的暴晒,树皮易老化损伤,造成腐烂,应及时将其除掉并进行消毒处理。之后,用腐叶土及炭粉包扎腐烂部位,促使其恢复正常生理机能。

4.病虫害防治

(1)穿孔性褐斑病。

穿孔性褐斑病的防治方法是:加强栽培管理,合理整枝修剪,并注意剪掉病梢,及时清理病叶并烧毁,为植株创造干净的生长条件。新梢萌发前,可喷洒3～5波美度的石硫合剂,发病期可喷洒160倍波尔多液或50%苯来特可湿性粉剂1000～2000倍液,或15%代森锌600～800倍液。

(2)叶枯病。

叶枯病的防治方法是:摘除并焚烧病叶,发芽前喷波尔多液。5—6月再喷65%代森锌可湿性粉剂500倍液,每隔7～10d喷一次,连喷2～3次即可。

(3)根癌病。

根癌病的防治方法是:染根癌病的苗木必须集中销毁,苗木栽种前最好用1%硫酸铜浸5～10min,再用水洗净,然后栽植。发现病株后,可用刀锯彻底切除癌瘤及其周围组织。对病株周围的土壤也可按50～100g/m²的用量,撒入硫黄粉消毒。同时注意进行土壤改良。

● 3.3.4 木芙蓉

木芙蓉喜温暖湿润和阳光充足的环境,稍耐半阴,有一定的耐寒性。对土壤要求不严,但在肥沃、湿润、排水良好的砂质壤土中生长最好。可栽种于庭院向阳处或水塘边,平时管理较为粗放。

1.土壤管理

木芙蓉喜湿润、排水良好的土壤。其生性粗放,对土质要求不严,在疏松、透气、排水良好的砂质壤土中生长最好。其栽培宜选择通风良好、土质肥沃之处,尤以邻水栽培为佳。

2.浇水管理

木芙蓉平时管理比较粗放,天旱时应注意浇水,生长季节要有足够的水分,以满足生长的要求。

3.施肥管理

木芙蓉施肥最好采用打孔施肥的方法,即在树冠附近均匀打孔施入。木芙蓉在雨季来临时,追施以磷、钾为主的液肥 1 次,以满足其花芽分化的需要。木芙蓉在开花前施一些磷肥,撒在树冠根部,然后浇水,可使花色更加艳丽。木芙蓉施肥要注意氮、磷、钾的结合,尤其是开花前注意磷肥的施用。

4. 整形修剪

木芙蓉在花后进行修剪,树形既可修剪成乔木状,又可修剪成灌木状,但无论哪种树形,都要剪去枯枝、弱枝、内膛枝以保证树冠内部有良好的通风透光性。

5. 病虫害防治

(1)白粉病。

木芙蓉白粉病主要危害叶片,危害严重时可引起植株衰弱及叶片变黄、早枯。早期叶片正面出现多个小斑,接着小斑汇合成没有明显边缘的白粉状大斑,秋末在白粉处产生黑褐色小颗粒。木芙蓉白粉病的防治方法是:①秋末清除病株并烧毁;②发病初期用 25% 的粉锈宁 2000 倍液喷洒,或 70% 甲基托布津可湿性粉剂 1500 倍液喷洒。

(2)角斑毒蛾。

刚孵化的幼虫群集在叶背面,取食叶肉而只留上表皮,3 龄幼虫分散取食,老熟幼虫在叶背面结茧化蛹;冬季前,3 龄幼虫在树皮下越冬。角斑毒蛾的防治方法是:①冬季刮除树皮下的越冬幼虫;②在 6 月上中旬用 20% 三氯苯醚菊酯乳油 2500 倍液,或 20% 氰戊菊酯 2500 倍液,或 90% 敌百虫 1000 倍液喷洒。

(3)小绿叶蝉。

以成虫和若虫刺吸植物的汁液,使被害叶片出现小白点,严重时全叶苍白并提早落叶,影响了植株的正常生长和观赏价值。成虫产卵于叶背主脉、新梢或叶柄内,若虫栖息于叶背,喜爬善跳。小绿叶蝉的防治方法是:①清除植物周围的杂草,消灭其越冬处所,减少第 2 年的虫口基数;②第 1 次发生高峰期前,用 50% 杀螟松、50% 新硫磷、菊酯类杀虫剂各 1500 倍液,或 50% 马拉硫磷 1500 倍液,或 40% 素扑杀 1500 倍液喷洒。

● 3.3.5　紫荆

紫荆性喜光照,有一定的耐寒性。喜肥沃、排水良好的土壤,不耐淹。萌蘖性强,耐修剪。野生的紫荆多为落叶乔木,高可达 15m 左右。今在陕西太行山下和湖北神农架林区,还可以看到紫荆乔木的风姿。而栽培于庭院中的紫荆,则多为丛生落叶灌木。叶微困,春季开花,先花后叶,一簇数朵,花冠如蝶。最奇特之处是其开路无固定部位,上至顶端,下至根枝,甚至在苍老的树干上也能开花,因而紫荆又有"满条红"的美称。除紫色花外,还有一种较为罕见、观赏价值极高的白花紫荆。

1. 土壤管理

紫荆喜肥沃、排水良好的砂质壤土,在黏质土中多生长不良。有一定的耐盐碱力,在 pH 值为 8.8、含盐量 0.2% 的盐碱土中生长健壮。紫荆不耐淹,在低洼处种植极易因根系腐烂而死亡。

2. 浇水管理

紫荆喜潮湿环境,种植后应立刻浇头水,第 3 天浇二水,第 6 天浇三水,三水过后视天气情况浇水,以保持泥土潮湿不积水为宜。夏天及时浇水,并可给叶片喷雾;雨后及时排水,防止水大烂根。入秋后如气温不高应控制浇水,防止秋发。入冬前浇足防冻水。翌年 3 月初浇返青水,除 7 月和 8 月视降水量确定是否浇水,4—10 月各浇一次透水,入冬前浇防冻水。第 3 年使用同样方法灌溉,第 4 年进入正常治理,但防冻水和返青水要浇足浇透。

3. 施肥管理

紫荆施肥要注意氮、磷、钾肥的结合使用,如瑞丰花卉专用肥。该化肥养分均衡全面,富含有益微生物分泌的多种生理代谢活性物质。施用该化肥可使紫荆生长期养分充足、结构合理,增加株高,增加节间及叶片数,增大叶面及厚度,提早开花,延长花期,花艳、叶绿。该化肥为新型环保产品,安全可靠,对人体无毒无害。

注意事项:

①紫荆在种植时要施好底肥,注意底肥要与土壤搅拌均匀,否则容易烧坏紫荆。

②紫荆在花后要施一次肥,以促进来年的长势。

③紫荆在初秋施一次磷、钾复合肥,利于花芽分化和新生枝条木质化后安全越冬。

④紫荆在初冬结合浇冻水施一次肥,可使用有机肥。

4. 整形修剪

紫荆的修剪主要有轻度短截、重度短截及一般修剪。待巨紫荆幼苗定植后便可对其进行轻度短截。修剪的目的是促使其多生分枝,壮大根系。次年再做重度短截,令其长出 3~4 个当年的较粗侧枝,应除去下部 1~2 轮枝,避免营养的损耗。重度短截时选取主干上部饱满芽处截干,之后时常检查修剪后的主干是否有侧芽萌出,若有,要立即除去,以免影响主干生长。3 年后做一般修剪,修剪时间一般在冬季休眠期至春季萌芽前,在此期间剪掉一些病虫枝或一些影响树形的枝,从而保持树形的优美。巨紫荆的基部的萌蘖应剔除,否则既影响树的美观又消耗过多的养分,阻碍巨紫荆的正常生长。一般来讲,修剪是为了使树形优美,开花量增大,所以,还应剪掉老枝上长出的没有花芽的当年生嫩枝。

巨紫荆修剪的最佳时间一般为深秋以后至枝条暴青之前,此时修剪的优点是巨紫荆处于休眠时期,植株内只有少量的营养,不会因修剪而造成大量的营养流失。但因巨紫荆枝繁叶茂,且叶片较大,有时也需要在夏天的时候疏掉一些过密的枝条,以此增加光能利用率。而且一般来说,南方的巨紫荆叶比北方的大。所以,巨紫荆若在南方种植,则更应注意疏枝疏叶。

5. 病虫害防治

(1) 角斑病。

① 症状:主要发生在叶片上,病斑呈多角形,黄褐色至深红褐色,后期着生黑褐色小霉点。严重时叶片上布满病斑,常连接成片,导致叶片枯死脱落。

② 防治方法:秋季清除病落叶,集中烧毁,减少侵染源。发病时可喷 50% 多菌灵可湿性粉剂 700～1000 倍液,或 70% 代森锰锌可湿性粉剂 800～1000 倍液,或 80% 代森锌 500 倍液。10d 喷 1 次,连喷 3～4 次有较好的防治效果。

(2) 枯萎病。

① 症状:叶片多从病枝顶端开始出现发黄、脱落,一般先从个别枝条发病,后逐渐发展至整丛枯死。剥开树皮,可见木质部有黄褐色纵条纹,其横断面可见到黄褐色轮纹状坏死斑。

② 防治方法:加强养护管理,增强树势,提高植株抗病能力。苗圃地注意轮作,避免连作,或在播种前条施 70% 五氯硝基苯粉剂 3～5 斤/亩。及时剪除枯死的病枝、病株,集中烧毁,并用 70% 五氯硝基苯或 3% 硫酸亚铁消毒处理。可用 50% 福美双可湿性粉剂 200 倍液,或 50% 多菌灵可湿性粉剂 400 倍液,或用抗霉菌素 120 水剂 100ppm 药液灌根。

(3) 叶枯病。

① 症状:主要危害叶片;初病斑呈红褐色圆形,多在叶片边缘,连片并扩展成不规则形大斑,至大半或整个叶片呈红褐色枯死。后期病部产生黑色小点。

② 防治方法:秋季清除落地病叶,集中烧毁。展叶后用 50% 多菌灵 800～1000 倍液,或 50% 甲基托布津 500～1000 倍液喷雾,每 10～15d 喷一次,连喷 2～3 次。

(4) 虫害。

紫荆的虫害主要包括大蓑蛾、褐边绿刺蛾、蚜虫。

① 大蓑蛾防治方法:秋冬摘除树枝上越冬虫囊。6 月下旬至 7 月,在幼虫孵化危害初期喷敌百虫 800～1200 倍液。保护寄生蜂、寄生蝇等天敌。

② 褐边绿刺蛾防治方法:秋、冬结合浇封冻水时在植株周围浅土层挖出越冬茧消灭。少量发生时及时剪除虫叶。幼虫发生早期,以敌敌畏、敌百虫、杀螟松、甲胺磷等杀虫剂 1000 倍液喷杀。

③ 蚜虫防治方法:可用 40% 氧乐果乳油 1000 倍液喷杀。

● 3.3.6 杜鹃

杜鹃花属种类多,习性差异大,但多数种产于高海拔地区,喜凉爽、湿润,恶酷热、干燥。要求富含腐殖质、疏松、湿润及 pH 值为 5.5～6.5 的酸性土壤。部分品种及园艺品种的适应性较强,耐干旱,瘠薄,土壤 pH 值为 7～8 也能生长。但在黏重或通透性差的土壤上生长不良。杜鹃对光有一定要求,但不耐暴晒,夏秋应有落叶乔木或阴棚遮挡烈日,并经常以水喷洒地面。杜鹃抽梢一般在春、秋二季,以春梢为主。最适宜的生长温度为 15～20℃,气温超过 30℃ 或低于 5℃ 则生长停滞。冬季有短暂的休眠期,之后随温度上升,花芽逐渐膨大,一般露地栽培在 3—5 月开花,高海拔地区则晚至 7—8 月开花。北方在温室栽培,1—2 月即可开花。

1. 肥水管理

杜鹃根系浅且发达,根须细如毛发,对水分十分敏感,怕旱也怕涝。冬季气温下降,杜鹃生长缓慢,需水少,应适当减少浇水量;春季气温回升,杜鹃开花抽梢,需水量增大;夏季高温季节,应随干随浇,午间和傍晚在地面和叶面喷水,以降温增湿;秋季天气转凉,应减少浇水,以防出现二次生长,不利于越冬。花芽形成后不宜多浇水,以防花芽顶端开张,翌年不开花。

施肥是养好杜鹃的关键。杜鹃喜肥又忌浓肥,在春秋生长旺季每10d施1次稀薄的饼肥水,可用淘米水、果皮、菜叶等沤制发酵而成。在秋季还可增加一些磷、钾肥,可用鱼、鸡的内脏和洗肉水加淘米水以及一些果皮沤制而成。

2. 整形修剪

杜鹃耐修剪,隐芽受刺激后极易萌发,可借此控制树形,复壮树体。一般在5月前进行修剪,所发新梢,当年均能形成花蕾,过晚则影响开花。一般立秋前后萌发的新梢,尚能木质化。若新梢形成太晚,冬季易受冻害。蕾期应及时摘蕾,使养分集中供应,花大色艳。修剪枝条一般在春、秋季进行,剪去交叉枝、过密枝、重叠枝、病弱枝,及时摘除残花。整形一般以自然树形略加人工修饰,因树造型。

3. 病虫害防治

(1)褐斑病。

防治方法:冬春及时扫除并烧毁落叶。植株展叶后,每隔半个月喷施波尔多液(1∶1∶100),可连续喷施2～3次,以防发病。在发病早期喷施50%甲基托布津可湿性粉剂1000倍液1～2次,以抑制病害发展。

(2)冠网蝽。

①症状:成虫、若虫都群集在叶背面刺吸汁液,受害叶背面出现很像被溅污的黑色黏稠物。这一特征易区别于其他刺吸害虫。整个受害叶背面呈锈黄色,正面形成很多苍白斑点,受害严重时斑点成片,以至全叶失绿,远看一片苍白,提前落叶,不再形成花芽。

②防治方法:冬季彻底清除盆花、盆景园周围的落叶、杂草。对茎干较粗并较粗糙的植株,涂刷涂白剂。在越冬成虫出蛰活动到第1代若虫开始孵化的阶段,是药剂防治的最有利时机,可喷50%杀螟松1000倍液,或40%氧乐果1000～1500倍液,或10%～20%拟除虫菊酯类1000～2000倍液,每隔10～15d喷施1次,连续喷施2～3次。

(3)根腐病。

①症状:根上出现水渍状褐斑、软腐,后腐烂脱皮,木质部呈黑褐色,树皮逐渐呈灰白色,并会逐步蔓延,进而扩大到树干整个皮层坏死,切断养分及水分的输导,使顶端嫩叶逐步干枯,并自上而下,枝叶萎蔫失水干枯,以致全株死亡。

②防治方法:半知菌类镰孢霉属真菌存活在土壤中的植物残体上,数年内遇合适寄主仍有侵染力,凡碱性土壤、湿度大、温度偏高,均有利于病害的发展蔓延,故确诊后,应对死株及盆土及时处理。应注意改善场地通风,早晚增加光照,增施钾肥,提高抗病力。

(4)红蜘蛛。

①症状:主要吸取植株的汁液并使叶片出现灰白色斑点。严重时造成叶片转黄脱落。新

梢生长差,树势减弱。

②防治方法:在冬季清除枯枝落叶以消灭越冬成虫,在 3 月开始发生危害时用 10% 天皇星乳油 1000 倍液,7051 杀虫素(灭虫灵)3000 倍液,或哒嗪酮(速螨酮)1000 倍液喷杀。

(5)缺铁黄化病。

杜鹃缺铁黄化病又称黄叶病、褪绿病,是各地盆栽杜鹃常见的病害。

防治方法:杜鹃喜酸怕碱,要避免栽植在碱性和含钙质较多的土壤中;庭园露地种植时,不要靠近水泥、砖墙或用过石灰的地方。盆栽杜鹃宜用酸性土,若土壤偏碱可添换酸性土;苗圃地栽植杜鹃,可施用堆肥、绿肥或其他有机肥料,这些肥料中产生的有机酸可溶解土壤中不溶性铁,使植株较易吸收。

(6)灰霉病。

防治方法:①加强栽培管理,防止冻害,减少病害发生。②室内培养杜鹃要注意通风,不要过于湿润。③日常管理中,发现病叶、病花应及时摘除烧掉。④必要时用 50% 氯硝胺 1000 倍液,或 50% 多菌灵可湿性粉剂 1000 倍液等药剂喷洒防治。

3.3.7　月季

月季对气候、土壤要求虽不严格,但以疏松、肥沃、富含有机质、微酸性、排水良好的壤土较为适宜。性喜温暖、日照充足、空气流通的环境。大多数品种最适温度白天为 15～26℃,晚上为 10～15℃。冬季气温低于 5℃ 即进入休眠。有的品种能耐 −15℃ 的低温和 35℃ 的高温;夏季温度持续 30℃ 以上时,即进入半休眠,植株生长不良,虽也能孕蕾,但花小瓣少,色暗淡而无光泽,失去观赏价值。

1. 土壤管理

月季露地栽培时,选择地势较高,阳光充足,空气流通,土壤呈微酸性的土地。栽培时深翻土地,并施入有机肥料做基肥。盆栽月季宜用腐殖质丰富而呈微酸性、肥沃的砂质壤土,不宜用碱性土。

2. 水分管理

给月季浇水是有讲究的,要做到见干见湿,不干不浇,浇则浇透。月季怕水淹,盆内不可有积水,水大易烂根。月季浇水因季节而异,冬季休眠期保持土壤湿润,不干透就行。开春枝条前发,枝叶生长,适当增加水量,每天早、晚各浇 1 次水。在生长旺季及花期需增加浇水量。夏季高温,水的蒸发量加大,植物处于虚弱半休眠状态,最忌干燥脱水,每天早、晚各浇 1 次水,避免阳光暴晒。

3. 施肥管理

月季喜肥,基肥以迟效性的有机肥为主,如腐肥的牛粪、鸡粪、豆饼、油渣等。每半月加液肥水一次,能常保叶片肥厚,深绿有光泽。早春发芽前,可施一次较浓的液肥,注意在花期不施肥,6月花谢后可再施一次液肥,9月间第4次或第5次腋芽将发时再施一次中等液肥,12月休眠期施腐熟的有机肥越冬。冬耕可施人粪尿或撒上腐熟有机肥,然后翻入土中,生长期要勤施肥,花谢后施追肥1～2次。高温干旱应施薄肥,入冬前施最后一次肥,在施肥前还应注意及时清除杂草。

4. 整形修剪

花后要剪掉干枯的花蕾。当月季初现花蕾时,拣一个形状好的花蕾留下,其余的一律剪去。目的是每一个枝条只留一个花蕾,将来花开得饱满艳丽,花朵大而且香味浓郁。每季开完一期花后必须进行全面修剪。一般宜轻度修剪,及时剪去开放的残花和细弱、交叉、重叠的枝条,粗壮、年轻枝条从基部起只留3～6cm,留外侧芽,修剪成自然开心形,使株形美观,延长花期。另外,盆栽月季要选矮生、多花且香气浓郁的品种。

5. 病虫害防治

(1)白粉病。

①症状。月季白粉病是一种真菌性病害,危害月季、蔷薇科植物等的花卉,5月中下旬初次侵染,6、7月份蔓延。受害后,叶面、嫩梢上生一层白色粉状物,发生严重时叶片变黄脱落,严重影响植株生长和开花。

②防治方法。春季生长期,将500～800倍液的代森锰锌、百菌清、多菌灵、托布津交替使用,发病期喷70%甲基托布津1000～1500倍液有良好的防治效果。喷药后受害部位的白粉层变暗灰色,干缩并消失。黄梅与秋雨期是月季白粉病的发病高峰,夏季湿热多雨,发病也很强烈,在此期间,施药间隔要缩短。喷药时间一般为8—10时,16—19时。晴天无风喷洒为佳。(注:白粉病预防比治疗更有效,所以最好以预防为主,每隔7～15d喷以上杀菌剂一次)。

(2)黑斑病(黑星病)。

①症状。该病属于真菌性病害。黑斑病在病残体上越冬,借助雨水或喷灌水飞溅传播,昆虫也可传播。发病最适温度在26℃左右,多雨季节,寄主植物发病严重,新移植、根系损伤多、生长势衰弱的植物容易发病。

②防治方法。随时清扫落叶,摘去病叶,以减少侵染来源;冬季对重病株进行重度修剪,清除病茎上的越冬病原;盆栽时不要放置过密,最好不直接放在地面,以免地面积水时盆土过湿,最好的是放在阶梯形的植台上,改进浇水方式和时间,应从盆沿浇入,避免喷浇。不在晚间浇水,以免叶片上有水时不能很快干燥,病菌趁机入侵。

③用药:以杜邦福星、代森锰锌1000倍液每隔7d一次交替或混合使用,喷洒叶正反两面;剪去病叶焚烧处理。

(3)蚜虫。

蚜虫的危害分为直接危害和间接危害。直接危害为吸收嫩芽汁液营养,导致叶片、花苞畸形、营养不良,从而影响光合作用;间接危害为:通过口器刺破枝叶表面,传播细菌病毒,增加各种疾病感染几率。蚜虫防治非常简单,用吡虫啉800～1000倍液喷洒植株表面,每隔7d一次,2～3次即可。

(4)红蜘蛛(螨虫)。

用爱卡螨或者金螨枝1000倍液,叶正反两面枝条都喷上药水,交替使用2次。

6. 蓟马

用吡虫啉或者啶虫脒 800～1000 倍液喷洒叶面、叶背（嫩芽重点照顾）2～3 次即可防治。由于月季嫩叶太过光滑,导致药水或者肥料附着力不够,喷药或者施叶面肥时可以添加一些有机硅作为附着剂。

● 3.3.8　紫薇

紫薇又称为百日红,耐旱、怕涝,喜温暖潮润,喜光,喜肥,对二氧化硫、氟化氢及氮气的抗性强,能吸入有害气体,中性土或偏酸性土中生长较好。紫薇是城市、工矿绿化最理想的树种,也可作盆景。

1. 土壤管理

栽植紫薇应选择土层深厚、土壤肥沃、排水良好的背风向阳处。大苗移植要带土球,并适当修剪枝条,否则成活率较低。成活后的植株管理比较粗放。紫薇生命力强健,易于栽培,对土壤要求不严,但栽种于深厚肥沃的砂质壤土中生长最好。紫薇喜阳光,生长季节必须置室外阳光处。

2. 水分管理

适时浇水。春、冬两季应保持盆土湿润,夏、秋季节每天早晚要浇水一次,干旱高温时每天可适当增加浇水次数,以河水、井水、雨水以及贮存 2～3d 的自来水浇施。

3. 施肥管理

定期施肥。紫薇施肥过多,容易引起枝叶徒长,若缺肥反而导致枝条细弱,叶色发黄,整个植株生长势变弱,开花少或不开花。因此,要定期施肥,春夏生长旺季需多施肥,入秋后少施,冬季进入休眠期可不施。雨天和夏季高温的中午不要施肥,施肥浓度以"薄肥勤施"的原则,在立春至立秋每隔 10d 施一次,立秋后每半月追施一次,立冬后停肥。

4. 整形修剪

紫薇的修剪整形,一般都在冬季进行一次强度修剪,修剪时保持枝条分布均匀及树冠完整,剪除过密枝和干上的萌蘖枝及生长部位不适当的枝条,徒长枝剪短 2/3,一般保留枝条为上年冬季剪口的 6cm 左右。

春季新枝长至 15cm 左右时,进行摘心,保留下部 10cm 左右,促使长出顶端的两叉枝。当两叉枝长至 20cm 左右时,再进行摘心,保留下部 15cm 左右,促使新枝萌发,对其他影响观赏和造型的枝条全部摘除。

经过修剪后的枝条长出花序后,剪去较弱花枝和与造型无关的芽。花开后剪去残花,如修剪得当,花可开至国庆节前后。

5. 病虫害防治

紫薇是一种容易遭受病虫侵害的园林绿化树种,常见病虫害有紫薇白粉病、紫薇褐斑病、紫薇煤污病、紫薇长斑蚜等。

(1)紫薇白粉病。

紫薇萌枝力强,所以对发病重的植株,可以在冬季剪除所有当年生枝条并集中烧毁,从而彻底清除病源。发病严重时,可在春季萌芽前喷施 3~4 波美度的石硫合剂;生长季节发病时可喷施 80%代森锌可湿性粉剂 500 倍液,或 70%甲基托布津 1000 倍液,或 20%粉锈宁(三唑酮)乳油 1500 倍液,或 50%多菌灵可湿性粉剂 800 倍液防治。

(2)紫薇褐斑病。

发病初期,可喷施 50%多菌灵可湿性粉剂 500 倍液,或 65%代森锌可湿性粉剂 1000 倍液,或 75%百菌清可湿性粉剂 800 倍液防治。

(3)紫薇煤污病。

通过间苗、修枝等措施,使树木通风、透光;及时防治蚜虫、介壳虫、粉虱等,因为这些昆虫的分泌物正是紫薇煤污病病原存在的基础。常用防治紫薇煤污病的药剂为石硫合剂,冬季用 3 波美度的石硫合剂,夏、秋季用 0.3 波美度的石硫合剂,也可用三硫磷、山苍子叶汁进行防治。或者喷洒 50%多菌灵可湿性粉剂 500~800 倍液、70%甲基托布津 500 倍液等。

(4)紫薇长斑蚜。

早春刮除老树皮及剪除受害枝条集中烧毁,消灭越冬卵。加强栽培管理措施,减少病源。蚜虫量大时,用 40%氧乐果、40%乙酰甲胺磷 1000~1500 倍液或喷鱼藤精 1000~2000 倍液,但要注意避免发生药害。有条件的地方人工繁殖和散放天敌,如异色瓢虫及草蛉幼虫。此外,可利用色板诱杀、诱粘有翅蚜虫或采用白锡纸反光,拒栖迁飞的蚜虫。

●▷测试训练◁●

【知识测试】

(1)下列属于早春观花树种的是(　　　)。

A. 玉兰　　　　　　B. 紫薇　　　　　　C. 蜡梅　　　　　　D. 桂花

(2)树木顶端优势的现象表现在(　　　)。

A. 乔木上　　　　　B. 灌木上　　　　　C. 藤木上　　　　　D. 各种树木上

(3)花期控制的方法很多,下列方法不属于花期控制的是(　　　)。

A. 调节土壤 pH 值　　　　　　　　　B. 调节温度

C. 调节光照　　　　　　　　　　　　D. 控制水肥

(4)以气生根进行攀缘的藤本植物是(　　　)。

A. 紫藤　　　　　　B. 爬山虎　　　　　C. 凌霄　　　　　　D. 葡萄

(5)有机质含量比较高的土壤(　　　)。

A. 温度比较容易升高　　　　　　　　B. 温度比较容易降低

C. 与温度的变化无关　　　　　　　　D. 比较稳定,变化慢

(6)下列(　　)组的两种植物都常用分株法繁殖。

A.天竺葵、芍药　　　　　　　　B.兰花、美人蕉

C.非洲菊、四季海棠　　　　　　D.文竹、山茶花

(7)间苗一般应(　　)。

A.越早越好　　　　　　　　　　B.在真叶发生后即可进行

C.在苗长至 4～5 片真叶时进行

(8)一般树木根系生长的适宜温度是(　　)。

A.0～5℃　　　　　　　　　　　B.5～10℃

C.15～25℃　　　　　　　　　　D.25～30℃

【技能训练】

实训 3.3　花灌木的整形修剪

1.实训目的

掌握花灌木的整形修剪要点,掌握短截、疏枝、摘心、扭梢、屈枝、折裂、环剥、刻伤等修剪技术。

2.实训材料及用具

花灌木 5 种、枝剪、手锯、电工刀、绳索、高枝剪、梯子等。

3.实训内容与方法

选择园林绿地中观花、观果、观枝和观叶不同类型的花灌木,在教师的指导下进行整形修剪训练。

(1)观花类修剪。

①早春开花种类:修剪方法以截、疏为主,综合运用其他方法。对具有顶花芽的种类,在休眠期修剪时不能短截着生花芽的枝条;对具有腋花芽的种类,在休眠季修剪时则可以短截枝条;对具有拱形枝的种类,如迎春、连翘,采用疏剪和回缩的方法,一方面疏除过密枝、枯死枝、徒长枝、干扰枝等,另一方面回缩老枝,促发强壮新枝。

②夏秋开花种类:这类灌木和小乔木的修剪时间通常在早春树液流动前进行,修剪方法主要采用短截和疏剪。有的在花后去除残花。

③一年多次开花的种类:这类花灌木的修剪分两个阶段,即休眠期和生长期。在休眠期剪除老枝,生长期在花后短截新梢,如月季、珍珠梅等。

(2)观果类修剪。

观果类的修剪时期和方法与早春开花的种类大体相同,但需特别注意及时疏除过密枝、徒长枝、枯死枝、病虫枝,确保通风透光,减少病虫害,促进果实着色,提高观赏效果。为提高其坐果率和促进果实生长发育,往往在夏季采用环剥、疏花、疏果等修剪措施。

(3)观枝和观叶类修剪。

观枝类花木,其观赏效果往往以嫩枝最鲜艳,因此为了延长观赏期,一般冬季不修剪,到早春萌芽前重剪,以后轻剪,促使萌发更多枝叶。除此之外,还应逐步疏除老枝,不断进行更新,如红瑞木、棣棠等。观叶类一般只做常规修剪。

4.作业

(1)对所修剪的花灌木和小乔木进行列表,对比说明各类树木的修剪时期、修剪方法、技术要点和注意事项。

(2)完成实习报告。

任务 4 绿篱、色块(色带)的养护管理

● 学习目标 ●

- 掌握绿篱、色块(色带)的土、肥、水管理措施。
- 掌握绿篱、色块(色带)的整形修剪技术。
- 掌握绿篱、色块(色带)病虫害的识别和防治方法。

● 内容提要 ●

绿篱是园林植物种植形式之一,又称"植篱"。用灌木或小乔木密植成行,组成篱、墙类形式,可以防风、防尘,吸收噪音,分隔组织空间,具有屏障作用,并可作为雕塑、喷泉等装饰小品的背景,构成图案造型。绿篱按不同功能和高度,通常有绿墙(1600mm 以上)、高绿篱(1200～1600mm)、中绿篱(600～1200mm)、矮绿篱(600mm 以下)之分。园林绿化中总体布局呈现条状、带状的就是色带,呈块状的就是色块,一般色块和色带都是一种规格和品种的植物。

● 任务导入 ●

在园林中常用的绿篱植物有法国冬青、金叶女贞、海桐、大叶黄杨、红檵木、南天竹、鹅掌柴、红叶小檗、龙柏、侧柏、木槿等。

● 3.4.1 法国冬青

法国冬青适合温暖湿润气候。在潮湿肥沃的中性壤土中生长旺盛,酸性和微酸性土均能适应,喜光亦耐阴。根系发达,萌芽力强,特耐修剪,极易整形。

1. 土壤管理

（1）松土。法国冬青绿篱栽培后，泥土会逐步板结，不利于植株根系的正常生长发育，以致影响萌生新梢、嫩叶。因此，必须适当松土。松土的时间与次数应按照土壤质地及板结情况而定，通常每个月松土一次。松土时因法国冬青绿篱多为密植型，为尽可能削减对植株根系的伤害，首先要决定适当的宽度，其次要扦细耙匀。

（2）培土。种植多年的法国冬青绿篱，因地表径流腐蚀、浇灌水洗清及鼠害等缘由，根部泥土常出现凸凹、下陷、部分植株根系裸露等情况。这些既影响了植株成长，又破坏了美感，因此有必要发展培土。培土时要选用浸透功用好，且无杂草种子的砂质壤土或壤土。培土量以到达护住根为宜，培土后同时辅以浇水，湿透土壤。

2. 浇水管理

法国冬青绿篱的养护过程中，保持足够的水分能使其生长势优良。法国冬青绿篱浇灌水主要采取人工浇灌，若条件具备也可采取机械浇灌或滴灌等方式。对在水位过高、地势较低等不良环境下种植的法国冬青绿篱要注意排水，尤其是雨季或多雨天。如果土壤水分过重、氧气不足，抑制了根系呼吸，容易引起根系腐烂，甚至整株植株死亡。对耐水力差的树种更要及时排水。对法国冬青绿篱进行排水首先要改善排水设施，种植地要有排水沟（以暗沟为宜）。其次在雨季要对易积水的地段做到勤观察，出现情况及时解决。

3. 施肥管理

（1）基肥。法国冬青绿篱应以施基肥为主，具体方法是沿法国冬青绿篱边缘条状开沟施肥。沟开至接触植株的吸收根，其深度与宽度一般为30cm×30cm。以施迟效有机肥为主，如厩肥、腐殖肥等。施肥时间以每年早春为好，宜早不宜迟，有条件的秋季可增施一次。

（2）追肥。法国冬青绿篱在每年生长期必须进行追肥，以促进新梢生长，增强生长势。追肥采取撒施或水施，肥料以速效肥为主。一年中的追肥次数应根据法国冬青绿篱的生长势而定，一般为3～5次。除了土壤施肥，也可采取根外追肥，即叶面喷肥。常用于法国冬青绿篱叶面喷施的肥料有尿素、磷酸二氢钾等，前者可促进法国冬青绿篱抽梢长叶，后者使叶肥厚、浓绿。

5. 病虫害防治

（1）法国冬青抗逆性强，病虫害少，偶有刺蛾或蚜虫发生。可用敌敌畏、吡虫啉等农药喷杀防治。

（2）发生根腐病和黑腐病危害，用10%抗菌剂401醋酸溶液1000倍液喷洒或浇灌。

（3）有红蜘蛛为害，用20%三氯杀螨砜可湿性粉剂1000倍液喷杀。

（4）有茎腐病、叶斑病和角斑病为害，用75%百菌清可湿性粉剂600倍液喷洒。

（5）有蚜虫、叶蝉和介壳虫为害，用50%杀螟松乳油1000倍液喷杀。

● 3.4.2　金叶女贞

金叶女贞喜光，喜温暖，稍耐阴，但不耐寒冷。在微酸性土壤生长迅速，而在中性、微碱性土壤中亦能生长。萌芽力强,适应范围广,具有滞尘抗烟的功能,能吸收二氧化硫,适用于厂矿、城市绿化。

1. 水肥管理

金叶女贞的适应性很强,在水肥管理方面不用特别精细。浇水遵循不是特别干旱就不用浇的原则,因为该品种无论是在抗旱还是耐涝方面都有很强的能力,所以除非特别干旱,基本不用浇水。需要浇水的时候,尽量选择早晨和傍晚,不要在中午进行。一般在多雨季节,也不用人工排涝。由于对土壤要求不高,金叶女贞在砂质壤土、黏质壤土、微酸或中度盐碱地上均可正常生长,但以砂质壤土最为适宜。春秋季定植的时候,适当施用底肥,可选择二铵、农家肥或常用的复合肥,浓度不用太大,以免造成烧苗。待金叶女贞已经正常生长后,基本不用施肥即可保证良好的生长势和景观效果。

2. 金叶女贞的温光控制

高温对金叶女贞的影响很小,可以忽略不计,但合理控制光照,能很好地促进其生长发育。金叶女贞喜光又耐阴,在遮光 70% 的情况下仍可正常生长,因此可作为城市林下地被或种植于建筑物的背阴面。但是,金叶女贞在遮阴的条件下叶片有返绿现象,景观效果略逊一筹,但生长速度明显加快。

3. 整形修剪

金叶女贞的萌芽力强,极耐修剪,容易造型,而且成形非常迅速,耐移植,更新能力强。3—7月为金叶女贞的生长高峰期,年平均生长量达 1m 左右。一年之中能够进行多次修剪,以培养各种造型,还可以做成绿篱、色块、模纹花坛等用于工程。金叶女贞适于中度、重度修剪,十字对生枝极易萌发,从而形成致密的冠,即使树冠遭到人为破坏,也可自行修复。须根非常发达的金叶女贞,非常耐移植,除了冬季大地封冻之外,其他季节均可移植。而且,移植时不需要带土球,裸根定植后浇足透水,3~5d 后再浇一次水,即可保证成活率达到 95% 以上。

4. 病虫害防治

金叶女贞的抗病性类似于东北女贞,很少有病虫害能对其造成严重威胁,在生长期内不用喷任何杀菌剂,除春季嫩叶上偶尔有卷心虫危害外,尚未发现其他病虫害。少量卷心虫可人工剪除,面积较大时,可使用敌百虫、BT 粉剂等广谱性药剂喷杀。

3.4.3　海桐

海桐对气候的适应性较强,能耐寒冷,亦颇耐暑热,喜肥沃、湿润土壤,对光照的适应能力亦较强,较耐荫蔽,亦颇耐烈日,但以半阴地生长最佳,干旱贫瘠地生长不良,稍耐干旱,颇耐水湿。

1. 土壤管理

海桐喜肥沃湿润砂质壤土,耐水湿,稍耐干旱。喜温暖湿润的海洋性气候,喜阳光也耐阴,耐盐碱,能抗风防潮,对土壤要求不严,以偏碱性或中性壤土栽培生长最好。

2. 浇水管理

春季海桐生长旺盛,萌发新芽并孕育花蕾,要保持土壤湿度,可每 1～2d 浇水一次;夏季气温高,气候干燥,水分蒸发量大,可每天浇水一次,结合向植株及周围进行喷雾,湿润环境;秋季要减少浇水量,可每 2～3d 浇水一次;冬季如果所处温度较低,浇水量应减少。

3. 施肥管理

每年春季要每 15～20d 追施全效肥一次;夏季要薄肥勤施;秋季和春季一样,每 15～20d 施用全效肥一次;冬季如果所处温度较低,可不施用肥料。

4. 整形修剪

海桐分枝能力、萌芽力强,耐修剪。大棵植株可根据观赏要求,在开春时进行修剪整形,修剪成多种形态。经过整形修剪的植株,树形优美,观赏价值高。如欲抑制植株生长,使枝繁叶茂,应长至相应高度时,剪去枝条顶端。若植株出现徒长枝条,使植株生长势出现不平衡,可在秋季植株顶梢生长基本完成时进行短剪,保持株形。

5. 病虫害防治

海桐常见病虫害有叶斑病、介壳虫、红蜘蛛。

(1)病害防治:加强肥、水管理,提高抗害能力,及时清除枯落枝叶、病叶,注意通气。可用 65%代森锌可湿性粉剂 500～600 倍液、0.5%波尔多液或 5%百菌清可湿性粉剂 600～750 倍液轮换进行喷雾防治,每 15d 左右喷 1 次。

(2)虫害防治:可使用 80%敌敌畏 1000～1500 倍液、40%氧乐果乳油 2000 倍液喷雾喷杀。介壳虫发生较轻时,可人工去除。

3.4.4　大叶黄杨

大叶黄杨喜光,亦较耐阴;喜温暖湿润气候,耐热耐寒,可经受夏日暴晒和−20℃左右的严寒。

1. 土壤管理

大叶黄杨对土壤要求不严,壤土、轻黏土、素砂土均适宜其生长,但以砂质壤土中生长为好,土壤过黏也不利其生长,不易生新根。有一定的耐盐碱力,在 pH 值为 8.9、含盐量为 0.2%的盐碱土中能正常生长;既不耐涝也不耐旱,在低洼处和高燥处均生长不良,种植时应选择适宜地点。

2. 水分管理

水分是植株生长的关键要素。但是对于大叶黄杨来说,幼小的植株需要充足的水分,给予适当的肥料生长会更快。但是也不需要刻意地去给予过多的水分和养料,这样反而会对植株的生长产生不利影响。

3. 施肥管理

大叶黄杨耐贫瘠土地,若土壤肥沃,几年不施肥也可正常生长。但在移植期或土地板结区与贫瘠区或是春季大回缩修剪时应适当补肥。移植期要在根底部施些腐熟的有机肥,有机肥上应盖 10cm 素土,不要与新根接触。板结区或贫瘠区的大叶黄杨以开沟施有机肥和叶面喷微肥相结合。生长不良或回缩修剪的大叶黄杨可适当多施几次肥,以有机肥为主、辅以少量氮肥。也可在喷施杀菌剂时混喷叶肥,用尿素或磷酸二氢钾,浓度控制在 0.2%。根部施肥每年一两次,叶面喷肥一般每年两三次,具体根据实际情况酌情调节。

4. 整形修剪

大叶黄杨篱修剪必须及时到位,修剪频次依据大叶黄杨生长势确定,一般新枝伸长到 10~12cm 时即可修剪一次,修剪时留新茬 1~2cm 即可。修剪过程中刀片应多次消毒,修剪过后的大叶黄杨最好喷施杀菌剂一次,防止病菌传播。如果修剪不勤,由于其生长极为迅速,尤其是春季,会导致株型过高或冠幅猛增、侧芽不萌发、结构松散、下部脱脚等问题;因为顶端优势原理,营养物质送往枝条顶端,严重抑制了枝条上部侧芽和下部潜伏芽的萌发,常造成植株枝条稀疏或徒长,严重影响其观赏效果。而修剪及时,修剪幅度掌握合理的大叶黄杨,则表现为枝条密集,生长健壮,叶片硕壮肥厚且株形优美丰满。

对于株型不良的大叶黄杨,可根据具体情况采取不同措施进行复壮,严重脱脚或枝条部分死亡的可在春季回缩修剪,同时清理根部萌蘖,如萌蘖过密,不仅株形杂乱还会抑制侧芽生长。回剪的同时应加大肥水管理,使其潜伏芽萌发生长,并对新生枝条适时修剪促发侧枝,保证枝条密集均匀。对于部分枝条死亡的球形苗,可在早春根据隐芽萌发状况确定茎的高度,要修剪成中部略高,四周略低的球形。大的剪口要用油漆或防腐剂处理,防止感染和树液蒸腾。此外,对复壮黄杨冬季最好采取防寒措施。

5. 病虫害防治

大叶黄杨常见的虫害有蚜虫、介壳虫等。其中日本龟蜡介较难防治,经跟踪观察未发现宿生现象,发现虫情后可人工刮除,在若虫孵化后至介壳形成前进行叶面和树干喷药非常有效。常用药剂有速扑介杀或介扑杀等。

大叶黄杨常见病害有白粉病、煤污病、叶斑病、茎腐病、炭疽病等。一年生新枝营养不良和气候潮湿时容易感染白粉病。粗放管理区,很少进行病害预防与修剪消毒区域容易发生叶斑病、炭疽病和茎腐病。当有刺吸式害虫为害时常引起煤污病发生。以上病害可采用广谱性杀菌剂如百菌清、多菌灵、甲基托布津等药剂,喷施两三遍即可控制病情,用药间隔期为 7~10d,如病害严重,可适当缩短间隔期,四五天喷施一次。

● 3.4.5　红檵木

红檵木喜光,稍耐阴,但阴时叶色容易变绿。适应性强,耐旱。喜温暖,耐寒冷。萌芽力和发枝力强,耐修剪。耐瘠薄,但适宜在肥沃、湿润的微酸性土壤中生长。

1. 土壤管理

选择阳光充足的环境栽培,或对配置在红檵木东南方向及上方的植物进行疏剪,让红檵木在充足的阳光下健康生长,使花色、叶色更加艳丽,从而增强观赏性。

2. 浇水管理

南方梅雨季节,应注意保持排水良好,高温干旱季节,应保证早、晚各浇水一次,中午结合喷水降温;北方地区因土壤、空气干燥,必须及时浇水,保持土壤湿润,秋冬及早春注意喷水,保持叶面清洁、湿润。

3. 施肥管理

红檵木移栽前,要选施以腐熟有机肥为主的基肥,结合撒施或穴施复合肥,注意充分拌匀,以免伤根。生长季节,用中性叶面肥的稀释液(800~1000倍)进行叶面追肥,每月喷2~3次,以促进新梢生长。

4. 整形修剪

(1)人工式的球形。红檵木极耐修剪及盘扎整形,树形多采用人工式的球形。在生长季节,摘去红檵木的成熟叶片及枝梢,经过正常管理10d左右即可再抽出嫩梢,长出鲜红的新叶。

(2)自然式丛生形。红檵木萌发力强、分枝性强,可自然长成丛生状。

(3)单干圆头形。选一粗壮的枝条培养成主干,疏除其余枝条,当主干高达2m以上时定干,在其上选一健壮而直立向上的枝条为主干的延长枝,即作中心干培养,以后在中心干上选留向四周均匀配置的4~5个强健的主枝,枝条上下错落分布。

5. 病虫害防治

(1)虫害。经过对圃里濒临死亡的大规格红檵木挖开根部仔细观察,发现主要是蛀干类害虫星天牛为害。以幼虫在树基环状剥皮,后蛀入木质部,由于苗木的韧皮部遭到破坏,致使水分和养分传输受阻,渐渐部分死亡,后发展成为整株死亡。

(2)虫害的防治方法如下:

①5—6月份捕捉成虫。

②成虫活动期,用塑料片包扎树基,防止其产卵。

③用80%敌敌畏乳剂或40%乐果乳油加水及黄泥拌成糊状,涂刷树基。

④钩杀幼虫,可塞入药棉,用泥封住。

(2)红檵木花叶病。

首先表现为叶脉失绿,接着是叶片上呈轻微的斑驳状,以后成为深浅红斑驳状。新叶上症状更为明显。此病毒病多由蚜虫传播。另外,红檵木多由扦插繁殖,扦插材料若带有病毒,也是导致病害的直接原因。灭蚜对红檵木花叶病有一定控制作用,另外,红檵木多实行扦插繁殖,由于病毒的积累,到一定程度就会显现出来。因此,选择健壮的枝条进行扦插,也是防病的关键。不管怎样,注意田间的卫生管理,根除病株,清除巨细胞病毒(CMV)的其他寄主,减少侵染源,是主要的防治方法。

● 3.4.6　南天竹

南天竹喜温暖及湿润的环境,比较耐阴,也耐寒,容易养护。栽培土要求肥沃、排水良好的砂质壤土。对水分要求不甚严格,既能耐湿也能耐旱。比较喜肥,可多施磷、钾肥。

1. 土壤管理

选择土层深厚、肥沃、排灌良好的砂壤土,山坡、平地排水良好的中性及微碱性土壤也可栽植。还可利用边角隙地栽培。栽前整成 120～150cm 宽的低床或高床。适宜用微酸性土壤,可按砂质土 5 份、腐叶土 4 份、粪土 1 份的比例调制。

2. 浇水管理

浇水应见干见湿。干旱季节要勤浇水,保持土壤湿润;夏季每天浇水一次,并向叶面喷雾 2～3 次,保持叶面湿润,防止叶尖枯焦,有损美观。开花时尤应注意浇水,不使盆土发干,并于地面洒水提高空气湿度,以利提高受粉率。冬季植株处于半休眠状态,不要使盆土过湿。浇水时间,夏季宜在早、晚时进行,冬季宜在中午进行。

3. 施肥管理

在生长季节,每半月浇一次饼肥水,雨季施腐熟的饼肥或粪肥块,若过于缺肥,易造成落果。但施肥也不易过多,在 5—6 月各施 2 次有机薄肥液即可。需要注意的是,每年冬季应用基肥培苑,使之生长旺盛,枝条集中。施肥以 15～20d 一次为适宜。萌发期追施以氮为主的肥料,促进植株生长,切忌施用量过大,以免脱叶;萌发后施用以磷、钾为主的肥料,促进花芽分化。花蕾期可喷施 2 次 0.3% 磷酸二氢钾。开花期内不施肥,促使开花。结果后可施用薄肥,满足植株的需要。在植物生长季节不要施用过多氮肥,可以避免植株徒长、不开花结果。

4. 整形修剪

南天竹树形以自然式丛生形为主。观果后至翌年 3 月底芽萌动之前,根据冠幅大小选取 7～11 个健壮枝条为主干枝,剪除树丛中其余枯枝、交叉枝、细弱枝、病虫枝、并生枝、过密枝条基部萌蘖,保持通风透光。落果后剪去干花序。南天竹主干枝徒长易造成倒伏,应回缩修剪,促进分枝生长。回缩在有分枝处修剪,无分枝时应保留剪口下留外向芽,促使分枝生长。

5. 病虫害防治

南天竹易患红斑病、炭疽病，虫害主要有尺蠖。春季红斑病发生之前喷 70％甲基托布津可湿性粉剂 800～1000 倍液，或 70％代森锰锌 500 倍液，每隔 10～15d 喷一次，连喷 2～3 次。炭疽病在发病期喷 50％托布津可湿性粉剂 400～500 倍液，每 10～15d 喷一次，连喷 3 次防治。尺蠖发生严重时，可于早春或晚秋人工挖蛹，或在成虫羽化期使用黑光灯诱杀，或幼虫 4 龄前喷氯氰菊酯或 90％敌百虫 300 倍液。

3.4.7　鹅掌柴

鹅掌柴(又称鸭脚木)原产于亚热带地区，喜光照，但也可适应在半阴环境中长期生长，或短期内于荫蔽处摆放。在温度低于 25℃的生长期中最好给予充足的光照条件，温度高于 28℃时，若光照强烈需要遮阳 30％～40％，盛夏时节需要遮阴 50％左右。花叶品种要比纯绿色品种稍喜阳些，否则会因光照的欠缺而淡化斑块亮丽的色彩，观赏价值大打折扣。在温度高于 25℃时，就应加强空气温度的调整，以免叶片的光泽消失或退却，主要通过增加喷水或洒水的次数来解决。

1. 土壤管理

栽培鹅掌柴，不需要很苛刻的基质就能生长良好。但在疏松肥沃、排水良好的微酸性砂质壤土中生长最佳。一般选用园土∶腐叶土∶河沙或煤渣灰∶腐熟的有机肥为 3∶2∶3∶2 的比例配制，能做到持水保肥的效果，满足生长的最佳需求。可 2～3 年换盆一次，每 1～2 年换土一次。

2. 浇水管理

鹅掌柴对水的适应性也比较强，在观叶类植物中可算前列。盆土干燥后再浇水也影响不大，保持湿润也可生长良好，即使是短期内有积水，也能恢复。但以干湿交替浇水为佳，尽量减少积水或干旱的几率，保持生长良好。所以浇水以间干间湿进行即可，不要有规范死板的浇水间隔期，要视实际情况灵活掌握。

3. 施肥管理

鹅掌柴生长茂盛，需要较多的肥水，在生长期间可每月施用一次腐熟的有机肥或无机肥，以保证生长良好。一般选择以氮肥为主的复合肥料施用，氮、磷、钾的比例为 20∶10∶10。

4. 整形修剪

鹅掌柴生长多年，如果不修剪，会失去良好的株形，特别是下部的叶片容易脱落，出现脚叶落光的现象，观赏价值大打折扣。所以应在每年的春季进行一次修剪，主要以整形为主，去除病虫枝、干枯枝、短截徒长枝。在夏季生长过程中也会修剪几次，主要是短截徒长枝或生长快突出的枝条，以控制株形的美观。

5.病虫害防治

鹅掌柴的病害较少,虫害主要有红蜘蛛、介壳虫。一般需要选用专杀药剂进行防治,如用螨净、克螨、三氯杀螨醇等防治红蜘蛛;杀扑磷、蚧克、蚧必死等防治介壳虫,介壳虫也可通过擦拭、刷除进行绿色环保防治。

测试训练

【知识测试】

1.选择题

(1)绿篱按不同功能和高度,通常有绿墙、高绿篱、中绿篱、矮绿篱之分,高绿篱的高度为
(   )。

A.1600mm 以上　　　　　　　　B.1200～1600mm

C.600～1200mm　　　　　　　　D.600mm 以下

(2)绿篱、盆栽花卉要想矮化丛生,就必须(   )顶端优势。

A.保留　　　　　　　　　　　　B.除去

(3)经园林工人每年修剪的绿篱长得茂密整齐,其原理是(   )。

A.促进顶芽生长　　　　　　　　B.抑制向光性

C.抑制侧芽生长　　　　　　　　D.破坏其顶端优势

(4)一般干道分车带上绿篱、灌木、花卉、草皮等的高度不超过(   )。

A.70cm　　　　　　　　　　　　B.90cm

C.100cm　　　　　　　　　　　　D.120cm

(5)绿篱移栽定植后,修剪的时期最好是(   )。

A.第 2 年开始　　　　　　　　　B.当年开始

C.第 3 年开始　　　　　　　　　D.视实际情况而定

2.判断题

(1)绿篱都是由常绿灌木或常绿小乔木树种组成的。(   )

(2)绿篱移栽定植后,一般 3 年后才能开始按规定高度截顶。(   )

(3)绿篱修剪的方式可分为规则式、自然式 2 种。(   )

(4)大多数阔叶绿篱,春、夏、秋三季都可根据需要进行修剪。(   )

【技能训练】

实训 3.4　绿篱、色块、色带的整形修剪

1.实训目的

掌握绿篱、色块和色带的整形方式和修剪技术。

2.实训材料及用具

各种造型绿篱、色块、色带,绿篱修剪机、枝剪、钢卷尺、木桩、拉线、踏板等。

3. 实训内容与方法

(1)对已经定型的方形、梯形绿篱,按照原来的设计高度,用钢卷尺从地面向上量至规定的高度,在绿篱两端各立 1 个木桩,拉绳后将高出绳子的部分枝条剪去,再按设计要求修剪。注意握剪方法和修剪技巧,绿篱顶面和侧面要修剪平整。

(2)在掌握一定的修剪技巧的基础上,徒手修剪圆顶形、球形、柱形绿篱。

(3)色块和色带按照设计的要求修剪,修剪方法同绿篱。色块的面积较大时,需要使用伸缩型绿篱剪或借助跳板等工具才能完成。

4. 作业

(1)记录修剪情况与结果。

(2)将修剪心得整理成实习报告。

任务 5 藤本植物的养护管理

● 学习目标 ●

- 掌握常见藤本植物的土、肥、水管理措施。
- 掌握常见藤本植物的整形修剪技术。
- 掌握常见藤本植物病虫害的识别和防治方法。

● 内容提要 ●

藤本植物,或称攀缘植物,是指能缠绕或依靠附属器官攀附他物向上生长的植物。

按攀缘习性,藤本植物可分为:①缠绕类:茎缠绕支撑物呈螺旋状向上生长。顺时针缠绕的(左旋性)有牵牛类等,逆时针缠绕的(右旋性)有啤酒花等。②吸附类:枝蔓借助于黏性吸盘或吸附气生根而稳定于他物表面,支持植株向上生长。具吸盘的攀缘植物有爬山虎等,具气生根的攀缘植物有常春藤属等。③卷须或叶攀类:借助卷须、叶柄等卷攀他物而使植株向上生长。卷须多由腋生茎、叶生或气生根变态而成,长而卷曲,单条或分叉。茎变态而成的茎卷须,如葡萄属植物;叶变态而成的叶卷须,如尖叶藤、香豌豆等;靠叶柄攀附他物而向上生长的,如铁线莲等。④攀靠类:植株借助于藤蔓上的钩刺攀附,或以蔓条架靠他物而向上生长。其在园林中应用时,常需有人工引导辅以必要措施,如木香花等。

●任务导入●━━━━━━━━━━━━━━━━━━━━━━━━━

在园林中常用的藤本植物有爬山虎、蔷薇、三角梅、常春藤、紫藤、凌霄等。

● 3.5.1 爬山虎

爬山虎适应性强,性喜阴湿环境,但不怕强光,耐寒,耐旱,耐贫瘠,气候适应性广泛,在暖温带以南冬季也可以保持半常绿或常绿状态。耐修剪,怕积水,对土壤要求不严。它对二氧化硫等有害气体有较强的抗性。爬山虎生性随和,占地少、生长快、绿化覆盖面积大。根茎粗 2cm 的藤条,种植 2 年,墙面绿化覆盖面便可达 $30\sim50cm^2$。

1. 土壤管理

爬山虎对土壤要求不严但怕积水,阴湿环境或向阳处,碱性、酸性土壤中均能苗壮成长,但在阴湿、肥沃的土壤中生长最佳。

2. 浇水管理

爬山虎浇水要做到不干不浇,浇则浇透。夏天以早晚各一次,春秋天上午浇,冬天需水极少,一般 1 周到 10 天浇一次即可。

3. 施肥管理

爬山虎一般不施肥,施用时应注意防止烧苗,可以用化肥,但要用腐熟后的有机肥,注意多次少量。

4. 整形修剪

爬山虎耐修剪,在生长过程中可依实际情况修剪整理门窗处的枝蔓,以保持整洁、美观、方便。

5. 病虫害防治

(1)大袋蛾。

除冬季人工摘除袋囊销毁外,可在低龄幼虫期喷施 90% 晶体敌百虫水溶液,或 80% 敌敌畏乳油 1000 倍溶液,或 2.5% 溴氰菊酯乳油 5000 倍液。

(2)蚱蝉。

对初孵群集若虫可用人工捕杀,大发生时可用 50% 杀螟松乳剂 1000 倍液、亚胺硫磷 1000 倍液喷雾。

(3)美国白灯蛾。

加强检疫工作,在 4 龄以前可喷施 90% 敌百虫 800~1000 倍液或 80% 敌敌畏 800~1000 倍液,还可采用剪除网幕、围草诱杀化蛹幼虫的方法。

(4)梧桐天蛾。

①控制湿度,注意通风透光,可减轻病害。

②拔除病株,集中销毁。

3.5.2　蔷薇

蔷薇喜阳光,亦耐半阴,较耐寒,在中国北方大部分地区都能露地越冬。对土壤要求不严,不耐水湿,忌积水。

1.土壤管理

蔷薇对土壤要求不严,耐干旱,耐瘠薄,但栽植在土层深厚、疏松、肥沃、湿润而又排水通畅的土壤中则生长更好,也可在黏重土壤上正常生长。新株定植时要施入腐熟有机肥。

2.浇水管理

从早春萌芽开始至开花期间,可根据天气情况酌情浇水 3～4 次,保持土壤湿润。如果此时受旱会使开花数量大大减少,夏季干旱时需再浇水 2～3 次。雨季要注意及时排水防涝,因为蔷薇怕水涝,水涝容易烂根。秋季再酌情浇 2～3 次水。全年浇水都要注意勿使植株根部积水。

3.施肥管理

蔷薇对肥料的需求量较大,除在定植时施用基肥外,生长旺盛阶段可以每隔半月追施一次液体肥料。孕蕾期施 1～2 次稀薄饼肥水,则花色好,花期持久。

4.整形修剪

蔷薇的修剪,一般成株于每年春季萌动前进行一次。修剪量要适中,一般可将主枝(主蔓)保留在 1.5m 以内的长度,其余部分剪除。每个侧枝保留基部 3～5 个芽便可。同时,将枯枝、细弱枝及病虫枝疏除,并将过老过密的枝条剪掉,促使萌发新枝,不断更新老株,则可年年开花繁盛。

5.病虫害防治

(1)炭疽病。

秋末冬初及时清园,收集病落叶集中烧毁。加强养护,适当修剪,疏除过密枝条,使通风透光性良好。必要时喷施 20%龙克菌(噻菌铜)悬浮剂 500 倍液,或 78%科博(含代森锰锌和波尔多液)可湿性粉剂 600 倍液,或 75%达科宁(百菌清)可湿性粉剂 600 倍液,或 50%施保功或施百克(咪鲜胺)可湿性粉剂 1000 倍液,或 25%炭特灵可湿性粉剂 500 倍液。

(2)白粉病。

蔷薇栽植过密、施氮过多、通风不良、阳光不足,易发白粉病,可通过选用抗白粉病的品种进行防治。冬季修剪时,注意剪去病枝、病芽。发病期少施氮肥,增施磷、钾肥,提高抗病力。注意通风透光,雨后及时排水,防止湿气滞留,可减少发病。发病初期,喷施 20%三唑酮乳油 1000 倍液,或 20%三唑酮硫黄悬浮剂 1000 倍液,或 50%多菌灵可湿性粉剂 800 倍液。如对上述杀菌剂产生抗药性,可改喷 12.5% 腈菌唑乳油或 30% 特富灵可湿性粉剂 3000 倍液。早春萌芽前喷 2～3 波美度石硫合剂或 45% 晶体石硫合剂 40～50 倍液,杀死越冬病菌。

● 3.5.3 三角梅

三角梅喜温暖湿润、阳光充足的环境,不耐寒,中国除南方地区可露地栽培越冬,其他地区都需盆栽和温室栽培。土壤以排水良好的砂质壤土最为适宜。叶子花花期较长,花多且美丽,在南方一般花期为当年的 10 月份至翌年的 6 月初。

1. 土壤管理

三角梅对土壤要求不严,但怕积水,不耐涝,因此,必须选择疏松、排水良好的培养土,一般可用腐殖土 4 份、园土 4 份、砂 2 份配置的培养土。

2. 浇水管理

科学浇水是保证三角梅正常开花的重要环节。红花三角梅处于生长期时,需水量较大,要浇透、浇湿,保持土壤湿润;要使土壤排水良好,防止积水久湿渍涝,引起根部腐烂和落叶,直接影响其正常生长或延迟开花。

进入花期时,浇水要及时,土壤应保持湿润,水量要适宜。如浇水过量,会导致枝叶长得茂盛而不开花或少开花;花期过后,可适当减少浇水次数。因连续花期后,已使植株体内的养分消耗过多,叶片大多黄化脱落,如浇水过多,土壤过湿,会使根部腐烂。

紫花三角梅需水量较少,可采取粗放管理,必须做到不干不浇,浇则浇透,否则会导致营养生长过剩,不利于生殖生长,直接影响开花质量。

3. 施肥管理

春天新芽萌发时就可以开始施肥了,此时因为根系刚开始萌发,比较嫩,温度也不是很稳定,浇一点淡淡的肥水即可。施肥前将盆土表面的 6～10cm 土壤撬松,在肥水中加入少量的多效唑,一起淋施。

随着新芽的长大、长多,叶面积增大,盆栽的土壤少,肥料不足,就会生长不良,5、6 月是生长旺季,肥料要经常淋施,半个月施肥一次,浓度也可以稍微高一些。每次施肥后都必须补盖清水,减少臭味,补充水分有利于肥料的吸收。每一株的肥水使用量,以浇透不溢出为好。以肥水:清水为 1:1 为宜。若植株是小苗,以 1:2 为宜,避免伤根烧苗。

4. 整形修剪

三角梅的整形修剪,第 1 次在 3—4 月发芽前,将不适合造型需要的枝及徒长枝、内膛枝、重叠枝、荫蔽枝、衰弱下垂枝及干扰枝等,整个枝条自基部剪除,与干平,不留残桩。6—8 月高温多雨,是长树势的好时期,长枝条期间要施足肥料,以利枝条健康生长。肥料过多,容易引起萌发徒长枝,一旦出现徒长枝,必须剪除;太长的枝条也要剪短,以不破坏株形为目的;适当疏芽,把过密、过弱的新芽抹掉,以确保树冠枝条分布均匀,不偏冠。

三角梅修剪至 3～4 级枝并施行常规管理至新萌出的枝梢达半木质化时,再次修剪,每个枝梢留 3～4 个芽至萌芽达 1～2cm 长时,喷施多效唑 15％可湿性粉剂,浓度为 0.1％～0.5％,至叶面正反两面有水滴为宜。多效唑能使节间短、株形紧凑,茎增粗、分枝增多,花密集成球。其矮化调整株形效果明显。

喷洒丁酰肼(又名 B9,比久),浓度 5‰左右,叶面喷施(忌与铜器接触),不仅能促使花芽分化,还能使节间短,株形紧凑。用丁酰肼比较安全,略过量也不会产生药害,但矮化效果不如多效唑。

5. 病虫害防治

三角梅常见病虫害有褐斑病、枯梢病、介壳虫等。

(1)褐斑病。

防治方法:要让植株通风透光;要注意增加或保持叶片的湿度;出现感染时要及时剪除病枝、病叶,并予以销毁;在染病初期,喷 50％退菌特 1000 倍溶液或其他杀菌剂可抑止病程的发展。

(2)枯梢病。

防治方法:平时要加强松土除草,及时清除枯枝、病叶,注意通气,以减少病源的传播。加强病情检查,发现病情及时处理,可用乐果、托布津等溶液防治。

(3)介壳虫。

在光照不良,通风欠佳,高温高湿的环境中,易发生多种介壳虫刺吸危害,可用 45％的马拉硫磷乳油 1000 倍液喷杀。

● 3.5.4　常春藤

常春藤适应能力强,比较适合在室内养殖。室内养护时要求光线充足,应尽量放南阳台处养护,生长温度为 18～20℃,冬季以 10℃ 以上为宜。它对土壤要求不严,喜湿润、疏松、肥沃的土壤,不耐盐碱。

1. 土壤管理

常春藤能耐阴湿,耐干旱,耐贫瘠,在肥沃湿润的砂质壤土中生长良好,忌碱性土壤。

2. 浇水管理

在常春藤的生长期间,可以多浇水,但是要注意不能出现积水的情况,以保持泥土湿润即可。夏季时,要常向植物的叶子喷水,增加其湿度。而冬季则不宜多浇水,要控制泥土的水量,每周向叶子及其周围喷一次水即可。

3. 施肥管理

生长期每月施 2～3 次稀薄的有机液肥,冬季则停止施肥。常春藤喜肥以氮肥为主,但如果氮肥过量时容易疯长,不利于株形美观,磷、钾肥不足时常春藤叶上的斑纹容易淡化。幼株可在生长季节每 15d 追施腐熟的 10 倍液肥混合等量的 500 倍磷酸二氢钾液。成形株每 30d 追施混合液肥一次。成形株如日常不施肥,在发现叶色发黄时,可叶面喷施 1000 倍尿素液 1～2 次。施腐熟的液肥时,应慢灌,不要将肥液沾至叶片,否则易将叶片烧坏。

4. 整形修剪

常春藤的整形修剪有以下 3 种方式。

(1)附壁式。常春藤初栽时,需重剪短截,后将藤蔓牵引到墙面,加强管理,便可自行逐渐布满墙面。常春藤附着力较差,开始时需用铁丝辅助。

(2)篱垣式。先搭好篱架,只需将枝蔓牵引至篱架上,每年对侧枝进行短截,除去互相缠绕枝条,使其均匀分布在篱架上即可。

(3)垂挂式。幼苗可摘除定芽 1～2 次,然后任其下垂生长形成垂挂式盆栽景观。常春藤生长快,萌发力强,枝蔓细长,应及时摘除组织顶芽,通过摘心促使枝蔓增粗,促进分枝;在枝条较密处,随时剪除过密枝、徒长枝,使枝蔓分布均匀。

5. 病虫害防治

(1)疫病。

①发现病株及时拔除,并适当控制浇水。②栽插时要注意从无病虫害的植株上选插枝,插在消过毒的或未发生过疫病的基质中。栽植不能过密,注意通风透光。③雨季及时排水,防止湿气滞留。④发病初期,喷施或浇灌 25％甲霜灵可湿性粉剂 800 倍液,或 58％甲霜灵锰锌可湿性粉剂 600 倍液,或 64％杀毒矾可湿性粉剂 600 倍液,或 72％克露 600 倍液。

(2)灰霉病。

用无病新土栽培,控制浇水,氮肥不要施过多。及时摘除病叶并烧毁。发病时,喷施 75％百菌清 500 倍液,每 10d 喷 1 次,连续 2～3 次。

(3)叶斑病。

选无病的母株繁殖。发病初期,喷施硫酸链霉素 3000 倍液,或 12％绿乳铜乳油 600 倍液,或 20％龙克菌悬浮剂 500 倍液。

(4)紫突眼蛎蚧。

冬季结合整形剪除虫枝、虫叶,并集中烧毁。若虫孵化期,喷施 50％辛硫磷 1000 倍液或速扑杀 1500 倍液。

● 3.5.5 紫藤

紫藤为暖带及温带植物,对气候和土壤的适应性强,较耐寒,能耐水湿及瘠薄土壤,喜光,较耐阴。以土层深厚、排水良好、向阳避风的地方栽培最适宜。主根深，侧根浅，不耐移栽。生长较快，寿命很长。缠绕能力强，对其他植物有绞杀作用。

1. 土壤管理

土层深厚、土壤肥沃且排水良好的高燥处生长良好，过度潮湿易烂根。

2. 水肥管理

根据土壤的水肥状况进行适当的水肥管理。

3. 整形修剪

(1)夏季修剪——花谢后剪去长枝：紫藤花通常会开在上一年的枝条上，所以在花谢后修剪枝条不仅有利于植株生长旺盛，还在无形之中为明年的开花做铺垫。

(2)冬季修剪——将长枝缩剪 3～5 芽：冬季末还要修剪一次，将夏季修剪过的长枝缩剪 3～5芽(冬季枝条上有许多小细芽，剪掉的长度在 10cm 左右)。为了美观，可以将长出的不和谐的枝条剪掉，这样在冬季有落叶或枯枝很容易看出，能及时清理。

4. 病虫害防治

紫藤的虫害主要是介壳虫。介壳虫寄生于植株叶片边缘或叶面吸取汁液引起植株枯萎，严重时整株植株会枯黄死亡，可用 40％的氧乐果乳剂 1000 倍液，或 50％马拉松乳油 2000 倍液喷杀。

紫藤的病害主要有软腐病和叶斑病，叶斑病发生时危害紫藤的叶片，软腐病发生时会使植株整株死亡，可采用 50％的多菌灵 1000 倍液、50％的甲基托布津可溶性湿剂 800 倍液防治。

3.5.6　凌霄

凌霄性喜光、宜温暖，幼苗耐寒力较差。若光照不足，虽可以生长，但枝条细长。要求肥沃、深厚、排水良好的砂质壤土。

1. 土壤管理

凌霄喜温暖湿润环境。对土壤要求不严，砂质壤土、黏质壤土均能生长。

2. 浇水管理

凌霄早期管理要注意浇水，后期管理可粗放些。

3. 施肥管理

凌霄在开花之前要施一些复合肥、堆肥。

4. 整形修剪

植株长到一定程度,要设立支杆。每年发芽前可进行适当疏剪,去掉枯枝和过密枝,使树形合理,利于生长。盆栽宜选择 5 年以上植株,将主干保留 30~40cm 短截,同时修根,保留主要根系,上盆后使其重发新枝。萌出的新枝只保留上部 3~5 个,下部的全部剪去,使其成伞形,控制水肥,经 1 年即可成型。搭好支架任其攀附,次年夏季现蕾后及时疏花,并施一次液肥,则花大而鲜丽。冬季置于不结冰的室内越冬,严格控制浇水,早春萌芽之前进行修剪。

5. 病虫害防治

在高温高湿期间,凌霄易遭蚜虫危害,发现后应及时喷施 40% 乐果 800~1500 倍液进行防治。

● 测试训练 ●━━━━━━━━━━━━━━━━━━━━━━━━━━━━━━━

【知识测试】

1. 填空题

根据植物的攀缘习性,属于缠绕类的藤本植物有_____、_____,属于吸附类的藤本植物有_____、_____,属于卷须或叶攀类的藤本植物有_____、_____,属于攀靠类的藤本植物有_____、_____。

2. 选择题

(1) 藤本植物只能依附其他植物或支持物,缠绕或攀缘向上生长。如图 3-1 所示,藤本植物的卷须碰到接触物后发生变化,卷须的弯曲与生长素的分布不均有关。下列相关说法正确的是( )。

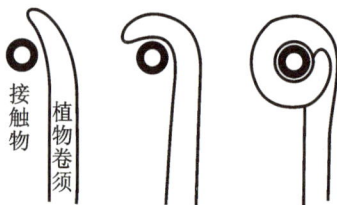

图 3-1　藤本植物的卷须碰到接触物后的变化

A. 外侧细胞长度大于内侧

B. 卷须的弯曲仅受生长素的调控

C. 内侧生长素浓度高于外侧

D. 接触物可刺激生长素的合成

(2) 爬山虎是一种常见的藤本植物,在生长过程中总是沿着墙或树干等往上攀爬,这样可以获取更多的( )。

A. 氧气　　　　B. 肥料　　　　C. 阳光　　　　D. 水分

【技能训练】

实训 3.5　藤本类植物的整形修剪

1. 实训目的

掌握藤本植物的整形修剪要点,掌握棚架式、凉廊式、篱垣式、附壁式、直立式等修剪处理手法。

2. 实训材料及用具

藤本植物、枝剪、手锯、电工刀、绳索、高枝剪、梯子等。

3. 实训内容与方法

在自然风景中,对藤本植物很少加以修剪管理,但在一般的园林绿地中则有以下几种处理方式。

(1)棚架式。对于卷须类及缠绕类藤本植物,多用此种方式进行修剪与整形。剪整时,应在近地面处重剪,使生长虫数条强壮主蔓,然后垂直诱引主蔓至棚架的顶部,并使侧蔓均匀地分布于架上,则可很快地成为阴棚。除隔数年将病、老或过密枝疏剪外,一般不必每年剪整。

(2)凉廊式:常用于卷须类及缠绕类植物,偶尔用吸附类植物。因凉廊有侧方格架,所以主蔓勿过早诱引至顶,否则容易形成侧面空虚。

(3)篱垣式:多用于卷须类及缠绕类植物。将侧蔓进行水平诱引后,每年对侧枝施行短剪,形成整齐的篱垣形式。为适合于形成长而较低矮的篱垣,通常称为水平篱垣式,又可依其水平分段层次之多而分为二段式、三段式等,称为垂直篱垣式,适于形成距离短而较高的篱垣。

(4)附壁式:多用吸附类植物为材料。方法很简单,只需将藤蔓引于墙面即可自行靠吸盘或吸附根而逐渐布满墙面。例如爬墙虎、凌霄、扶芳藤、常春藤等均用此法。此外,在某些庭园中,有在壁前 20～50cm 处设立格架,在架前栽植植物的,例如蔓性蔷薇等开花繁茂的种类多在建筑物的墙面前采用该方法。修剪时应注意使壁面基部全部覆盖,各蔓枝在壁面上应分布均匀,勿使互相重叠交错为宜。在附壁式整形修剪中,最易发生的毛病为基部空虚,不能维持基部枝条长期茂密。对此,可配合轻、重修剪以及曲枝诱引等综合措施,并加强栽培管理工作。

(5)直立式:对于一些茎蔓粗壮的种类,如紫藤等,可以修剪整形成直立灌木式。此式如用于公园道路旁或草坪上,可以达到良好的效果。

4. 作业

(1)对所修剪的藤本植物进行列表,对比说明各类植物的修剪时期、修剪方法、技术要点和注意事项。

(2)完成实习报告。

任务 6　竹类植物的养护管理

● **学习目标** ●───────────────────

- 了解竹类植物的分类和生态习性。
- 掌握竹类植物的养护管理方法。
- 掌握竹类植物病虫害防治技术。

● **内容提要** ●───────────────────

　　竹子婀娜多姿、妩媚秀丽，给人以幽雅的感受，又坚韧挺拔、经冬不凋，显示出高风亮节的品格形象，自古以来人们多把竹子作为装点住宅、绿化园林的佳品。

● **任务导入** ●───────────────────

　　竹子因其独特的形态和文化美学特征被广泛应用于中国园林的造景和城市绿化，其独特的生长习性，使竹子在栽培、养护技术方面有别于其他苗木。

3.6.1　竹类植物概述

1. 竹的分类

　　我国观赏竹种类繁多，具有很高的观赏价值。观觉竹种类按其观赏部位，可分为观秆色型，观秆形型，观赏叶型、色型，观笋型等。

　　竹秆色彩丰富的竹子有秆紫色的紫竹，黄秆京竹，秆绿色、节黄槽刚竹，黄纹竹，节间或沟槽有绿色纵条纹的金镶玉竹，金明竹，花杆早竹，金韵竹，小琴丝竹；秆具斑纹色彩的有湘妃竹、唐竹、富韵竹。

　　竹秆形态奇异的竹子有秆呈正方形的方竹；秆基部节间短缩、肿胀的有罗汉竹、龟甲竹、小佛肚竹、辣椒竹；秆的节突隆起，呈算盘珠的有筇竹、大佛肚竹。

叶子色彩或叶形独特的竹子有菲白竹、铺地竹、翠竹、鸡毛竹菲黄。

生笋色泽美观的竹子有红竹、白哺鸡竹、花竹。

从竹子地上的生长情况来分析，竹类又被分为丛生竹、散生竹、混生竹三种生态类型；从地下的生长情况来看，又被分为单轴型和合轴型两种。

2. 生态习性

竹类的一生中，大部分时间为营养生长阶段，一旦开花结实后全部株丛即枯死而完成一个生活周期。竹类大都喜温暖湿润的气候，竹子对水分的要求高于对气温和土壤的要求，既要有充足的水分，又要排水良好；散生竹类的适应性强于丛生竹类。由于散生竹类基本上是春季出笋，入冬前新竹已充分木质化，所以对干旱和寒冷等不良气候条件有较强的适应能力，对土壤的要求也低于丛生竹和混生竹。丛生竹、混生竹类地下茎入土较浅，出笋期在夏、秋季，新竹当年不能充分木质化，经不起寒冷和干旱，故在北方一般生长受到限制，它们对土壤的要求也高于散生竹。

3. 栽种要点

观赏竹大部分是珍稀竹种，其弱点是繁殖能力低，适应性不强，所以必须精心栽种才能确保成活。栽种时主要采用丛栽密种、浅种壅肥，初植密度比用材竹种或经济竹种高 3～6 倍。若选用一鞭多竹的母竹造林，则种后即能蔚然成林，立即产生观赏效果，还可在局部地区形成竹子的群体优势，增强抵御自然灾害的能力。如果种时入土不太深，则在种后可用青草或河泥壅之，以增加土壤有机质和保持水分，有利于竹子成活和发鞭孕笋。

● 3.6.2　竹类养护管理要点 ─────────

1. 水分管理

应于每年春季出笋前(3 月)浇足催笋水，5、6 月浇足拔节水。雨季可视降雨情况浇水，11、12 月上旬浇孕笋水，冬季过于干旱时可适当喷水。竹子种植后，不管刮风下雨，都要淋透竹子，并填实泥土，和其他苗木的养护一样，要淋定根水。

2. 施肥管理

为促使竹子更新，提早成林，应及时追施肥料。最佳施肥时间为早春 3 月和 8—9 月，以农家肥和化肥并用效果为好。在秋冬季施入饼肥、土杂肥等有机肥，有利于孕笋越冬。在春夏季节施入人粪尿、化肥，可及时满足竹子生长发育的需要。

3. 间伐

新竹萌发快，数量多，但大小不匀，应及时间伐。间伐时要去小留大，去弱留壮，去老留幼，去密留稀。每过 3~5 年,应间移过密竹,保持竹林适当密度,保证通风透光。同时进行深翻、断鞭,将 4 年生以上的老鞭及每年砍伐后的竹蔸挖出。间移及竹蔸挖除后应及时用土杂肥填埋坑穴,保持林地平整。

4. 扩展

在用地充裕的条件下,为满足景观需要,在竹林计划延伸的方向深翻土壤,并施入土杂肥,引导竹鞭延伸。

5. 整形修剪

竹类植物修剪整形以移植前为主,栽植后则以造型为主,辅以养护管理,保持自然状态。竹类植物在园林中多以自然形态为主,也有截秆处理的,移植前可按园林要求及竹子生态习性、抗寒抗旱适应能力等,保持全冠自然形或作截秆剪枝处理。全冠自然形一般不修枝或只是剪去枯死枝、干枯枝、病虫枝、折断枝等,或只刷去全部或部分竹叶,或疏剪一半枝,即按每节二分枝中剪去互生的各一枝;而作截秆处理的则根据园林工程需求常保留 5~10 盘枝,也有全冠剪去大部分枝叶,每节点上对二分枝作保留 1~2 节后全重剪的方法,成为"鸡毛掸子""光秆的豇豆扦"等形状,保留栽植高度整齐一致。

竹类栽植后则以造型为主。按预留预想形状进行造型、拉枝或修剪,或灌木球状或平剪成绿篱状或拼接密植成丛林状,或作盆景造型为奇形怪状、斜生侧立倒栽等,也可按高低起伏布置成自然婀娜状态,呈现竹子景观多样化、层次化、立体化、艺术化状态及内涵。同时在日常养护管理中应经常性挖除、清理越界的竹鞭、竹苗、竹秧或影响景观的竹秆、竹笋、竹枝叶等,保持竹株密度适中、枝叶匀称、形状有个性。

6. 病虫害防治

(1)虫害。

①竹蚜虫是危害竹子的主要害虫之一,全年发生高峰期在北方多为 8—10 月,可用 50%锌硫磷、50%杀螟松各 1000 倍液喷杀。另外还有白粉虱等的危害,均要及时防治。竹叶煤污病是竹叶病害之一,多由竹虫引起,在高温多湿,通风不良的情况下极易发病。除加强竹园管理,改善不良环境条件外,消灭竹蚜虫是防治煤污病的根本措施。

②注意消灭鳞翅目、舟蛾科的竹青虫。可采用人工捕捉幼虫、茧、蛹的方法防治。夜蛾科的竹笋夜蛾,可通过清除杂草,消灭杂草上的越冬虫卵。螟蛾科的竹卷叶螟,可通过清除杂草消灭越冬老熟幼虫或蛹。

(2)病害。

竹类常见病害有竹丛枝病、竹秆锈病两种。

竹丛枝病:加强抚育管理,3—4 月清除病竹,烧毁病枝,可防治。

竹秆锈病:合理砍伐,使林内通风透光,及早砍除病竹烧毁,可防治。

● 测试训练 ●

【知识测试】

1. 填空题

(1)观赏竹种类按其观赏部位,可分为_____、_____、_____、_____等。

(2)从竹子地上的生长情况来分析,竹类又被分为三种生态类型,分别是_____、_____、_____;从地下的生长情况来看,又被分为_____和_____两种。

(3)竹子的最佳施肥时间为_____和_____,以_____肥和_____并用效果好。

(4)新竹间伐时要_____、_____、_____、_____。

(5)竹类植物在园林中多以_____为主,也有_____的。

(6)竹蚜虫是危害竹子主要害虫之一,全年发生高峰期多在_____月。

2. 简答题

(1)简述当地园林观赏竹的品种及其特点。

(2)简述观赏竹的养护管理要点。

【技能训练】

实训 3.6　竹类植物养护调查

1. 实训目的

(1)识别当地竹类植物种类。

(2)了解当地竹类植物养护管理现状。

2. 实训地点与工具

地点:当地公园、广场。

工具:钢卷尺、记录本、照度计、笔、相机。

3. 实训内容

(1)当地竹类植物识别,并写出植物检索表。

(2)调查了解各竹类植物生长的适宜环境条件。

(3)了解鉴别各竹类植物品种的不同特点。

(4)竹类植物栽培方式调查,包括株行距、株高、植物配植等。

(5)了解当地竹类植物养护管理现状。

4. 作业

(1)完成竹类植物检索表。

(2)完成竹类植物养护管理调研报告。

草坪图

任务 7　草坪的养护管理

学习目标

- 掌握暖季型草坪草和冷季型草坪草的生态习性。
- 掌握草坪的土、肥、水一般养护管理方法。
- 掌握草坪的修剪和更新复壮方法。

内容提要

草坪草是草坪的基本组成和功能单位,一般具有密生的特性,通常需配合修剪以保持表面平整。目前世界各地使用的草坪草有 100 多种,这些植物被人类选择出来,经过培育形成许多现代草坪植物品种。

任务导入

草坪建成后的后期养护管理是非常重要的,养护管理不及时会造成草坪质量下降,使其失去应有的生态效益和观赏价值。草坪养护管理的主要任务有施肥、灌溉、除杂草、修剪及病虫害防治工作。

3.7.1　草坪草的生态习性

草坪草品种根据其地理分布和对温度条件的适应性,可分为冷季型和暖季型两大类。

(1)暖季型草坪草的最适生长温度为 $25 \sim 35 ℃$。草坪草大多起源于热带及亚热带地区,广泛分布于温暖湿润、温暖半湿润和温暖半干旱气候地带,在我国的中部温带地区亦有分布。其生长主要受极端低温及其持续时间的限制,主要特点是耐热性强,抗病性好,耐粗放管理,多数种类绿色期较短,色泽淡绿等。可供选择的种类较少,主要包括狗牙根属、结缕草属、画眉草属、野牛草属、地毯草属和蜈蚣草属(假俭草)等十几个属 20 多个种的近百个品种。

（2）冷季型草坪草的最适生长温度为 15～25℃。此类草种大多原产于北欧和亚洲的森林边缘地区，广泛分布于凉爽温润、凉爽半温润、凉爽半干旱及过渡带地区。其生长主要受到高温的胁迫，极端气温的持续时间以及干旱环境的制约。就我国的气候条件而言，冷季型草坪草主要分布在我国的东北、西北、华北，以及华东、华中等长江以北的广大地区及长江以南的部分高海拔冷凉地区。它的主要特点是绿色期长，色泽浓绿，管理需要精细等。可供选择的种类较多，包括早熟禾属、羊茅属、黑麦草属、翦股颖属、雀麦属和碱茅属等十几个属 40 多个种的数百个品种。

3.7.2　草坪的养护管理

1. 施肥管理

施肥是草坪养护管理的重要环节，通过科学施肥，可以为草坪植物生长提供所需的营养物质，维持草坪植物的景观效果和生态功能。合理施肥还能增强植物的抗逆性，如抗旱、抗寒和抗病虫害能力，并促进草坪植株快速生长，提高其与杂草竞争的能力。秋季适时施肥与其他养护措施相结合，可以延长草坪的绿叶期。

肥料的施用量、施用次数、施肥种类和施肥季节是由许多因素决定的，如草坪品种、要求的草坪质量水平、天气条件、生长季的长短、土壤质地、提供的灌溉量以及草坪修剪剪下的碎草是否取走等。

不同的草坪品种对肥料的需求量不同，一般生长慢的品种如结缕草、细羊茅、假俭草、地毯草等需要很少肥料或不施肥。高质量的草坪要求勤施肥。环境条件对施肥也有影响，如树荫下草坪，常常比阳光下生长的草坪需肥量少；运动场草坪比一般绿化草坪需肥量多，且应多施氮、磷肥。天气条件对施肥影响大，温度和水分条件有利于草坪植物生长时，生长旺盛，最需要营养，应及时施肥，且以氮素为主。当环境不适宜或发生病害时，应避免多施氮肥。

冷季型草种和暖季型草种的施肥不同。冷季型草最主要的施肥时间是初春和夏末，秋末施肥能促进根系生长和春季较早返青；暖季型草最主要的施肥时间是春末，其次是夏季。

施肥还与土壤质地有关，砂土贮存养分的能力较低，淋溶性较大，同壤土和黏土相比，每次施肥量要少，但施肥次数要多。在重视氮、磷、钾大量元素的同时，不可忽视铁、铜、锌、锰、钼等微量元素对草坪生长的影响。

施肥方法分为撒施颗粒肥、叶面施肥及灌溉施肥 3 种方式。撒施颗粒肥，是尿素及氮、磷、钾复合肥常施的方法。叶面施肥是近几年发展起来的施肥新技术，一方面节省肥料，另一方面提高肥效。草坪叶面施肥的肥料主要是尿素、硫铵及磷酸二氢钾等，一般每 100m² 施用 12～20L 的水肥混合液。灌溉施肥是经过灌溉系统施用营养，肥料经过灌溉管道与灌溉水一起经过喷头而散布，目前主要用于一些高养护水平的高尔夫球场上。

2. 水分管理

草坪浇水能及时解除草坪植物因干旱出现的"旱象",促使其正常生长发育。一般来说,浇水能提高茎叶的韧度,使草的茎叶经得起踩踏,而茎叶缺水干燥时,则容易断裂破碎。

草坪施肥后要及时浇水,以促进养分的分解和吸收。运动场草坪在白天被踩以后,傍晚要及时浇水灌溉,其效果是十分明显的,数小时后新损伤的茎叶即可复苏,并可免于遭受次日烈日暴晒而干枯。

在北方,冬季干旱少雪,春季又缺少雨水的地区,入冬前浇一次冬水,能使禾草根吸收充足的水分,增强抗旱越冬能力。南方草坪进行春灌,能促进其提早返青。

南方地区近年种植冷地型常绿草坪草,如高羊茅、草地早熟禾和黑麦草等,最突出的问题是怕气候炎热,即越夏困难。如能采取傍晚浇水降温措施,则能使嫩草在夏季高温下安全度过。因此,浇水降温已成为南方种植常绿草坪不可缺少的养护工作。

久旱不雨时,需连续浇水 2~3 次,否则难以解除旱情。正常情况下,无雨季节每周浇水 1~2 次。使用水管喷灌,应安装喷头,使喷水均匀。无固定喷灌设备者,浇水应先远后近,逐步后移,这样可以避免重复践踏。

草坪浇水,最重要的是一次浇足浇透,避免只浇表层土,至少应该达到湿透土层 5cm 以上。如草坪过分干旱,则应湿透土层 8cm 以上,否则就难以解除旱象。

如草坪踩踏严重,表层土壤已干硬坚实,浇水一时难以渗透,则应于浇水前先用滚齿耙在草坪表面增添刺孔,然后浇水。草坪浇水最忌在阳光暴晒下进行,应尽可能安排在早上与傍晚前后进行。

草坪浇水常用工具主要有高压橡胶或塑料水管、接头、固定或可以移动的传动式喷灌喷头、松土用的钉齿滚、无自动式水源的携带机动提水设备潜水泵、抽水机、运水车等。如果条件允许,可在绿地中的重要草坪内安装自动化喷灌设备,使草坪浇水基本上实现自动控制。

3. 草坪的修剪

修剪是草坪与自然草地的根本区别之一。修剪能够控制草坪植物的生长高度,使草坪经常保持平整美观,以适应人们游憩活动的需要。修剪还可以抑制草坪中混生的杂草开花结籽,使杂草失去繁衍后代的机会,从而使其逐渐消亡。

(1)修剪的作用及工具。

修剪的最大优点,是促进禾草根基分蘖,增加草坪的密集度与平整度。修剪次数越多,草坪的密集度也越大。

草坪修剪还能增加"弹性"。这也是由于多次修剪留下的"草脚基部"增多了,踩踏其上,不仅能使人产生"弹性感受",而且能增强草坪植物的耐磨性。

暖季型草坪入冬前修剪,可以延长其绿色期;冷季型草坪,夏季修剪的嫩草可以增强越夏能力。

在草坪修剪前应进行一次检查,将草坪上的各种杂物,包括石块、三合土及树枝、废纸等全部清除,以利剪草机具等顺利工作,尤其是石块、铁丝、铁板等若不清除,则会碰伤滚刀,造成不必要的损失。

草坪修剪主要靠剪草机来完成。一般滚动式剪草机修剪草坪质量好,然而剪草机灵活性差、维护费用高,主要用于高尔夫球场、体育场、公园等草坪管理;悬刀式剪草机费用低、操作灵活方便、维护简便,是最常用剪草机,主要服务于微地型、庭院草坪或其他设施草坪修剪;扫雷式剪草机有两种类型:一种刀片可以折叠起来,主要服务于不需经常修剪的设施草坪,另一种是用尼龙绳高速旋转剪断草坪的割草机,其适合于修剪普通剪草机难以接近的地方或树丛之中,街道的分车道绿化区等。

剪草机在草坪上运行,习惯采用条状平行方向进行;面积较大的草坪则多采用环条形方向运行,以免遗漏或重复。

(2)修剪方法。

运动场草坪的修剪方法不同于一般草坪。为了让运动场草坪减少磨损,或者磨损以后能够迅速恢复,宜采用条状花纹形式间歇修剪草坪。所谓间歇修剪,即将草坪的剪草分成两次来完成,第一次草车运行时,先修剪其中单数线条花纹,间歇一段时间后再修剪其中双数线条花纹。两次轧剪时间不同,就使得草坪球场看上去有明显的条状花纹。

新建植草坪的草比较娇嫩,初次修剪时应特别小心。修剪时,草坪草的高度应高于维持高度的 1/3。例如维持高度 5cm,当草坪生长到 7.5cm 时开始修剪,如有可能不要剪掉草高的 1/3。初次修剪,特别是土壤松软时,最好不要用重型机器,并保证刀片锋利,否则易把小草从土壤中拔出来。土壤太湿太松都不宜修剪,等到能修剪但草已超过应修剪高度时,应逐渐降低修剪高度,直到达到所要求的高度为止。

草坪春季返青之前,应尽可能降低修剪高度,剪掉上部枯黄叶,以利于下部活叶片和土壤接受阳光,促进返青。

(3)养护措施。

草坪可通过刺孔、加土的方式进行养护。刺孔不仅能促进水分渗透,还能使土壤内部空气流通。

草坪经过一年的践踏使用之后,应在秋、冬季使用钉齿滚(带有粗钉的滚筒)在草坪上滚动刺孔。草坪面积不大的可以使用叉土的叉子在草坪上扎洞眼,也可以对草坪进行耘耙,将枯死的草叶连同幼小的野草除掉,并使草坪土壤疏松透气,保持湿度,促使土层中养分分解等。如草坪土质呈黏性,在刺孔或耘耙前适当在草坪场上撒入一些沙子,促使沙粒落下,有利于改良土壤。

表层加土是把一层薄土撒在草坪上,目的是控制枯草层,使运动草坪表面整平,促进受伤或生病草坪的恢复,改变草坪生长基质的性质等。覆土通常以含砂土壤效果为好,可以不用有机质,覆土厚度 1.5mm 左右。

4. 草坪杂草的防除

草坪杂草防除是草坪建植和养护的一个关键环节,尤其是建植的新草坪,一旦杂草不能得到有效控制,很可能导致整片草坪彻底毁灭。

杂草作为一种野生植物,由于长期的生态适应性,在任何地区都可以称作"乡土植物",其具有顽强的生命力。所以草坪杂草防除必须使用抑制杂草和防治杂草相结合的办法。

人工拔除杂草目前在我国的草坪养护管理中仍普遍采用,它的最大缺点是费工费时,还会损伤新建植草坪中的幼小植物。

生物拮抗抑制杂草是新建植草坪防治杂草的一种有效途径,主要是通过加大播种量,或混播先锋草种,或对目标草种的强化施肥(生长促进剂)来实现。

大多数草坪植物的分蘖性很强,耐强修剪,而大多数的杂草,尤其是阔叶杂草再生能力差,不耐修剪。所以,通过合理的修剪不仅可以促进草坪植物的生长,调节草坪的绿叶期以及减轻病虫害的发生,还可以抑制杂草的生长。

化学除草的成败受以下几方面因素的影响:

①正确选择除草剂,针对不同的杂草种类,选择不同的除草剂种类。

②除草剂的使用剂量应适当,既要考虑单位面积上的药剂量,又要考虑除草剂的使用浓度,剂量(浓度)过小,则除草效果不好,反之则可能产生药害。

③在适当的时间使用能达到事半功倍的作用,反之,则可能效果不理想。

④掌握正确的施用技术,做到均匀喷雾,防止局部药量过大而产生药害。

5. 病虫害防治

(1)病害分类和防治。

造成草坪草病害的主要是侵染性病害。侵染性病害是由真菌、细菌、病毒、线虫等侵害造成的。这类病害具有很强的传染性。

草坪草的病害防治方法主要有以下几种。

①消灭病原菌的初侵染来源。土壤、种子、苗木、田间病株、病株残体以及未腐熟的肥料,是绝大多数病原物越冬和越夏的主要场所,故采用土壤消毒的方法防治病害。常用福尔马林消毒(即福尔马林∶水=1∶40,土面用量为 $10\sim15L/m^2$;或福尔马林∶水=1∶50,土面用量为 $20\sim25L/m^2$)、种苗处理(包括种子和幼苗的检疫和消毒。草坪上常用的消毒办法是:福尔马林1%~2%的稀释液浸种子20~60min,浸后取出洗净凉干后播种)和及时消灭病株残体等措施加以控制。

②农业防治。适地适草,尤其是要选择抗病品种,及时除去杂草,适时深耕细肥,及时处理病害株和病害发生地,加强水、肥管理等。

③化学防治,即喷施农药进行防治。一般地区可在早春各种草坪将要进入旺盛生长期以前,即草坪草临发病前喷适量的波尔多液1次,以后每隔2周喷一次,连续喷3~4次。这样可防止多种真菌或细菌性病害的发生。病害种类不同,所用药剂也各异。但应注意药剂的使用浓度、喷药的时间和次数、喷药量等。一般草坪草叶片保持干燥时喷药效果好。喷药次数主要根据药剂残效期长短而确定,一般7~10d一次,共喷2~5次即可。雨后应补喷。此外,应尽可能混合施用或交替使用各种药剂,以免产生抗药性。

(2)虫害产生原因及防治。

造成草坪草害虫危害的主要原因是:草坪建植前土壤未经防虫处理;施用的有机肥未经腐熟;早期防治不及时或用药不当、失效等。

草坪草虫害综合防治方法有以下几方面。

①农业防治:适地适草,播前深翻晒地,随挖拾虫除虫,施用充分腐熟的有机肥,适时浇水管理等。

②物理和人工防治:灯光诱捕、药剂毒土等触杀、人工捕捉等。

③生物防治:利用天敌或病原微生物防治。如防治蛴螬有效的病原微生物主要是绿僵菌,防治效果达90%。

④化学防治:杀虫剂以有机磷化合物为主。一般施药后应尽可能立即灌溉,以促进药物分散,避免光分解和挥发的损失;对地表害虫常用喷雾法。但有些害虫,如防治草坪野螟等施药后灌溉至少应在施药后24~72h后进行。常用方法是药剂拌种、毒饵诱杀或喷雾。

●测试训练●

【知识测试】

1. 填空题

(1) 草坪质量要求越高,修剪高度就越_____。

(2) 根据草坪的主要功能,可将其分为三大用途草坪:_____、_____、_____。

(3) 根据草坪生长习性,可将其分为:_____和_____两种类型。

2. 选择题

(1)（　　）是分布最广的暖季型草之一,又名百慕大草。

A. 结缕草 　　　　　B. 天堂草 　　　　　C. 野牛草 　　　　　D. 狗牙根

(2) 枯草层超过（　　）厚通常对草坪有不利影响。

A. 2.2cm 　　　　　B. 2.0cm 　　　　　C. 1.9cm 　　　　　D. 1.5cm

(3)（　　）俗称天鹅绒草。

A. 白三叶 　　　　　B. 细叶结缕草 　　　　　C. 结缕草 　　　　　D. 狗牙根

(4) 下列不属于暖季型草坪草的是（　　）。

A. 狗牙根 　　　　　　　　　B. 细叶结缕草

C. 匍匐剪股颖 　　　　　　　　　D. 地毯草

(5)（　　）草坪代表了草坪培育的最高水平。

A. 足球场 　　　　　　　　　B. 滚木球场

C. 高尔夫球场 　　　　　　　　　D. 公园绿地

(6) 下列环境下易发生草坪病害的是（　　）。

A. 水肥适合 　　　　　　　　　B. 低洼积水

C. 土质疏松 　　　　　　　　　D. 管理合理

(7) 下面选项不属于草坪辅助管理措施的是（　　）。

A. 打孔 　　　　　B. 梳草 　　　　　C. 覆沙 　　　　　D. 施肥

(8) 对于暖季型草坪而言,（　　）进行打孔较为合适。

A. 返青以后 　　　　　B. 休眠期 　　　　　C. 秋初 　　　　　D. 秋末

3. 简答题

(1) 简述草坪草的一般特征。

(2) 简述草坪修剪的作用。

(3) 试举出 3 种暖季型草坪草,并论述其各自的栽培管理措施。

【技能训练】

实训 3.7.1　草坪机械的使用

1. 实训目的

现场了解常用草坪机械的种类、特点并进行实际操作,熟练掌握常用草坪机械的操作要领及注意事项。

2.实训材料及用具

(1)常用的草坪建植机械,包括拖拉机、犁、耙、旋耕机、镇压器、播种机、补播机、起草皮机等。

(2)常用的草坪养护机械包括剪草机、施肥机、打孔机、草坪辊、修边机、喷雾机、喷粉机。

(3)相应的配套工具、用品等 1 套。

3.实训内容与方法

(1)在实验室内或室外实训现场(可模拟或在本地草坪区),由教师讲解示范各种草坪建植及养护机械的操作要领,然后学生分组轮换练习,直至能独立熟练操作为止。

(2)在草坪建植现场,进行草坪建植的实际机械操作,如整地、播种、镇压等过程的机械操作。此内容可结合教学或毕业实习进行安排。

(3)在草坪养护现场,进行草坪养护的实际机械操作,如修剪、施肥、打孔、滚压、修边、病虫害防治等各过程的机械操作。此内容可结合教学或毕业实习进行安排。

4.作业

(1)简述所操作机械的操作要领及注意事项。

(2)提交实习报告。

实训 3.7.2　草坪的修剪

1.实训目的

初步掌握常用剪草机的使用方法,掌握不同类型草坪的修剪技能。

2.实训材料及用具

冷季型草坪和暖季型草坪剪草机。

3.实训内容与方法

选择当地不同功能的有代表性的冷季型草坪和暖季型草坪各 1～2 种,每人一块进行草坪定期修剪实习,按 1/3 修剪原则进行修剪,每次修剪都从不同的起点开始,不同方位进行,修剪后的草屑运出场外。教师检查修剪后的质量。

4.作业

把修剪的情况填入"草坪修剪情况记录表"。

草坪修剪情况记录表

草种名称	修剪高度	修剪日期	两次修剪间隔天数	一年修剪次数	备注(修剪后草坪生长情况等)

任务 8　草本花卉的养护管理

● 学习目标 ●

- 掌握一、二年生草本花卉的养护管理方法。
- 掌握宿根花卉的养护管理方法。
- 掌握球根花卉的养护管理方法。
- 掌握地被植物的养护管理方法。
- 掌握水生植物的养护管理方法。

● 内容提要 ●

　　草本花卉种类繁多，生育周期短，易培养、更换，广泛运用于园林绿地的各个角落，如花境、花池、花台、花丛、花群、花坛等。

● 任务导入 ●

　　草本花卉是指花卉的茎，木质部不发达，支持力较弱，称为草质茎。具有草质茎的花卉，称为草本花卉。草本花卉中，按其生育期长短不同，又可分为一年生、二年生和多年生几种。一年生有一串红、刺茄、半支莲（细叶马齿苋）等，而多年生有美人蕉、大丽花、鸢尾、玉簪、晚香玉等。多年生草本花卉又包括宿根花卉和球根花卉。

　　本任务所指的草本花卉的养护管理还包括地被植物和水生草本植物。

● 3.8.1　一、二年生草本花卉的养护管理

　　典型的一年生花卉，即在一个生长季内完成全部生活史的花卉。花卉从播种到开花、死亡在当年内进行，一般春天播种，夏秋开花，冬天来临时死亡。典型的二年生花卉，即在两个生长季完成生活史的花卉。花卉从播种到开花、死亡跨越两个年头，第一年营养生长，然后经过冬季，第二年开花结实、死亡。一般秋天播种，种子发芽，营养生长，第二年的春天、初夏开花、结实，在炎夏到来时死亡。

1. 播种管理

（1）播种。播种前充分灌水，撒播，覆土厚度以不见种子为宜，露地播种覆土稍厚，常用深为1.5cm的沟进行沟播。播种床土常加盖玻璃或蒲席（防止水分蒸发）保温，播种后一般不再灌水。

（2）播后管理。幼苗出土后，逐渐去掉覆盖物，间苗；当长出3～4片真叶时，除直播花卉外，第1次移植都为裸根移植，边起苗边栽植边浇水，以免幼苗萎蔫；当幼苗充分生长并已开花时进行第2次移植，定植于花坛中。

另一方法是不经过移植，而带土球囤苗，即用手将1～2株小苗根以细土搓成土球，依次紧囤在畦内，喷水保湿，待新根从土球四周全部伸出后，即可栽植畦内，到开花时，再定植于花坛上，这样可抑制枝叶徒长，增强生命力。

2. 栽培管理

（1）间苗。出苗后，幼苗长出1～2片真叶时，留下苗壮的幼苗，去掉弱苗和徒长苗及杂苗。间苗可以扩大幼苗生长空间。

（2）移苗。可在长出3～4片真叶时进行。第1次移苗是裸根移，要边移边浇水。之后移苗带土坨，2～3次后可定植。移苗会伤根，从而促使更多的须根发生；多次移苗的植株低矮苗壮，开花晚但花多而繁盛。

（3）摘心：摘除枝梢顶芽，促进分枝，使全株低矮、株丛紧凑。可以摘心的花卉有一串红、荷兰菊、美女樱等。而有些花卉通常不摘心，如凤仙花、鸡冠花、三色堇、翠菊等。

（4）二年生花卉越冬：不同地区越冬方式不同。北京地区可以在阳畦中过冬。在10月底至11月初，将播种苗以一定株行距定植或带小土坨囤在阳畦中。阳畦管理依天气而定，晴天9:00—16:00打开覆盖物，天冷可缩短打开时间；大风天仅打开两头通气；雪天不打开，并及时清扫覆盖物上的积雪。现在也有用塑料膜覆盖过冬的，每天打开膜两端通风，管理同上；寒冷时还可以加覆盖物。但后一种温度较高，光线弱，管理不良时苗易徒长。

（5）移植：次年3月上中旬小苗出阳畦，一些花卉可以适当摘心。

（6）定植：将移栽过的种苗最后种植在盆、钵等容器中待用，或依设计要求直接种植在应用地土壤中。

耐寒性差的种类要在温室中进行栽培，露地气温适宜时，移栽到室外或以盆钵的方式应用。

● 3.8.2 宿根花卉的养护管理

宿根花卉是指植株的根部冬季宿存于土壤中，第二年春季能够重新萌芽生长的多年生草本花卉。宿根花卉的日常养护和一般的植物相似，休眠期的管理是宿根花卉养护管理的重点。

1. 灌溉

宿根花卉虽然可以从天然降雨中获得所需要的水分，但是由于天然降雨的不均匀性，常常不能满足宿根花卉的生长需要。特别是干旱缺雨的季节,对宿根花卉正常生长有很大的影响,因此灌溉工作是宿根花卉养护管理的重要环节。

宿根花卉灌溉用水以软水为宜,避免使用硬水,最好用河水、池塘水和湖水。井水温度往往和地面温度相差较大,一般应抽取存放一段时间后再行使用;工业废水常有污染,对植物有害,不可利用。

宿根花卉幼苗期,因植株过小,宜使用细孔喷壶或雾状喷灌系统喷水,以免水力过大将小苗冲倒并玷污叶面。幼苗栽植后的灌溉对成活关系甚大,幼苗会因干旱而使生长受到阻碍,甚至死亡。一般情况下在移植后要随即灌一次透水;过 $3\sim4$ d 后,灌第 2 次水;再过 $5\sim6$ d,灌第 3 次水。灌水完成后要及时松土。对有些在盛夏易染病的宿根花卉,应控制环境湿度。

2. 施肥

宿根花卉养护中养分管理可参考绿地养护的内容。应强调的是,宿根花卉属草本植物,比木本植物对肥料养分更敏感。宿根花卉和草坪也有区别,如果土壤养分不足、不全面,则会严重影响其开花,影响景观效果。

(1)基肥。

基肥以有机肥料为主,常用的有厩肥、堆肥、饼肥、骨粉、动物干粪等。有机肥对改进土壤的物理性质有重要作用。通常宿根花卉堆肥施用量为 $1\sim2.25\text{kg/m}^2$,厩肥和堆肥常在整地时翻入土内,饼肥、骨粉和动物干粪可施入栽植沟或定植穴的底部。目前在宿根花卉栽培中也开始采用无机肥料作为部分基肥,与有机肥料混合施用。

(2)追肥。

追肥是补足基肥的不足,以满足宿根花卉不同生长发育阶段的需求,常用的有化肥,最好施用复合肥,如泥炭土、饼肥(水)等。在生长旺盛期及开花初期,可在叶面喷施化肥,施用浓度一般不宜超过 $0.1\%\sim0.3\%$。叶面施肥常用的肥料有尿素、磷酸二氢钾、过磷酸钙等。

宿根花卉在幼苗时期的追肥,主要目的是促进其茎叶的生长,氮肥成分可稍多一些,繁殖生长期,应以施磷、钾肥料为主。宿根(球根)花卉追肥次数较少,一般只需追肥 $3\sim4$ 次,第 1次追肥在春季开始生长后,第 2 次追肥在开花前,第 3 次追肥在开花后,秋季休眠后,应以堆肥、厩肥、豆饼等有机肥料,进行第 4 次追肥。

对于一些花期较长的宿根(球根)花卉,如美人蕉、大丽花等,在花期亦应适当给予追肥,以补充连续开花对养分的需要,以利于延长花期。

3. 中耕除草

松土和除草是花卉养护的重要环节。种植土壤表层受降雨、浇水施肥等因素的影响,会逐渐板结而妨碍土壤的透水通气性能,松土的目的是为宿根花卉根系的生长和养分的吸收创造良好的条件。松土的深度依宿根花卉根系的深浅及生长时期而定,以防伤及花卉根系。松土时,株行中间处应深耕,近植株处应浅耕,深度一般为 $3\sim5$ cm。中耕作业、除草和施肥作业同时进行。

杂草和花卉争水争肥,严重影响园林景观,必须随时清除。按人工除草要求,要做到除早、除小、除了,不留种子,不留后患。除草不仅要清除栽培地上的杂草,还应将周围环境中的杂草除净。多年生杂草必须连根拔除。最好不用化学除草,很少有专门保护宿根花卉的除草剂,而且对其他的园林植物威胁很大。此外采用"地面覆盖",如草炭、塑料地膜等可防止杂草发生。

4. 修剪整形

很多宿根花卉一般不用修剪,自然生长,不用人为控制。有一部分宿根花卉品种花叶并茂,枝条生长迅速、茂密,自然生长植株较高,下部枝叶枯黄,植株易倒伏、杂乱,可通过适当的低剪使高度控制在适当的范围内,使枝叶细腻、花枝增多、花数增加、花期一致。对于有些花卉,为了表现其独特的观赏特点,必须采取一些修剪措施。其修剪的手法主要是摘心、除芽、捻梢、曲枝、去蕾、修枝等。如菊花摘心可以使枝条繁茂;除芽的目的在于除去过多的腋芽,限制枝数的增加和过多花朵的萌发,使保留的花朵大而艳丽;捻梢也是为了抑制新枝条的徒长,促进花芽形成;曲枝手法常用在立菊的整形时,把强壮直立的枝条向侧方压曲,弱枝则扶之直立;去蕾是指除去侧蕾而留顶蕾,菊花、大丽花多用此法;修枝就是在宿根花卉开花后,对不具备观赏价值的残枝、残果及枯枝、病虫害枝等剪除,从而改善植株的通风透光条件,减少养分的消耗。

宿根花卉整形的形式一般有单干式、多干式、丛生式、悬崖式等。整形的形式要根据宿根花卉本身的生物学特性以及观赏的需要确定。

(1)单干式。

只留一个主干,不留分枝,如独头大丽菊和独本菊等。这种方法可将养分集中供给顶蕾,培养大而鲜艳的花朵,可充分表现品种特性。

(2)多干式。

留主枝数个,每一枝干顶端开 1 朵花,开花数较多,如大丽菊、多头菊、牡丹等。

(3)丛生式。

通过植株的自身分蘖或生长期多次摘心修剪,促使多数枝条发生。全株成低矮丛生状,开花数多,如早小菊、棣棠等。

(4)悬崖式。

使全株枝条向同一方向伸展下垂,有些可通过墙垣或花架悬垂而下。多用于早小菊类品种的整形。

5. 防寒越冬

宿根花卉防寒越冬是一项保护措施,保证其越冬存活和翌年的生长发育。宿根花卉适应性较强,如萱草、玉簪、菊花、牡丹、月季等都可在露地条件下安全越冬。但也有一类花卉如大丽菊、美人蕉、菖兰等虽有一定的御寒能力,但不耐低温,冬季就应加强防护。防寒对于宿根花卉讲,就是有针对性地保护其根茎生长点和蘖芽。

宿根花卉防寒的方法很多,常见应用的主要有以下几种。

(1)覆盖法。

在霜冻到来前,在地面上覆盖干草、落叶、泥炭土、蒲帘、塑料膜等,直到翌年春晚霜过后去除覆盖。

(2)培土法。

有些花卉在冬季来临时,地上的部分全部休眠,但根茎生长点还在缓慢生长,如芍药、牡丹、八仙花等,可在这类花卉根部周围培土,起到保温、保墒作用。

（3）灌水法。

秋季浇灌冻水,保护根茎越冬。早春提早浇灌返青水,防倒春寒,既可保墒又可提高地温。

（4）保护地越冬。

有些球（块）根类宿根花卉如大丽菊、菖兰、美人蕉等在冬季土温降至 0℃ 以下时,地下根茎部分会被冻伤。常用做法是将其掘出,放入低温冷窖或室温下保存,用木屑、沙、草炭等通气基质堆放保持一定潮湿度,贮藏于 5～10℃ 的环境下越冬。

6. 病虫害防治

（1）病害的防治。

宿根花卉属草本植物,在栽培过程中容易遭受多种真菌病的危害,影响花卉的正常生长和景观效果。宿根花卉病害的防治关键是加强栽培管理,提高花卉本身的抗性。宿根花卉的病害,一般由真菌引起,和草坪病害防治一样,应避免高温、高湿等致病条件,如保持场地阳光充足、空气流通等。如果花卉病害发生,应立即隔离栽培并喷施农药,防止病害蔓延,将病株或发病枝叶销毁。

（2）病毒病防治的综合措施。

宿根花卉病毒很普遍,危害也严重。它能危害多种宿根花卉,例如水仙、兰花、香石竹、百合、大丽花、郁金香、牡丹、芍药、菊花、唐菖蒲、非洲菊等。病毒侵染后引起叶片上轮廓不清晰的褪绿斑驳、局部组织或器官变形,叶脉生长受抑制,叶片变皱,叶缘向上或下卷;严重者心叶畸形、内卷呈喇叭筒状,植株矮缩,不开或很少开花,花朵变形、变态,影响或失去观赏价值。国内外到目前为止尚未找到一种彻底而有效地治疗宿根花卉病毒病的方法,因此需采用以预防为主的多种措施进行综合治理,才能取得较好效果,控制其发展,减轻其危害。

病毒病防治的主要措施是:选用耐病和抗病优良品种,是防治病毒病的根本途径。在种植前,必须严格挑选无毒繁殖材料,如块根、块茎、鳞茎、种子、幼苗等;铲除杂草,减少病毒侵染来源;适期喷洒 40% 氧乐果乳剂 1000～1500 倍液,消灭蚜虫、叶蝉、粉虱等传毒昆虫;发现病株,应及时拔除并销毁。接触过病株的手和工具,要用肥皂水洗净,预防人为接触传播;加强栽培管理,注意通风透光,合理施肥与浇水,促进花卉生长健壮,以减轻病毒危害;和草坪不同的是,宿根花卉虫害的综合防治不能通过修剪清除,一部分茎叶上害虫主要用农药除虫或用生物法防治。

3.8.3   球根花卉的养护管理

1. 球根花卉分类

球根花卉按其栽培类型,可分为春植球根类和秋植球根类 2 种。

①春植球根类:这类球根花卉不耐低温,在自然状态下冬季休眠,如唐菖蒲、美人蕉、大丽菊、朱顶红、姜花、萱草、晚香玉等。

②秋植球根类:植株能耐冬季低温,在自然状态下冬季生长,夏季休眠,如水仙类、风信子、

郁金香、百合、番红花等。

2. 球根花卉的温度管理

温度对球根花卉的生长、发育起着很大的作用。按其对温度的不同要求,可分为以下几类。

喜高温、不耐低温类:有美人蕉、姜花、唐菖蒲、大丽菊、晚香玉、萱草、朱顶红等。

喜凉爽、不耐低温类:有小苍兰、秋牡丹、郁金香、风信子、水仙、百合等。

喜温、不耐高温和低温类:如仙客来、君子兰、大岩桐等。

多数球根花卉在球根状态或植株状态需要一定时期的低温过程,才能进行萌发和花芽分化,此类球根花种类较多。而不需要经过低温阶段,能在一年四季适宜的气温条件下不断萌发生长,没有休眠期的种类很少,仅有四季水芋等几种。正是因为温度可直接影响球根花卉的生长、发育、休眠及休眠的解除等一系列生理活动,因此,许多球根花卉可以通过不同的温度处理,达到调节和控制花期的目的。

3. 土壤管理

大多数球根花卉原产于山坡上,因此在排水良好的土壤中生长良好。有一部分球根花卉在水中或潮湿土壤中生长很好,如鸢尾、四季水芋、水仙、风信子等。绝大多数球根花卉均喜欢较疏松的土壤,它们在过于黏重的土壤中生长均不良,尤其是对球根的膨大不利。对土壤的pH值要求,多数为6.0～7.0。

栽培时若土质黏重或排水较差时可设高床;有机肥料必须充分腐熟,否则球根容易腐烂;施肥多以磷肥、中钾肥、少氮肥为宜,常用骨粉配合磷肥作基肥;深度一般为球高的9倍(球大而数少,穴栽;球小而数多,多沟植),晚香玉、葱兰以覆土至球根为适度,朱顶红球根要有1/4～1/3露出地面;株行距因植株大小而异,大丽花为60～100cm,风信子、水仙为20～30cm,葱兰、番红花等仅为5～8cm。

4. 肥料管理

球根花卉与其他花卉一样,需要氮肥促进叶子的生长和光合作用;需要磷肥促进根系的健壮生长;需要钾肥促进茎的坚实,增强抗逆性和抗病力,促进球根的膨大。但是,一般对肥料的要求比其他花卉要少。然而,一些经过人类长期栽培和驯化的切花种类,如唐菖蒲、大丽菊等需肥量特别多。切花种类不仅要求开出大且艳的鲜花,还要求在花后能生长出充实健壮的种球,故需肥多。

5. 采收和贮藏

(1)采收。

①采收原因。一是春植球根花卉防冬季冻害,秋植球根花卉夏季休眠期防腐烂;二是采收后可分优劣合理安排,可根据具体情况用于繁殖、培养、观赏、食用等方面;三是新球或子球增殖较多,如不采收分离,则拥挤,生长不良,养分分散,不易开花;四是发育不充实的,在采收后置于干燥通风处,可使后熟,否则在土中易腐烂死亡;五是有利于充分利用土地(球根休眠)和下一季的栽培(土地翻耕,加施基肥)。

②采收时间。采收应在生长停止、枝叶枯黄而尚未脱落时进行,过早则养分未充分积聚于球根中,球根不够充实;过迟则枝叶枯落,不易确定土中球根位置,采收时易受损失,且子球易散失。

③注意点。园林用作地被覆盖、嵌花草坪等自然式布置时,有些适应性强的球根花卉,可隔数年掘起和分栽 1 次,如水仙隔 5～6 年,番红花、石蒜隔 3～4 年,美人蕉、朱顶红、晚香玉等在温暖地区隔 3～4 年。掘起后一般要适当阴干,唐菖蒲、晚香玉可翻晒数天使其充分干燥,大丽花、美人蕉阴干至外皮干燥即可。大多数秋植球根花卉夏季采收后不可在烈日下暴晒。

(2)贮藏。

贮藏条件合适与否,对之后开花的影响很大。贮藏前要清除附土或杂物,剔除病残球根。对少量名贵的品种,病斑不大时,可用刀将病斑剜出并涂防腐剂、草木灰等。易受病害感染者,最好在贮藏时混入药剂或先用药液浸洗消毒后再阴干贮藏。

①埋藏:适用于对通风要求不高且要保持一定湿度的种类,如大丽花、美人蕉。球间充以沙、锯末等,量少时用盆或箱装,量大时则堆于室内地面或窖内。

②架贮:适用于要求通风良好、充分干燥的品种,如唐菖蒲、鸢尾、郁金香等。架上铺有透孔的苇帘等,上摊放球根。如设多层架子,则架间距离至少大于 30cm,以利于通风。一般每层架上可摊放 2～3 层球根。

③春植球根冬藏,室温应为 4～5℃,不可低于 0℃或高于 10℃,因为冬季温度低,所以对通风要求不严。秋植球根夏藏,干燥、凉爽,不可闷热和潮湿。

6.病虫害防治

对球根花卉常见的病虫害,除在生长期喷洒药剂防治外,需注意如下几点:

(1)选用无病虫感染的球根和种子。

(2)进行土壤消毒。

(3)栽植或播种前,对球根或种子进行处理,以杀灭病菌、虫卵(还可加入解除球根休眠的药剂,使球根迅速而整齐地萌芽)。

(4)球根采收之后,贮藏之前要进行药剂处理。

3.8.4　地被植物的养护管理

地被植物是指那些株丛密集、低矮,经简单管理即可用于代替草坪覆盖在地表,防止水土流失,能吸附尘土、净化空气、减弱噪音、消除污染并具有一定观赏和经济价值的植物。它不仅包括多年生低矮草本植物,还有一些适应性较强的低矮、匍匐型的灌木和藤本植物。

地被植物栽植是提高园林绿地覆盖率的重要手段,已由常绿型走向多样化,由草皮转向观花型。由于地面覆盖植物的特点是成片的大面积栽培,在正常情况下,一般不允许,也不可能做到精细养护,只能以粗放管理为原则。

1.水分管理

地被植物一般都抗旱性较强,需水量相对较小。栽培地土壤必须保持疏松、肥沃,排水一定要好。一般情况下,应每年检查1~2次,暴雨后要仔细查看有无冲刷损坏。对水土流失情况严重的部分地区,应立即采取措施,堵塞漏洞,否则,流失之处会继续扩大,造成难以挽回的局面。

2. 施肥管理

对观花地被植物,应施复合肥或加施磷、钾肥。单纯观叶的地被植物,施肥量可以减少,避免因枝叶徒长而增加管理难度。常用的施肥方法有喷施法,该方法操作简便,适合大面积使用,可在植物生长期进行,以增施稀薄的硫酸铵、尿素、过磷酸钙、氯化钾等无机肥为主。有时亦可以早春和秋末或植物休眠期前后,采用撒施方法,结合覆土进行。此外,可以因地制宜,充分利用各地的堆肥、厩肥、饼肥、河泥及其他有机肥源。必须注意的是,所有堆肥必须充分腐熟、过筛,均匀撒施。

3. 防止空秃

在地被植物大面积栽培中,最怕出现空秃,尤其是成片的空秃发生后,很不雅观。因此一旦出现空秃现象,应立即检查原因,翻松土层。土质欠佳时,应采取换土措施,并以同类型地被植物进行补秃,恢复美观。

4. 修剪平整

一般低矮类型的地被品种,不需经常修剪,以粗放管理为主。但对于开花地被植物,少数残花或花茎高的,须在开花后适当压低,或者结合种子采收适当整修。地被中有一部分品种花叶并茂,但自然生长的植株和花梗较高,如鸢尾类、玉簪类、萱草类、薄荷等,植株和花梗可达0.5m,下部叶易枯黄,可适当摘除老叶。有些木本地被,如金边六月雪、金丝桃、绣线菊、紫叶小檗、水栀子、紫金牛等,密植成片,当地被应用,可通过枝条的短截来控制其生长过高。一般一年中修剪2~3次即可。以藤木作为地被种植的,如常春藤、地锦等,每年春夏进行2次摘心,清除过多枝叶,避免匍匐枝堆积,有利于通风透光。

5. 更新复苏

在地被植物生长过程中,常常由于各种不利因素,使成片的地被出现衰老和死亡。一旦出现空秃,应立即检查原因,加强养护,如属人为踩踏死亡,应考虑设置护栏,对空缺处进行同品种规格补栽,以恢复景观。

除了有些品种具有自身更新能力外,一般均需要从观赏效果、覆盖效果等方面考虑,在必要时进行适当的调整和更新。特别是一些观花类的多年生地被植物如酢浆草、鸢尾、萱草等,会随生长期延长、大量分蘖造成营养空间减少,发生自然衰退现象,应每隔3~5年进行翻耕,重新分栽,并施足基肥,促进萌发新根、复壮生长。早春开花的在前一年秋季进行,夏秋开花的在早春进行。对于一些林荫下的灌木地被,会出现杆细叶稀等不良现象,应及时重剪、重施肥,并加强乔木修剪,增加透光度,促进灌木地被的复壮。生长5年以上的部分灌木地被,有些生长势衰退的应及时更新。

6.地被群落的调整与提高

地被比其他植物栽培期长,而并非一次栽植后一成不变。除了有些品种具有自身更新复壮能力外,一般均需要从观赏效果、覆盖效果等多方面考虑,在必要时进行适当调整与提高,使之更加体现地被的群体美。

(1)注意绿叶期与观花期的交替。

观花地被如石蒜、忽地笑,花和叶不同时,在冬季光长叶,夏季光开花,而四季常绿的细叶麦冬终年看不到花,如能在成片的麦冬中增添一些石蒜、忽地笑,则可达到互相补充的目的;在成片的常春藤、蔓长春花、五叶地锦等藤本地被中,添种一些铃兰、水仙等观花地被,也可以在深色背景层内,起到衬托出鲜艳花朵的作用;而在铁扁担、德国鸢尾群落中,播种一些白花、射干花,也可增添野趣。

(2)花色协调,宜醒目,忌杂乱。

在绿茵似毯的草地上适当种植些观花地被,其色彩容易协调,例如低矮的紫花地丁,白花的白三叶,黄花的过路黄;在道路或草坪边缘种上太阳花、香雪球,则更显得高雅、醒目和华贵。

7.病虫害防治

地被植物大多对病虫害的抵抗力较强,一般在地被群落中尚未出现严重病虫害侵袭。但也有一些值得引起重视的病虫害要加以防范。

大面积地被植物栽植,在南方绿地最容易发生的病害是立枯病,能使成片的地被枯萎。如病情发生,应采用 $200 \sim 400$ 倍的 50% 代森铵溶液喷药或浇灌,阻止其蔓延扩大。其次是黄化病,属于生理性病害。在未经改良的碱性土壤上种植酸性地被植物,出现叶子黄化的情况较多,黄化不仅影响观赏效果,严重时还会出现成片植株死亡。预防的方法是在种植地被之前,在土壤中要多施有机肥,以降低土壤 pH 值,提高土壤有机质含量和肥力;在日常养护中采用磷酸二氢钾溶液和腐熟的豆饼、青草、硫酸亚铁浸泡混合液交替喷洒的方法,可控制黄化病的发生或扩散。其他如灰霉病、煤污病、白绢病等,多由环境阴湿、排水不畅、雨季温暖多雨引起,这些病害会严重影响地被的观赏效果。一旦发生病害,应拔除病株,集中烧毁,并用 70% 的五氯硝基苯药土按每亩 $1 \sim 2.5$ kg 加适量细土拌匀消毒。南方酸性土壤环境,其周围可撒施石灰粉及草木灰等进行预防,在发病区喷施 1% 波尔多液或 0.3 波美度石硫合剂防治,也有一定的预防效果。

地被植物最易发生的虫害是蚜虫、红蜘蛛等。虫情发生后应对症下药,用 100 倍的 50% 杀螟松乳剂、2000 倍的氧乐果或 40% 的乙酰四胺磷乳剂,均可防治。地被植物虫害防治主要在于观察虫情,一旦发现便及时防治,则可预防发生严重后果。

● 3.8.5　水生草本植物的养护管理

能在水中生长的植物,统称为水生植物。根据水生植物的生活方式,一般将其分为挺水植物、浮叶植物、沉水植物和漂浮植物以及湿生植物。

水生植物的养护主要是水分管理,沉水、浮水、浮叶植物从起苗到种植过程都不能长时间离开水,尤其是炎热的夏天施工,苗木在运输过程中要做好降温保湿工作,确保植物体表湿润,做到先灌水,后种植。如不能及时灌水,则只能延期种植。挺水植物和湿生植物种植后要及时灌水,如不能及时灌水,则要经常浇水,使土壤水分保持过饱和状态。

1. 水生植物的日常养护

及时清除枯残枝叶及杂物;对于因病虫等原因而造成整盆死亡的,应将其空盆撤出;水生植物的施肥应在种植时或移入水池前 10d 进行,施肥不应污染水质;养有观赏鱼的水池不允许喷对鱼类有害的农药,这类水池的水生植物有严重病虫害时,应撤出后再喷药处理。

2. 水生植物的种植管理

栽种水生植物,必须掌握一些原则,使其生长良好。

(1)日照。大多数水生植物都需要充足的日照,尤其是生长期(即每年 4—10 月),如阳光照射不足,会发生枝叶徒长、叶小而薄、不开花等现象。

(2)用土。除了漂浮植物不需底土外,栽植其他种类的水生植物,须用田土、池塘烂泥等有机黏质土作为底土,在表层铺盖直径 1~2cm 的粗砂,可防止灌水或震动造成水混浊现象。

(3)施肥。以油粕、骨粉的玉肥作为基肥,放四五个玉肥于容器角落即可,水边植物不需基肥。追肥则以化学肥料代替有机肥,以避免污染水质,用量较一般植物稀薄 10 倍。

(4)水位:水生植物依生长习性不同,对水深的要求也不同。漂浮植物最简单,仅须足够的水深使其漂浮;沉水植物则水高必须超过植株,使茎叶自然伸展;水边植物则保持土壤湿润、稍呈积水状态;挺水植物因茎叶会挺出水面,需保持 50~100cm 的水深;浮水植物较麻烦,水位高低须依茎梗长短调整,使叶浮于水面呈自然状态为佳。

(5)疏除:若同一水池中混合栽植各类水生植物,必须定时疏除繁殖快速的种类,以免覆满水面,影响睡莲或其他沉水植物的生长;若浮水植物过大,叶面互相遮盖时,也必须进行分株。

(6)换水:为避免蚊虫滋生或水质恶化,当用水发生混浊时,即必须换水,夏季则须增加换水次数。

3. 杂草清除

由于景观水系岸边没有遮挡物,水热条件好且又富含营养,杂草极易生长,故需控制杂草。杂草可通过春季淹水和人工拔出,使用除草剂需谨慎。

4. 季节性收割及补种

对于因不耐寒而干枯的水生植物,应在其冬季枯黄后将其泥上部分清除;对于多年生耐寒水生植物,应在每年 2 月底新芽长出前将泥上部分剪除;对于盆栽水生植物,冬季可以连盆拿出水面,并在开春前补施一次基肥,待其新叶长出后再移入水中。

7—8 月,植物的营养生长和生殖生长最为旺盛,生长对养分的需求很高,可增大对水体中氮、磷的吸收,收割后生长恢复的速度很快,不影响水生植物的生物量。

秋、冬季,植物生长停滞,已经枯萎,此时应及时收割,以防止枯萎茎叶落入水体,形成二次污染。

早春,对枯死的水生植物实施更新补种,保证群落结构的稳定。

5.病虫害防治

定期观察,及时发现病虫害,积极采取应对措施防治,保证水生植物健康生长。

6.水质调节

主要是水体透明度的调节。水体透明度不佳时,会影响沉水植物的生长。提高水体透明度的常用方法主要有:①及时清理悬浮的动植物残体;②泼洒调节透明度的微生物制剂;③化学方法,如投加絮凝剂。

● 测试训练 ●

【知识测试】

1.选择题

(1)毛地黄属于(　　)花卉。

A.一年生　　　　　　B.二年生　　　　　　C.宿根　　　　　　D.球根

(2)凤仙花属于(　　)花卉。

A.一年生　　　　　　B.二年生　　　　　　C.宿根　　　　　　D.球根

(3)下列花卉中较耐阴的是(　　)。

A.鸡冠花　　　　　　B.半支莲　　　　　　C.地肤　　　　　　D.玉簪

(4)下列花卉中属于典型的短日照花卉的有(　　)。

A.唐菖蒲　　　　　　B.菊花　　　　　　　C.香石竹　　　　　D.报春花

(5)下列花卉中常用球茎来进行繁殖的是(　　)。

A.唐菖蒲　　　　　　B.百合　　　　　　　C.一串红　　　　　D.波斯菊

(6)睡莲属于(　　)花卉。

A.旱生　　　　　　　B.水生　　　　　　　C.湿生　　　　　　D.露地

(7)荷花是我国的传统名花,常作为夏季的象征,从对阳光的要求来看它是(　　)。

A.阳性花卉　　　　　B.阴性花卉　　　　　C.中性花卉　　　　D.半阴性花卉

2.填空题

(1)在一个生长季内完成全部生活史,也就是说,从播种到开花、死亡在 1 年内进行。这类花卉属于_____生花卉。

(2)在两个生长季内完成生活史的花卉,也就是说,从播种到开花、死亡跨越 2 个年头,第 1 年只进行营养生长,然后必须经过冬季低温,第 2 年才开花结实、死亡。这类花卉属于_____生花卉。

(3)球根贮存主要有干存和湿存两种方式。大丽花和美人蕉通常采用_____方式贮存。

3.判断题

(1)百合、大丽花、美人蕉的种球要求干燥贮藏,而郁金香、风信子、水仙种球要求湿润贮藏。(　　)

（2）不同花卉对肥料的敏感程度不同,如兰科植物杜鹃、山茶属于对肥料敏感的类型,而香石竹、菊花、天竺葵则属于对肥料不敏感的类型。（   ）

（3）原产在热带和亚热带的花卉,离赤道近,因此多属于短日照花卉,而原产在温带的花卉离赤道远,因此多属于长日照花卉。（   ）

（4）一般耐寒力强花卉,耐热力也强,相反耐寒力弱的花卉,耐热力也弱。（   ）

5.简答题

（1）不同花卉的浇水各有哪些要点?

（2）施肥有哪些技术要点?

【技能训练】

实训 3.8.1　盆花浇水、施肥等日常管理技术

1.实训目的

学生熟悉盆花施肥、浇水原则,正确掌握施肥、浇水技术。

2.实训工具及材料

沤肥水、无机肥、喷雾器、喷壶、移植铲、盆花。

3.实训内容与方法

教师指导常规栽培管理中的施肥、浇水工作。

（1）盆花的根外追肥。用 0.2%的尿素稀释液喷洒花卉叶片,盆中施入有机复合肥颗粒。

（2）握花盆按见干见湿、宁干勿湿、宁湿勿干、间干间湿的浇水原则浇水。

4.作业

记录施肥方法及浇水方法,掌握见干见湿、宁干勿湿、宁湿勿干、间干间湿情况。

实训 3.8.2　露地花卉整形修剪技术

1.实训目的

学生熟悉花卉生长发育规律,掌握露地花卉整形修剪技术。

2.实训工具及材料

花枝剪、剪枝剪、刀片、细绳、米尺、笤帚、塑料袋、花卉材料。

3.实训内容与方法

选定露地草花或木本花卉作为材料,由教师指导学生进行整形修剪。

（1）根据花卉种类研究整形修剪方案及修剪内容。

（2）具体操作:先修剪枯枝、残花、残叶,再修剪徒长枝、过弱枝、砧木萌蘖。

（3）根据株形培养计划,去除多余枝或叶,根据花期及花枝段,确定摘心、除芽、去蕾数量。

4.作业

以月季花为例,整理周年整形修剪的时间和技术要点。

参 考 文 献

[1] 丁世民.园林绿地养护技术.北京:中国农业大学出版社,2009.

[2] 黎玉才,肖彬,陈明皋.园林绿地建植与养护管理.北京:中国林业出版社,2007.

[3] 佘远国.园林植物栽培与养护管理.北京:机械工业出版社,2007.

[4] 安旭,陶联侦.城市园林植物后期养护管理学.杭州:浙江大学出版社,2013.

[5] 何芬,傅新生.园林绿化施工与养护手册.北京:中国建筑工业出版社,2011.

[6] 陈科东.园林工程施工技术.北京:中国林业出版社,2007.

[7] 张祖荣.园林树木栽植与养护技术.北京:化学工业出版社,2009.

[8] 宋建英.园林植物病虫害防治.北京:中国林业出版社,2005.

[9] 唐文跃,李晔.园林生态学.北京:中国科学技术出版社,2006.

[10] 章士巍,吴正平.园林绿化施工与养护工程.上海:上海科学技术出版社,2009.

[11] 郭学望,包满珠.园林树木栽植养护学.北京:中国林业出版社,2004.

[12] 张东林.高级园林绿化与育苗工培训考试教程.北京:中国林业出版社,2006.

[13] 古泽润.高级花卉工培训考试教程.北京:中国林业出版社,2006.

[14] 周兴元.园林植物栽培.北京:高等教育出版社,2006.

[15] 丁勇.园林绿化基本技能.北京:中国劳动社会保障出版社,2007.

[16] 李宝筏.农业机械学.北京:中国农业出版社,2003.

[17] 徐立华.园林花卉栽培与养护技术.银川:阳光出版社,2013.

[18] 陈志明.草坪建植与养护.北京:中国林业出版社,2003.

[19] 吴志明.园林苗木生产与园林绿地养护.重庆:西南师范大学出版社,2009.

[20] 宋小兵.园林树木养护问答 240 例.北京:中国林业出版社,2002.

[21] 王福银.园林绿化草坪建植与养护.北京:中国农业出版社,2001.

[22] 张君超.园林工程技术专业综合实训指导书——园林工程养护管理.北京:中国林业出版社,2008.